簡明 C 程式設計－

使用 Code::Blocks (附範例光碟)

劉立民　編著

全華圖書股份有限公司　印行

作者簡歷

劉立民

現職： 中原大學應用數學系副教授、世新大學資管系副教授

學歷： 美國紐澤西理工學院資訊博士 (1999)

雪城大學資科所碩士 (1994)

經歷： 美國紐澤西州立 . 肯恩大學 . 資訊科學系助理教授

Pumpkin Networks Inc., (Sunnyvale CA) 資深工程師 / 專案經理

AT&T(Middletown, NJ) 資深工程師

專長與研究領域： 人工智慧、語意網路、指紋影像處理、資料庫系統、電腦輔助教學、
機器學習、深度學習

學術生涯迄今發表二十餘篇期刊論文；翻譯數本機器學習、深度學習相關書籍，教授
C 程式語言設計課程有超過 20 年的經驗。

前言

約半世紀之前，計算機的發展因為新材料的陸續發明，硬體的發展速度遠比軟體的發展來的快。早期的計算機，使用所謂的「機器語言」（或「組合語言」）來撰寫系統。不同的機器，會有不同的機器語言。因此，針對甲機器所製作的程式，自然不能在不同品牌的乙機器上使用。以這種方式來發展軟體，當然很不理想、不符合經濟效益。

C 語言在約在 1970 年代，由 Dennis Ritchie 與 Brian Kernighan 在美國「貝爾實驗室」中被設計出來。使用這個具有「可攜性」的高階程式語言，可以在甲機器上製作能在乙機器上執行的程式。因此，從 70 年代以來，C 語言一直在資訊界扮演一個非常重要的角色。IEEE Spectrum 近年來會對程式語言做重要性的排名，C 這個「古老的」語言一直都還能排在前 3 名。2016 年最新公佈的報告（下圖），C 語言甚至排在第一名，也是前 10 名中，最老的程式語言。由此可知它的重要性，在資訊界幾乎可以說是不可取代的。

Language Rank	Types	Spectrum Ranking
1. C	📱💻🖥	100.0
2. Java	🌐📱💻	98.1
3. Python	🌐 💻	98.0
4. C++	📱💻🖥	95.9
5. R	💻	87.9
6. C#	🌐📱💻	86.7
7. PHP	🌐	82.8
8. JavaScript	🌐📱	82.2
9. Ruby	🌐 💻	74.5
10. Go	🌐 💻	71.9

出自 http://spectrum.ieee.org/ 網站首頁

學習 C 程式語言，如果只學它的語法、結構，那一定會很繁瑣、無趣。可是在學習基本語法的過程中，又不大可能有足夠的能力來解決企業界實際的問題。幸好過去幾十年來，世界各地的先進，精心設計了許多不同程度的小問題，舉辦了許多的程式設計比賽，其中也包含了深淺不一的程式問題。這些問題，雖然多半比實務問題簡單，卻足夠檢驗讀者是否消化、吸收了所學習的 C 語言機制。本書主要介紹是由西班牙 University of Valladolid 所收集的問題集，以 UVa 來編號。Valladolid 大學設計了一個非常好用、方便的網站 https://uva.onlinejudge.org/，讀者可以在線上提交、檢查程式是否正確。

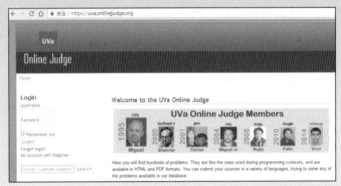

出自 UVa 網站首頁 https://uva.onlinejudge.org/

另外，國內熱心提升學生程式能力的大學教授們，組織了「國際計算機器協會程式競賽台灣協會」（2013 年「臺灣國際計算機器程式競賽暨檢定學會」）。該學會下設有一個「大學程式能力檢定委員會」（Collegiate Programming Examination Committee, CPE Committee），官網設在中山大學，https://cpe.cse.nsysu.edu.tw/，負責推動辦理 CPE 程式檢定考試。2010 年舉辦了第一次的檢定，至今常態性的每年舉辦 4 次檢定（學生免費），有近 50 所大學提供場地協辦。

出自 CPE 網站首頁 https://cpe.cse.nsysu.edu.tw/

CPE 檢定可以使用 C 程式語言，題目大部分可以在 UVa 的網站中找到。另外「大學程式能力檢定委員會」提供一個免費、好用的考試程式評判系統，稱為「瘋狂程設」（如下圖，http://coding-frenzy.arping.me/）。這個環境就是 CPE 檢定所使用的環境，讀者可以自行下載練習。

出自「瘋狂程設」http://coding-frenzy.arping.me/

　　而授課老師也可以使用這個免費的系統來做上機測驗。畢竟要檢驗學生是否會寫程式，以紙筆測試還是不如上機實測來的理想。這個「瘋狂程設」軟體中，包含了許多不同難度的題目（1 星最簡單）與測試輸入。使用這個「瘋狂程設」的軟體，可以檢驗學生是否真的會寫程式，另一方面，可以讓同學熟悉 CPE 檢定的環境。如果有助教能夠帶班操作、實習，絕對會是授課上的一大利器。

　　本書的編寫，一共分成三個部分：入門、基礎、進階。一共 22 個單元，設計給單學期 3 學分的課程或是全學年 2-2 學分的課程使用。單元中穿插許多 UVa 的問題，甚至有 6 個單元全部都是「問題討論」。讀者可以利用單元中學到的 C 語言機制，馬上用它們來解決 UVa 程式設計問題。

　　教師在授課上，可以利用書中的 UVa 問題，或是 UVa 官網的其他問題，融入各式各樣的教學法。例如，對於剛開始學習 C 語言（第一部分：入門篇），可以運用所謂的「結對程式設計法」（pair programming，一人主控設計，一人觀察）來進行教學。在學習的過程中，週期性的交換「主控設計者」與「觀察者」的角色。以合作學習的方式，來克服初學時候的障礙。

出自「結對程式設計法」https://goo.gl/2Pt188

　　另外，授課教師也可以結合本書「問題討論」中的問題，或是 UVa 官網中的問題，將同學分組，然後以 problem-based learning，PBL 的教學方式（或稱為 project-based learning 的教學法）來進行。

　　本書在各單元中穿插的 UVa 問題，一定能夠用當時學習完的 C 語言機制來解決。授課老師也可以在語法介紹完成之後，導以「翻轉教室」的概念，由同學來自主學習，嘗試自行解決問題。最後再利用「瘋狂程設」來不定期檢驗同學的學習成效。

　　本書另外提供的教學資源有：投影片、程式範例原始碼。

目錄

第二部分：基礎篇

第三部分：進階篇

第一部分

入門篇

Chapter 0

計算機概論

本章綱要

電腦系統包含硬體、軟體、資料、使用者、網路等等重要元件。程式語言是用來製作軟體的工具。C 語言是一個相對低階的程式語言，讀者需要對計算機有基本的認識，才能理解 C 語言的資料如何在電腦中表示、處理。本單元會簡單的介紹整個電腦系統的各個單元。對計算機概論有基本認識的讀者可以跳過本單元，直接從下個單元開始學習。

◆ 電腦系統與硬體
◆ 資料表示法
◆ 軟體與作業系統
◆ 程式語言簡介

0-1　電腦系統與硬體

　　一個「電腦系統」(computer system) 包含了幾個重要的部分：硬體，軟體，資料，與使用系統的使用者。簡單地說，使用者運用軟體來操控硬體完成各式各樣的工作。在工作的處理過程中，會直接、間接的使用、產生各種形式 (文字、數字、影音等等) 的資料。若要系統正常的完成工作，上述的這些部分缺一不可。以下章節會逐一地簡單來介紹。

0-1-1　電腦硬體

　　與電腦相關的任何實體裝置都算是「硬體」(hardware)。例如下圖中的桌機、筆記型電腦、平板電腦、智慧型手機。

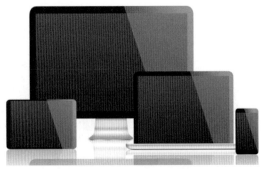

▶▶ 圖 0-1　各式各樣的硬體
(資料來源：https://goo.gl/ndg843)

　　甚至如下圖智慧家庭中所使用的各式各樣的裝置：掃地機器人 (iRobot)、Amazon Echo、Google Home，都算是硬體裝置。

▶▶ 圖 0-2　各式各樣的裝置
(資料來源：https://goo.gl/LDnhwK、https://goo.gl/kJoEAD、https://goo.gl/HTusCB)

　　上述這些裝置，多半都會使用網路連線，不論是實體連線，或是無線網路連線。這些網路相關的硬體當然也算是電腦硬體裝置，不過常因為功能性非常明確，網路相關的裝置、線材會歸類成網路硬體裝置，在其他的學科中單獨討論。

0-1-2　電腦硬體的組成

　　如果我們拆開一部桌上型電腦來看，可以看到幾個重要的硬體裝置：

- 電源供應器：以適當的電壓，供應裝置上所有電源。因此裝置的後端，會有不同接頭的電源線，接到相關的裝置之上 (如圖 0-3 左)。

▶▶ 圖 0-3　電源供應器及主機板

(資料來源：https://goo.gl/XYQ5Qw、https://goo.gl/nExrK6)

- 主機板：版上有一些內建的晶片 (南橋、北橋晶片組) 與周邊裝置連接 (印表機、喇叭、麥克風、USB 等等) 的接口 (如圖 0-3 右，ASUS Z170M)。以及一些添購裝置的接口 (記憶體插槽、硬碟接線口、周邊裝置擴充槽等等)。

- 輸入、輸出裝置：雖然現代的電腦有各式各樣的輸入、出裝置，例如：滑鼠、觸控螢幕、語音辨識，基本的標準輸入、輸出裝置還是鍵盤與螢幕。因此之後所製作的 C 程式，輸入、出裝置在預設的環境下就是鍵盤與螢幕。

- 中央處理單元 (CPU)：電腦計算的中心。如圖 0-4 左的 Intel Core i7 安裝在 ASUS Z170 的主機板上。雖然說現代的電腦，有一部分計算工作是由「顯示卡」上的晶片在處理。絕大部分的計算工作都是在 CPU 裡面完成。

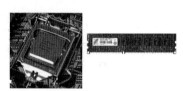

▶▶ 圖 0-4　中央處理單元 (CPU) 及主記憶體

(資料來源：https://goo.gl/4FNvw7、https://goo.gl/zue6oS)

- 主記憶體：是暫時儲存執行程式與資料的地方。關機斷電之後，資料就會消失。一張主機板上，能裝多少記憶體是有限制的，除了記憶體插槽有限以外，主機板上燒死寬度的排線，也會限制有效記憶體的大小。圖 0-4 右是創見 DDR3 的 4GB 記憶體。

- 輔助記憶體：相對於暫時儲存資料的主記憶體，輔助記憶體裝置在沒有電源供應的情況下，還是能持續記住使用者的資料。不論是硬碟、外接硬碟、光碟、快閃記憶體等等，都算是輔助記憶體裝置。

0-1-3　記憶體的儲存單位

不論是主記憶體還是輔助記憶體，只要是記憶體，它們的基本儲存單位都是一樣的。基本單位是「位元」(bit)，位元可以理解成一個容器，它的內容不是 0 就是 1；或是偽 (False)/ 真 (True)。8 個位元合在一起稱為一個「位元組」(B，byte)，如圖 0-5 所示：

▶▶ 圖 0-5　位元組示意圖

上圖中「位元組」的內容為 00110101，我們稱它為一個「位元圖樣」(bit pattern)。且一個「位元組」一共有 2^8 種可能的「位元圖樣」，如下所示：

```
1 1 1 1 1 1 1 1
       :
0 0 0 0 0 0 1 0
0 0 0 0 0 0 0 1
0 0 0 0 0 0 0 0
```

「位元組」是所謂的「定址單元」(address unit)。也就是說，在記憶體空間中，每一個「位元組」都有一個對應的記憶體位址，而「位元」則沒有。電腦的儲存空間的大小就是以「位元組」來描述，如下：

```
1KB=2^10 B=1024B        Kilobyte
1MB=2^20 B=1024KB       Megabyte
1GB=2^30 B=1024MB       Gigabyte
1TB=2^40 B=1024GB       Terabyte
1PB=2^50 B=1024TB       Petabyte
          :                :
```

目前個人電腦使用到的主記憶體空間，大約是 GB 等級。當然對於大型企業來說，PB 等級的儲存空間或許都還不夠，需要更大的軟、硬體設備 (例如：甲骨文資料庫系統，在 90 年代初期所發表的 Oracle 7 就可以處理 TB 等級的資料)。

而 C 語言提供的資料型態（如字元、整數），也是使用「位元組」來描述它所佔的大小。

0-2 資料表示法

「資料」是電腦系統中一個重要的部分，本身可以有許多不同的抽象意義，例如：文字、圖片、聲音、影片、心跳的波形等等。這些在電腦中不同意義的資料，最後還是以「位元值」0 與 1 的形式來儲存。如何將資料轉成電腦可以掌握的形式，就稱為「資料表示法」。本單元簡單的介紹最重要的幾種資料表示法。

0-2-1 文字資料表示法

本書主要討論英文的文字資料表示法，而中文或是多國語言的表示法比較複雜，超出本書的範圍，不會在此介紹。而英文的字是由字母所組成，所以這裡所討論的文字資料表示法事實上是：英文字母的表示法。

- 美國資訊交換標準碼，ASCII

  ASCII (American Standard Code for Information Interchange) 可以說是最通用的文字資料表示法，它使用一個位元組來對應字元 (完整對應請參見附錄)。例如：

❖ 表 0-1　美國資訊交換標準碼 (ASCII)

字母	位元圖樣	10 進位數字
0	00110000	48
1	00110001	49
:		
9	00111001	57
:		
A	01000001	65
B	01000010	66
:		
Z	01011010	90
:		
a	01100001	97
b	01100010	98
:		
z	01111010	122

一個 10 進位的數字 $123_{(10)}$，它的意義是 $1 \times 10^2 + 2 \times 10^1 + 3 \times 10^0$。位元圖樣若是 01000001，那麼我們就可以用 2 進位的方式來解釋它為 $01000001_{(2)} = 65_{(10)} = 1 \times 2^6 + 1 \times 2^0$。因此 A 的 ASCII 碼就是 $65_{(10)}$，B 就是 $66_{(10)}$。

● 擴充二進位十進位交換碼，EBCDIC

　　EBCDIC(Extended Binary Coded Decimal Interchange Code) 是 IBM 為它的 IBM System/360 所設計的編碼方式。一個字元使用 1 個位元組來編碼。要注意的是，EBCDIC 在設計上是將位元組中 8 個位元再做細部分割，給定特殊的意義，因此連續的字母，數字上並沒有一定會連號。例如表 0-2 的 i 與 j：

❖ 表 0-2　擴充二進位十進位交換碼 (EBCDIC)

字母	位元圖樣	10 進位數字
a	10000001	129
b	10000010	130
:		
i	10001000	137
j	10001101	145
:		
A	11000001	193
B	11000010	194
:		
0	00110000	240
1	00110001	241
:		

C 語言就是以 ASCII 碼來儲存英文文字資料，在後面的單元中，會看到如何運用 ASCII 碼來處理問題。

0-2-2　整數資料表示法

表示整數的方式有許多種，最常見、通用的是所謂的「2 補表示法」(2's complement)。C 語言在儲存整數的時候，就是使用「2 補表示法」。在不同的環境中 (32/64 位元電腦)，會配置不同大小的位元組給一個整數。假設系統設定 2 個位元組給整數，那麼 16 個位元會一起來解釋，2 個位元組共有 2^{16}=65536 個位元圖樣。一半分給正數 (0 算正數這邊)，一半分給負數。所以能夠表示的整數範圍是：-32768~32767。

正整數的表示法，就是 10 進位轉 2 進位的方式，例如：

$$+01234_{(10)} \ = \ 0000010011010010_{(2)}$$

$$+23456_{(10)} \ = \ 0101101110100000_{(2)}$$

負數的表示法，是先將該數字的 2 進位正數表示法，做一次 1 補轉換 (0 變 1，1 變 0)，然後加 1；這個過程就稱為 2 補轉換。轉換出來的圖樣，就是該數在系統中的表示法。

以 -23456 為例：

$$+23456_{(10)} \ = \ 0101101110100000_{(2)}$$

$$0101101110100000 (1 補轉換) 1010010001011111$$

$$1010010001011111 \quad (加 1) \quad 1010010001100000$$

$$-23456_{(10)} \ = \ 1010010001100000_{(2)}$$

以 -1 為例：

$$+1_{(10)} \ = \ 0000000000000001_{(2)}$$

$$0000000000000001 (1 補轉換) 1111111111111110$$

$$1111111111111110 \quad (加 1) \quad 1111111111111111$$

$$-1_{(10)} \ = \ 1111111111111111_{(2)}$$

以這個 2 補系統來表示整數的話，若資料是正的，第一個位元一定是 0，若資料是負的，第一個位元一定是 1。因此，第 1 個位元也稱為「符號位元」(sign bit)，可以用它來檢查資料的正負號。

如果整數資料沒有負數，例如人的年紀一定是正整數。那就不需要使用 2 補系統來表示，可以利用簡單的 10 進位，2 進位轉換來完成。那麼一樣的 2 個位元組能夠表示的整數範圍是：0~65536。在 C 語言中，有符號的整數型態稱為 int，而無符號的整數型態稱為 unsigned int，細節會在後面的章節中說明。

0-2-3　浮點數資料表示法

浮點數可以簡單的理解成實數，包含「整數部分」與「小數部分」。實作的規格有許多種，例如 IBM System/360 的浮點數格式、IEEE 754 格式。實務上，C 語言是使用 IEEE 754 規格來表示浮點數。單精準度浮點數使用 32 個位元來表示 (小數點下約 7 位精準)；倍精準度浮點數使用 64 個位元來表示 (小數點下約 16 位精準)。細節超出本書範圍，有興趣的讀者可以自行做深入研究。

不論是整數或是浮點數，在電腦中能表示的範圍其實比想像中小很多，精準度也沒有想像中的精確。如果要處理很大很大的數字，例如 10^{30} 的正數，就沒有任何系統內部定義的型別可以處理，要用其他的替代方案來完成。

0-2-4　溢位與不足位

整字型態的資料，因為所使用的空間有限制，所以有可能發生「溢位」(overflow) 問題。「溢位」指的是所使用的資料型別，因為位元圖樣的不足，無法表示資料值。例如，上面的整數就沒有辦法記錄一個超過 100 萬人口城市的市民人數。當成是把 32768 放入資料範圍是 -32768~32767 的整數空間的時候，就會發生「溢位」。發生「溢位」的時候，系統不會有任何錯誤訊息，程式會繼續執行，但是資料會是錯的。

另一個要注意的數字型資料的問題是：「不足位」(underflow)。這是指浮點數資料太小的時候 (非常靠近 0)，也沒有辦法表示，例如 1.0×2^{-500}，已經超出 IEEE 754 能表示的精度。讀者要特別注意的是，C 語言也不會對操作上發生的「不足位」發出任何錯誤訊息。

0-3　軟體與作業系統

電腦硬體設備固然重要，沒有軟體的配合，也只是無法工作的電子元件。而軟體可以粗略分成兩大類：「系統程式」與「應用程式」。

0-3-1　系統程式

「系統程式」可以簡單理解成「作業系統」(operating system)。作業系統存在的目的在於讓硬體能夠正常、有效率的工作。因此，一個作業系統，必須知道它所控制硬體的細節，才有可能完成它的工作。換句話說，不同的硬體，需要不同的作業系統。例如蘋果公司 MacBook 筆記型電腦，所搭配的作業系統，就是 MacOS；而華碩所出品的筆記型電腦，所搭配的作業系統，一般是微軟的作業系統。雖然我們可以用一些特殊的方法讓 MacOS 在華碩的電腦上執行，讓微軟的作業系統在 MacBook 筆記型電腦上運作，但是這些做法都不能讓硬體更有效率、更穩定的來工作。另外，32 位元等級的硬體設備，也不能執行 64 位元的作業系統。

常見的作業系統有兩個系列：UNIX 與微軟。UNIX 家族中有 AT&T 的 System V、IBM 的 AIX、昇陽的 Solaris、惠普的 HP/UX、蘋果公司的 Mac OS，以及在個人電腦上執行的 Linux。本書會提

到 Linux 中的一個成為 Ubuntu 的版本。微軟家族的作業系統可以分成兩類：個人電腦與伺服器版本。微軟個人電腦的作業系統如 Windows XP、Windows 7、8、10 等等。伺服器等級的作業系統有 Windows NT、Windows Server 2008 R2、2012 R2、2016 等。本書假設讀者使用個人電腦，執行如 Ubuntu Linux 或是 Windows 10 的作業系統。

作業系統的工作原理、管理與設定超出本書的範疇，有興趣的讀者可以在學習 C 語言後再做延伸學習。因為 1972 年以前的 UNIX 作業系統是以「組合語言」來製作的，維護起來非常的不方便，所以才發明了 C 程式語言，並且在 1973 年的時候，美國「貝爾實驗室」推出了第一個以 C 語言撰寫的 UNIX 作業系統。

0-3-2　應用程式

相對於作業系統，「應用程式」(application program) 指的是那些具有特殊目的，不能直接控制硬體的軟體工具。例如：微軟的 Word（文書處理器）、Google 的 Chrome（網路瀏覽器）或是各式各樣的遊戲軟體。

這些應用程式，需要知道機器所執行的作業系統是什麼。換句話說，一個應用程式能在什麼作業系統上執行是有所限制的。例如， Oracle Database Express Edition 11g R2 的下載畫面如圖 0-6，讀者可以看到對於 Windows 64 位元、32 位元、Linux 64 位元等不同的作業系統，必須要到不同的地方下載不同的軟體。因為作業系統是針對明確的硬體設計的，所以嚴格來說，特定版本的應用程式也只能在特定的硬體上執行。不過一般我們不會這樣來描述應用程式，只會說明能夠執行它的作業系統就足夠了。

▶▶ 圖 0-6　Oracle Database Express Edition 11g R2 的下載畫面
（資料來源：https://goo.gl/Jp2TPw）

前面說明了製作「作業系統」的工具：組合語言或是 C 語言。那應用程式又是用什麼工具來產生的呢？製作應用程式的工具就是程式語言，當然也包含程式語言。

0-4　程式語言簡介

資訊科學發展至今，已經發明了上千種的程式語言。這些程式語言可以用不同的觀點來分類。

最簡單的分類方式，就是將程式語言分成兩類：低階語言與高階語言。所謂的「低階程式語言」

就是具有「機器相依性」(machine dependent) 的程式語言，例如：機器語言、組合語言。所謂的「機器相依性」是指所製作的程式，不能在另外一種不一樣的機器上使用，只能在一樣的機器上執行。而「高階程式語言」則是指所有不具「機器相依性」的程式語言，例如 C 語言。這樣的分類，或許有些粗糙，更細的分類方式說明如後。

0-4-1　程式語言的演進

如果依照程式語言的演進，則可以將程式語言分成五代 (generation)。

- 第一代：以「機器語言」(machine language) 做代表。不同機器會有完全「低階程式語言」不一樣的機器語言。以 0、1 來製作程式。
- 第二代：以「組合語言」(machine language) 做代表。「組合語言」是「符號化」的機器語言。以符號（組合語言指令）來編寫程式。不同的機器組合語言也會不一樣。組合語言程式經過「組譯器」組譯之後就可以執行。前兩代都是「低階程式語言」。
- 第三代：無機器相依性語言。程式具有「可攜性」，可以將程式帶到其他不同的機器上，又稱為「程序導向」(procedural oriented)。常見的第三代語言有：C、C++、Java、FORTRAN、Python 等語言。要讓電腦能夠執行工程師製作的高階程式，必須將程式經過「翻譯」之後來執行。「翻譯」方法又可分為三種：編譯 (C 語言)，直譯 (Python)，編譯加直譯 (Java)。後面的單元會詳細介紹 C 語言的編譯過程。
- 第四代：又稱 4GL（fourth-generation language），問題導向（problem-oriented）語言。只須描述問題為何，無須描述解決問題的步驟。它們只能解決某一特定範疇的問題。常見的第四代語言有：資料庫系統中使用的結構化查詢語言 SQL；數學計算軟體 MATLAB 的程式語言；統計軟體 R 所使用的程式語言。
- 第五代：開發人工智慧系統、專家系統所使用的語言。常見的第五代語言有：LISP（LISt Processor）、PROLOG（Programming in Logic）、OWL（Web Ontology Language）

0-4-2　程式製作範式

所謂的「程式製作範式」(programming paradigms) 指的是「製作程式的方法」，如何將問題解決的方法。不同的範式，解決問題的時候，思考的重點、方式會完全不同。因此，我們也可以用範式來對程式語言來分類。本單元介紹一些最基本、最重要的範式。

- 「命令式」(imperative)：又稱為「程序式」(procedural) 程式語言。C、FORTRAN 等的語言都是「命令式」語言。解決問題的重心在運用結構，製作模組 (函數) 來處理問題。
- 「物件導向」(object-oriented)：以類別、物件做為解決問題的重心。C++、Java、Python 等的語言都是「物件導向」語言。
- 「函數式」(functional)：以數學函數的計算，當作解決問題的重心。Lisp、ML 等的語言都是「函數式」語言。
- 「宣告式」(declarative)：以定義程式邏輯，運用邏輯消解，而不是控制流程來解決問題。Prolog，OWL 等的語言都是「宣告」語言。

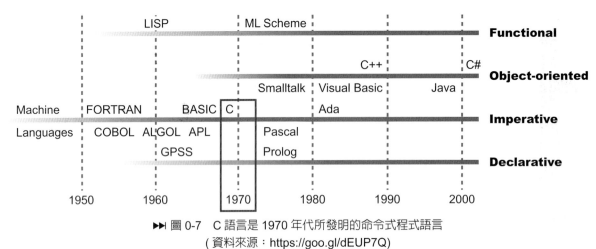

▶▶│ 圖 0-7　C 語言是 1970 年代所發明的命令式程式語言
(資料來源：https://goo.gl/dEUP7Q)

　　本書所介紹的 C 語言是 1970 年代所發明的命令式程式語言，發展至今已經快要半個世紀，它依然還是資訊工程界最受歡迎的程式語言之一。

Chapter 1

C 程式語言基礎

本章綱要

　　要設計好的程式，一定要了解系統是如何「從無到有」地將可執行檔產生出來。本單元不僅會介紹完整的 C 程式準備過程，也會介紹本書所使用的軟體開發工具，並且利用一個簡單的 C 程式，來說明 C 程式的組成單元，並且展示如何使用數學函數與亂數產生函數。

◆ C 程式準備過程
◆ 整合開發環境（IDE）
◆ C 程式的組成單元
◆ 函數的使用

1-1　完整的 C 程式準備過程

從無到有的製作 / 執行一個 C 程式，需要完成幾項工作：製作程式、編譯程式、執行程式。

1-1-1　製作程式

C 程式本身是一個文字檔，因此我們需要一個「文字編輯器」來編寫 C 程式，它可以是微軟的「記事本」或「WordPad」程式。如果是在 Linux 作業系統上面工作的話，可以是「vi」、「nano」或「gedit」等等的程式。另外，我們編寫的 C 程式「原始碼」（source code）的預設副檔名是 (.c)。

▶▶ 圖 1-1　文字編輯器功能示意圖

1-1-2　編譯程式

C 程式的「原始碼」製作完畢之後，必須將它從工程師編寫的指令「轉換」成電腦看得懂，可以去執行的「可執行檔」（executable file）。這個轉換的過程叫做「翻譯」（translate），而 C 程式的「翻譯」過程主要包含兩個部分：「編譯」（compile）與「連結」（link）。

- 「編譯」（compile）

「編譯」的目的在檢查「原始碼」中是否包含錯誤的指令？使用函數的時候，是否提供了足夠的有效參數？「編譯」這個工作是由「編譯器」（compiler）來完成。如果「原始碼」一切都沒有問題，「編譯器」就會產生這個程式的「目的碼」（object code），「目的碼」的預設副檔名是 (.o)，如圖 1-2 中 O 的圖像。「目的碼」是所謂的「二進位碼」（binary code），一般是不會去打開「目的碼」來研讀，因為「二進位目的碼」是給電腦用的，我們不會直接去閱讀它的內容。

▶▶ 圖 1-2　編譯器功能示意圖

「目的碼」本身具有「可攜性」（portability），也就是說，我們可以將自己「編譯」完成的「目的碼」，分享給別人使用，而不用將程式的「原始碼」公開。同樣的道理，我們也可以使用別人製作完成的「目的碼」來編寫程式。事實上，有許多細部的工作都需要使用系統提供的工具（目的碼）來完成（例如：如何輸出資料到螢幕），而我們都不會看到這些工具的「原始碼」是怎麼編寫的。

- 「連結」（link）

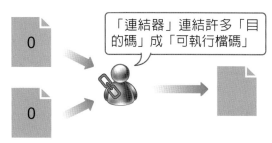

> 「連結器」連結許多「目的碼」成「可執行檔碼」

▶▶ 圖 1-3　連結器功能示意圖

　　許多「目的碼」可以被「連結器」（linker）連結成一個單獨的「可執行檔」（executable file）。如果沒有提供足夠的「目的碼」或是函數呼叫的方式錯誤，都有可能發生「連結器」無法成功將「目的碼」連結成一個「可執行檔」。如果連結成功，在微軟的工作環境之下，就會產生一個附檔名為 (.exe) 的「可執行檔」。在 Linux 的工作環境之下，預設的「可執行檔」為 a.out。

　　因此，準備一個以 C 程式的製作過程，可以用下圖來做總結說明，首先要用「文字編輯器」編寫程式「原始碼」，經過「編譯器」編譯成「目的碼」，然後由「連結器」將他們連結成「可執行檔」。我們就可以在作業系統中使用這個「可執行檔」。最上面沒有「原始碼」的「目的碼」，可以想成是系統工具或是別人分享給我們使用的「目的碼」。

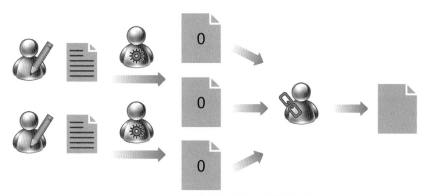

▶▶ 圖 1-4　C 程式的製作過程示意圖

1-2　整合開發環境

　　由上面的說明可以看到，從無到有製作一個以 C 程式語言所撰寫的程式，需要使用到許多的工具軟體：「文字編輯器」、「編譯器」、「連結器」等等。其實整個過程相當的繁瑣，因此就有廠商開發了所謂的「整合開發環境」（IDE，Integrated Development Environment）。它結合上面所有的工具，讓我們製作程式的時候，不用面對許多繁瑣的工具軟體，只要利用一個「整合開發環境」就能完成全部的工作。

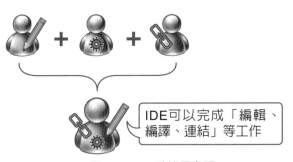

▶▶ 圖 1-5　IDE 功能示意圖

　　「整合開發環境」還加入許多功能，可以讓我們更方便的製作程式。例如，有些「整合開發環境」在我們輸入「左括號」的時候，它會自動產生「右括號」；按 <Enter> 換行的時候，會自動做適當的縮排；對於具有特殊意義的字，它會以特殊的顏色呈現。另外，還有強大的除錯功能，可以幫助工程師找出編譯、連結錯誤的地方。

1-2-1　Code::Blocks「整合開發環境」

　　本書所使用的是 Code::Blocks「整合開發環境」，它是一個使用 GNU General Public License, version 3 的工具，使用上是完全免費的。另外，它也同時支援如：微軟、Linux、Mac OS 等的主流作業系統。只要你的機器是使用上面這些作業系統其中之一，那就一定能從它的官網順利的下載、安裝，並免費的使用這個 Code::Blocks「整合開發環境」。它的官網如下：

```
http://www.CodeBlocks.org/
```

　　安裝完成之後，可以找到如上右圖的 Code::Blocks 圖像，點選它就可以開啟。官網上可以看到開啟 Code::Blocks 之後，系統的截圖如下：

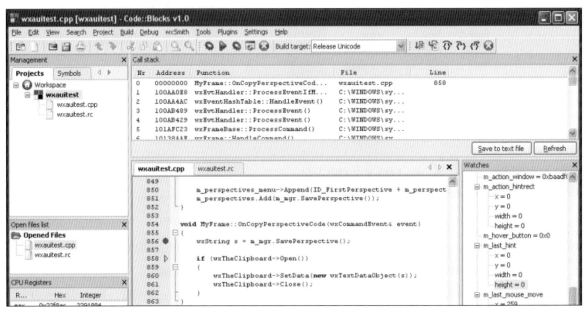

▶▶ 圖 1-6　Code::Blocks「整合開發環境」

1-2-2　新增 Code::Blocks 專案

我們可以建立一個單獨的 C 程式「原始碼」來編譯、執行它。可是更好的方式是新增一個「Code::Blocks 專案」，點選 File→New→Project，如下：

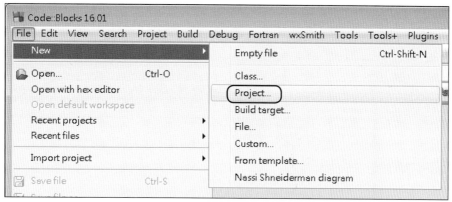

▶▶ 圖 1-7　新增「Code::Blocks 專案」

點選 Console Application 並按 Go 繼續，如下：

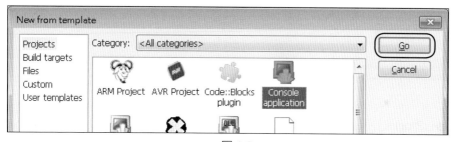

▶▶ 圖 1-8

點選 C 並按 Next 繼續（請注意，預設是 C++），如下圖 1-9；輸入相關的專案名稱，並選定儲存專案的資料夾，按 2 次 Next 繼續，如圖 1-10。

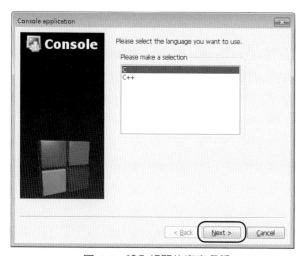

▶▶ 圖 1-9　輸入相關的專案名稱

▶▶ 圖 1-10　選定儲存專案的資料夾

這樣就可以新增一個 Code::Blocks 的專案，如下圖。整個專案會儲存在（上右圖中）所選定的資料夾中。Code::Blocks 專案的副檔名是 (.cbp)，下次要開啓這個專案，有兩個方法：從 Code::Blocks 介面 File→ Recent projects 選取，或是直接點選這個 .cbp 檔案（第一次選取有可能要將 Code::Blocks 設定成開啓 .cbp 類型檔案的預設工具）。

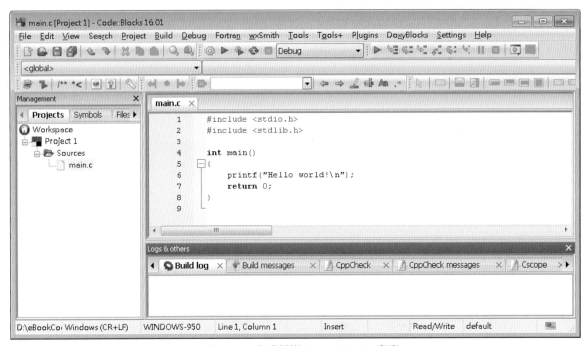

▶▶ 圖 1-11　完成新增 Code::Blocks 專案

　　除了 Code::Blocks，還有許多如免費的「整合開發環境」，例如：Dev-C++、Eclipse、微軟的 VisualStudio Express 等工具。但是它們若不是不支援部分作業系統，就是介面太過複雜，不適合給初學者使用。因此，還是強烈建議讀者使用 Code::Blocks 完成本書的學習。

1-3　C 程式的組成單元

　　新增一個 Code::Blocks 專案後，系統會自動建立一個名爲（main.c）的「原始碼檔案」，顯示在上圖左邊的區塊。這個檔案的內容如下。這個「原始碼」的檔案名稱當然可以自行修改。但是目前不建議讀者這麼做，先使用預設的環境來學習 C 程式語言。

範例 ┤\/├● P1-1

```
1    #include <stdio.h>
2    #include <stdlib.h>
3
4    int main()
5    {
```

```
6        printf("Hello World!\n");
7        return 0;
8    }
```

1-3-1 編譯 / 執行專案

我們只要點選 Code::Blocks 介面中「齒輪」圖像 (圖 1-12 右下方) 就能「建立」（Build）專案，它會「編譯 / 連結」專案的「原始碼」成為一個「可執行檔」。點選介面中「向右的綠箭頭三角形」圖像（Run），就能執行這個「可執行檔」。如果要一次完成：「編譯」、「連結」、「執行」這三個工作，可以點選最右下方的圖像建立與執行（Build and run）。

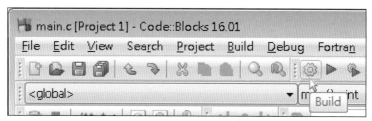

▶▶ 圖 1-12　點選齒輪圖像建立專案成可執行檔

點選「建立與執行」本專案，可以看到如下的輸出結果。至於這幾行的程式到底代表什麼意義，會在接下來的單元中詳細說明。

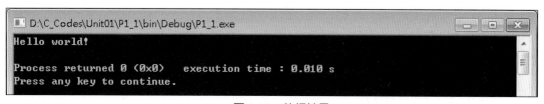

▶▶ 圖 1-13　執行結果

1-3-2 標頭檔 (header file)

除了剛剛介紹的「原始碼檔案」（main.c）之外，「標頭檔」是另外一個非常重要的 C 程式組成單元。「標頭檔」的預設副檔名是 (.h)。範例 P1-1 前 2 行中的 stdio.h、 stdlib.h 就是「標頭檔」。

「標頭檔」定義了許多重要的資訊（如：常數、函數格式），並且依照這些資訊的性質，做不同的分類。例如數學相關的資訊就被定義在 math.h「標頭檔」之中。如果使用到這些資訊，就要將這個「標頭檔」載入到程式之中。因為這個專案沒有使用數學相關的常數與函數，所以沒有載入 math.h 也可以執行。而 stdio.h 與 stdlib.h 定義了幾乎每個專案都會使用到的資訊，因此 Code::Blocks 自動幫我們載入進來。（在後面的程式範例中，為了節省篇幅起見，有時候會省略這個部分）。「標頭檔」事實上都是文字檔（不是二進位檔），讀者可以試著去搜尋一下本機，看看有幾個 stdio.h 檔案？位置在哪裡？可以將它開啟觀察一下有幾行，有什麼資訊被定義在裡面。

1-3-3　前置處理器命令 (Preprocessor directives)

要載入「標頭檔」到程式之中，必須使用 #include 這個「前置處理器命令」（如範例 P1-1 第 1、2 行），它的完整格式如下：

```
#include<system_header.h>
```

或是

```
#include "user_defined_header.h"
```

如果這個「標頭檔」是系統提供的（如 stdio.h），那麼**一定要使用上面的格式**，如果這個「標頭檔」是自己定義的（或其他公司提供的），那麼**一定要使用下面的格式**。

C 程式語言定義了許多的「前置處理器命令」來處理不同的工作，這些「前置處理器命令」都以 # 開頭。其他重要的「前置處理器命令」會在後面的單元中，有需要用到的時候，再來詳細說明。

1-3-4　主程式 (main program)

一個 C 程式是許多「函數」所組成的，「函數」之間相互叫用來完成工作。這些「函數」之中，有一個「函數」特別重要，就是稱為「主程式」(main program 或是 main function) 的「函數」。它是整個程式的「進入點」(entry point)，程式是從這裡開始執行。因此，為了識別這個「主程式」，它的名稱就必須事先規定好，那麼之後的編譯工作才能正確地完成。

範例 P1-1 第 4~8 行定義了這個專案的「主程式」，名字就是 main。因為 C 程式語言是個「**大、小寫有別**」(case sensitive) 的程式語言，請注意不能使用 Main 這樣子的函數做為「主程式」的名稱。

1-3-5　標記符 (token)

C 程式語言事實上將 main 視為一個「標記符」，可以理解為不可分割的最小單元。那麼「編譯器」又是如何分隔「標記符」的呢？一般是用：「特殊符號」、「白字元」(white space character) 來做區分。

例如緊接在 main 之後的是一個「小括號」，那麼「編譯器」就會將「小括號」之前的字母，當作屬於前一個「標記符」的字母。

而「白字元」指的是那些不會在螢幕上顯示東西的「字元」，例如「空白」<space>、「換行」<Enter>、「跳格」<Tab>。所以第 3 行的空白行，並不會影響程式的執行，刪除第 3 行的空白行，也不會影響程式的執行。如果在第 4 行 int 與 main 之間增加額外的「空白」，也不會影響程式的「編譯」，所以如果我們把第 5 行「左大括號」，移到第 4 行的最後，也一樣不會影響程式的「編譯」。但是，如果我們刪除 int 與 main 之間的「空白」，那麼 int 與 main 就會合併成一個 intmain 的「標記符」，「編譯器」就無法正確的運作了。同樣的道理 main 也不能加個「空白」成為 ma in，因為這會被視為兩個「標記符」。

1-3-6　程式區塊 (block of code)

主程式的「內容」，則是由成對的「大括號」（第 5、8 行）所組成。這個成對的「大括號」在 C 程式語言中稱為「程式區塊」，它包含許多的指令。基本上，這些指令就會循序地一個一個被執行。範例 P1-1 中的「主程式區塊」包含兩個指令（第 6、7 行），它們自然會循序地先執行第 6 行的命令，再執行第 7 行的命令。

1-3-7　縮排 (indentation)

第 6、7 行的命令，比其他的程式碼向右退了幾格，這種作法就叫做「縮排」。因為這 2 行指令屬於同一個區塊，因此就多加了相同個數的「空白」，向右退幾格地對齊了。因為我們增加的是「白字元」，「縮排」並不會影響程式的編譯。但是，適當的縮排可以大大的提高「原始碼」的「可讀性」(readability)。可以幫助我們除錯、維護自己的「原始碼」。因此，當讀者開始學習製作程式的時候，一定要做適度的縮排，養成良好的習慣。

1-3-8　敘述與敘述終止符

C 語言中的指令，正式的說法是：「敘述」(statement)。類似於中、英文等的自然語言，在一個句子完成的地方，會標明一個「句點」。C 語言指令的最後，必須清楚標明一個「敘述終止符」(statement terminator) －分號。

觀察整個範例 P1-1，我們只看到 2 個分號，這代表整個程式只有兩個「敘述」（指令）。當然我們可以加一個額外的分號在第 6 行命令的最後，如下。

```
printf("Hello World!\n");;
```

這種沒有命令的「敘述」，稱為「空敘述」(null statement)。一般來說，不應該有「空敘述」在程式之中，但是有一些特殊的情況下，需要明確的寫出一個「空敘述」，不然程式無法正確執行，細節會在後面的單元說明。

1-4　函數的使用

叫用函數的時候，必須正確寫明想要呼叫的函數名字，另外要提供足夠、有效的參數。不然「編譯器」會無法正確地將「可執行檔」產生出來。

1-4-1　定字 (literal)

範例 P1-1 中的第 6 行的命令，做了一次的 printf 函數呼叫。並且傳送了一個「字串定字」（Hello World!）給函數 printf。顧名思義「定字」就是固定、不能變動的資訊。程式的執行從開始到結束，都不會（也不能）改變。C 程式語言的「字串定字」必須以夾在成對的「**雙引號**」之間，如下面的範例：

```
"Hello World!\n"
```

「字元定字」則必須以夾在成對的「**單引號**」之間，而且中間只能有一個字元，如下面的範例：

```
'A'        'a'        ':'        '.'        '9'
```

1-4-2　跳脫序列 (escape sequence)

讀者可能會很好奇，為什麼 "Hello World!\n" 之中，最後一個 n，沒有像前面的字母，一個個的被列印到螢幕上？原因是 n 的前面沒有一個所謂的「跳脫字元」：反斜線。顧名思義，「跳脫字元」會將緊接在它後面字元的原始意義給「跳脫」（以其他的方式來解釋）。常用的「跳脫序列」：

\n　　　換行

\t　　　跳格

\'　　　輸出單引號

\"　　　輸出雙引號

\\　　　輸出反斜線

1-4-3　數學函數與註解

在解決計算問題的過程中，常常會使用到數學相關的函數。C 程式將數學相關的函數主要定義在 math.h「標頭檔」中。範例 P1-2 載入 math.h 之後，使用了三個數學函數：abs()、pow()、sqrt()（絕對值、次方、開根號運算）。絕對值 abs() 函數則是定義在 stdlib.h 標頭檔中。範例 P1-2 的第 4 行，寫了一行的「註解」(comments)，描述這個專案的名字。「註解」不會影響程式的執行，完全是為了方便理解程式用的。C 程式提供兩種「註解」方式：「單行註解」、「多行註解」。

範例 〜→ P1-2

```
1     #include <stdio.h>
2     #include <stdlib.h>
3     #include <math.h>
4     // Example P1-2
5     int main() {
6       printf("Hello World. A 12 3.45\n");
7       printf("%s %c %d %f \n",
8           "Hello World.", 'A', 12, 3.45);
9       printf("%d %f %f\n",
10          abs(12), pow(2,3), sqrt(30.25));
11      printf("%d %f %f\n",
12          abs(-15), pow(3.5,2.5), sqrt(20.25));
13      return 0;
14    }
```

兩個斜線之後，一直到該行結束的地方，都會被視為「單行註解」，範例 P1-2 的第 4 行就是一個「單行註解」。如果需要大量的文字說明，可以將多行的說明放在 /* 與 */ 之間 (中間不能有空白)。只要在這兩個「標記符」之間的文字，不論多少行，通通會被視為「註解」。

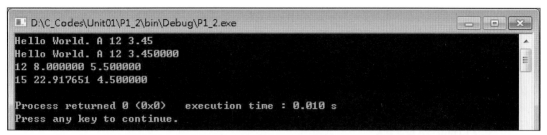

▶▶ 圖 1-14　執行結果

　　執行範例 P1-2 會得到圖 1-14 的輸出。而程式「原始碼」中第 6 行列印一個「定字字串」，本質上與第一個範例沒有任何差別。

Hello World. A 12 3.45

　　第 7、8 行則將相同的「定字」資料 (第 8 行)，以格式化的方式輸出，printf() 中包含 4 個 % 記號的如下字串，就是格式。格式逗點之後，則是待列印的資料。

"%s %c %d %f\n"

　　範例 P1-2 使用了四個格式，簡單說明如下：

%s 字串格式　　%c 字元格式

%d 整數格式　　%f 浮點數格式（實數）

　　因此，第 8 行提供了 4 個如下的「定字」資料，它們的格式與前面指定的格式相同。

"Hello World.", 'A', 12, 3.45

　　第 7、8 行命令的輸出如下，與第 6 行命令的輸出幾乎相同。除了最後一個數字，多出了 4 個 0。這 4 個 0 是由 %f 的預設格式所呈現的（預設列印小數點下 6 位），細節會在第 3 單元說明。

Hello World. A 12 3.450000

　　第 9、10 行的命令則使用了 3 個數學函數，絕對值 abs()、次方 pow()、開根號運算 sqrt()，輸出如下：

12 8.000000 5.500000

15 22.917651 4.500000

　　可以看到第一個輸出是以 %d 格式輸出，後面兩個則是以 %f 格式輸出。pow()、sqrt() 都可以處理實數參數，例如：22.917651(=$3.5^{2.5}$) 就是函數 pow(3.5,2.5) 計算的結果；而 4.5(=$20.25^{1/2}$) 就是函數 sqrt(20.25) 計算的結果。

1-4-4　函數的回傳 (return)

從上面的數學函數使用範例中，大家可以看到這些函數會「回傳」(return) 一個「回傳值」，也就是計算的結果。當然這些「回傳值」有它事先定義的格式，而我們當然必須以正確的格式來處理這些「回傳值」。如果我們以 %d、%c 或是 %s 來列印 pow() 的計算結果，就會看到不可預期的錯誤輸出。

範例 P1-1 的第 7 行與範例 P1-2 的第 13 行（return 0）所代表的意義就是「回傳」0。至於為什麼回傳 0，不回傳實數、字元或是字串？那是因為 main 主程式前面是定義 int（代表「整數」）而不是實數，細節會在下個單元說明。

1-4-5　使用亂數函數

除了數學函數以外，製作 C 程式的時候，常常會需要產生亂數。在 stdlib.h 中有提供「亂數產生函數」rand()，產生介於 0~RAND_MAX（Code::Blocks 中是 32767）之間的亂數序列。使用方式如範例 P1-3，產生四個亂數：

範例　P1-3

```
1        7#include <stdio.h>
2        #include <stdlib.h>
3        int main() {
4          printf( "%d %d\n",rand(),rand());
5          printf( "%d %d\n",rand(),rand());
6          return 0;
7        }
```

```
D:\C_Codes\Unit01\P1_3\bin\Debug\P1_3.exe
32767   41
6334   18467

Process returned 0 (0x0)   execution time : 0.010 s
Press any key to continue.
```

```
D:\C_Codes\Unit01\P1_3\bin\Debug\P1_3.exe
32767   41
6334   18467

Process returned 0 (0x0)   execution time : 0.006 s
Press any key to continue.
```

▶▶| 圖 1-15　執行結果

眼尖的讀者可能已經發現，在上面兩次的執行，居然輸出一模一樣的亂數。這是因為整個亂數的產生畢竟是由機器在做，如果沒有特別處理，那當然會做出一模一樣的「亂數」出來。為了解決這個問題，我們可以呼叫另一個函數 srand() 來設定「亂數」的起始點，就是所謂的「亂數種子」(random seed)。

為了避免設定一個「固定值」當作起始點，我們可以使用函數 time(NULL)，它會回傳從 1970 年 1 月 1 日 0 時 0 分 0 秒算起到當下的系統時間，一共所經過的秒數，以此當種子，打亂起始種子，來做出每次執行都不一樣的「亂數」。這樣一來，就可以產生足夠雜亂的「亂數」出來了。srand() 只需要叫用一次就可以，使用方式如範例 P1-4：

範例 P1-4

```
1    #include <stdio.h>
2    #include <stdlib.h>
3    #include <time.h>
4    int main() {
5      srand(time(NULL));
6      printf( "%d  %d\n",rand(),rand());
7      return 0;
8    }
```

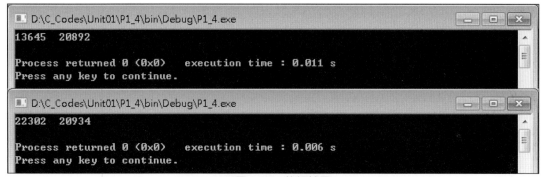

▶▶ 圖 1-16　執行結果

　　為了方便書籍印刷，本書後面的範例輸出，都會調整成白底黑字的輸出，如下圖。讀者只要在範例 P1-4 的第 5 行，插入 system("color F0"); 指令就可以得到圖 1-17 這樣的效果。

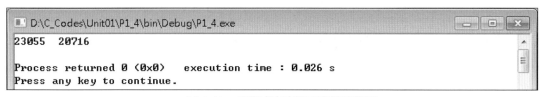

▶▶ 圖 1-17　調整成白底黑字的輸出範例

本章習題

1. 製作專案，輸出如下字串：

   Hello C program.

2. 製作專案，搭配適當格式，輸出如下：

   Z WXY 98 7.654321

3. 製作專案，輸出 5 個亂數。

4. 若有如下指令，請說明執行的輸出是什麼。

   printf("%c %d \n", 'A', 'A');

   printf("%c %d \n", '1', '1');

Chapter 2

變數的使用

本章綱要

　　當我們在解決稍微複雜一點的問題時，不大可能只用定字處理。因為許多資料會在程式執行的過程中改變。而這些裝載會改變資料的容器就是變數。C 語言是一個強型態程式語言，在強型態程式語言中變數的使用規範比較繁瑣一些。本單元首先會介紹變數的使用方式，然後簡單的介紹運算子與運算式。

- ◆ 變數與型別
- ◆ 保留字
- ◆ 變數的轉型
- ◆ 運算子與運算式
- ◆ 運算子的優先順序與結合規則

2-1 變數與型別

如果每個程式都像前面單元範例中所使用的「定字」來製作，那就太沒有彈性了。相對於那些在程式執行過程中，都不能變動的「定字」，C 程式語言提供另外一種稱為「變數」(variable) 的機制。顧名思義，「變數」的值在程式執行中，可以隨時變動。讀者可以把變數想成是一個容器，容器中的內含物可以依照需要隨時改變。

▶▶ 圖 2-1　變數示意圖

2-1-1　變數宣告 (variables declaration)

C 程式語言變數必須事先「宣告」(declare)，不然不能使用。如果使用一個未經宣告的變數 p，Code::Blocks 編譯器會輸出如下的錯誤訊息（錯誤：'p' 未宣告）：

```
error: 'p' undeclared
```

變數宣告的格式如下，

```
variable_type variable_name [, ...];
```

格式中 [, ...] 表示一次可以宣告多個變數，多個變數名稱之間，以逗點分隔。中括號代表「可有可無」，不是一定要宣告多個變數。其他兩個主要的部份是變數型別與變數名稱，分別說明如下。

2-1-2　變數命名規則 (variables naming convention)

C 語言不能隨意亂取名字，變數名稱有嚴格的規定：

(1) 長度 < 31

(2) 第一個字元：a-z, A-Z, _

(3) 其餘的字元：a-z, A-Z, _, 0-9

(4) 非保留字，細節在後面介紹

C 語言的命名規則，被後來許多的程式語言沿用，其他程式語言的命名規則甚至更為寬鬆。所以讀者最好能記住這三點的規則，遵守這個規則來命名，那麼就算以後接觸其他的程式語言，也不用擔心所定義的變數名稱是否合法、是否有效。

有效的變數名稱：a, data, _key_, total

無效的變數名稱：9a, data*, key$, char

2-1-3　變數型別 (variables type)

　　C 語言是一個所謂的「強型別程式語言」(strongly typed language)，變數必須事先宣告型別，程式執行過程中，變數的型別也不能改變。另外，除了系統提供的型別以外，也可以自己定義額外的資料型別（在後面的單元中會介紹）。這個小節先介紹 5 個「基本資料型別」(primitive data type)：

- 整數型：　`int`、`long`
- 浮點數型：`float`、`double`
- 字元：　　`char`

　　這裡介紹 2 個整數的資料型別：int 與 long。它們之間唯一的不同是系統保留的記憶體大小，也就是「容量」。我們通常會用「整數」來指 int，用「長整數」來指 long。而一般的系統中，「長整數」的記憶體大小通常是「整數」的 2 倍。細部實作是以所謂的「2 補數」(2's complement) 表示法來呈現，最左邊的「位元」紀錄這個數的「符號」，0 代表正數，1 代表負數。如果處理的問題不會出現負數的話（例如：年齡），可以使用 unsigned 的方式宣告，那麼系統會利用最左邊的「位元」來儲存整數內容，「無符號整數」能表示的最大正整數自然就會比「有符號整數」(signed，預設，可以省略不寫) 多兩倍 (請參閱第 0 章)。變數宣告的範例如下：

```
int           i, j, k;// 一次可以宣告多個變數
unsigned int  age, case_no;
long          total, sum;
// signed long total, sum; 同上，signed 可以省略
```

　　類似整數資料型別，浮點數也有所謂的「單精準度」float 與「倍精準度」double 浮點數。要注意的是，浮點數不能使用 unsigned 的方式宣告。字元的資料型別則比較單純，只有一種（以 ASCII 整數表示）。它們的使用範例如下：

```
float    temperature_c;
double   revenue;
char     option;
```

2-1-4　初始值設定

　　如果宣告變數的時候，就知道它的「初始值」(initial value) 是多少的話，可以在宣告的時候，順便給定「初始值」。範例如下：

```
float         temperature_c=38.5;
unsigned int  age=18, case_no=0;
char          option='a';
```

要注意的是，當我們程式越寫越大時，常常需要重新設定變數「初始值」，例如當我們處理完一個訂單之後，總金額當然先要再一次的歸零，才能繼續往下處理。這個時候，「初始值」當然要重設，不能以為宣告的時候有設定過，程式就會自動幫我們重設。另外，C 語言並不會自動將變數設初始值。

2-1-5　sizeof 函數

　　C 程式語言具有高度的「可攜性」，可以將在 A 機器上製作的「原始碼」搬到 B 機器上去編譯、執行。可是在不同檔次、不同種類的機器上，變數宣告的時候，有可能會配置不一樣大小的記憶體給該變數 (型別)。這純粹是由系統決定，工程師完全沒有辦法變更。因此，我們不能假設「整數」int，一定佔用 2 個 bytes，或是假設 int 一定佔用 4 個 bytes。最好能「動態的」檢查它們的大小，以後的單元也會介紹如何「動態的」做「記憶體配置」。

　　檢查資料型別大小的函數是 sizeof()，輸入的參數可以是：變數型別、變數名稱，或是一個「定字」。由範例 P2-1 第 5、6 行的輸出，可以看到 int 佔了 4 個位元組，float 也一樣佔 4 個位元組。但是「定字」4.5 卻佔了 8 個位元組，原因是系統將它視為一個「倍精準度」浮點數，sizeof(double) 的大小就是 8。

範例 ⊣∿⊢● P2-1

```
1      int main() {
2        int   a=15;
3        float f=4.5;
4        long b=a;
5        printf("%d %d\n",sizeof(a),sizeof(float));
6        printf("%d %d\n",sizeof(char),sizeof(4.5));
7        return 0;
8      }
```

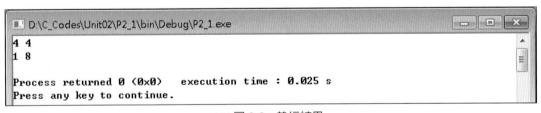

▶▶ 圖 2-2　執行結果

2-2 保留字

從上面的變數宣告範例中可以看到，如果用 int 來當作變數名稱，那會讓「編譯器」非常混淆，使得整個「翻譯」的工作變得非常複雜、困難。因此，所有的程式語言都會將一些比較關鍵的字，保留下來專門給系統使用，它們就叫做「保留字」(reserved word) 或稱為「關鍵字」(keyword)。我們不能使用這些「保留字」做為變數名稱。

C 語言的「保留字」其實不多，只有 35 個，整本書會介紹超過 2/3 的「保留字」，剛剛學到的 7 個資料型別就都在其中。扣除一些幾乎不會被用到的「保留字」（過時或是預設條件，如 register、auto），其他比較艱澀、少用的「保留字」（如 union）就留給未來有需要的讀者自己去研究了。

❖ 表 2-1　C 語言保留字

auto	else	**long**	struct
break	enum	long long	switch
case	extern	register	typedef
char	**float**	restrict	union
const	for	return	**unsigned**
continue	goto	short	void
default	if	**signed**	volatile
do	inline	sizeof	while
double	**int**	static	

2-3 變數的轉型

從範例 P2-1 第 5、6 行的輸出，可以看到 float 佔 4 個位元組，「定字」4.5 佔了 8 個位元組，原因是系統將它視為 double。如果真是如此，那麼「編譯器」為什麼可以處理範例 P2-1 的第 3 行？它將一個「倍精準度」的值，設給「單精準度」的變數；第 4 行將將一個 int 整數，設給 long 整數，這些設值運算的左右兩邊的資料型別都明明不同，這樣難道不會出問題嗎？

程式可以執行的原因是，系統內部對變數型別有一個「預設的上下關係」（描述精準度大小的關係），簡單如圖 2-3 所示。最上層的是 double，占 8 個位元組，最底層的是 char，占 1 個位元組。當然 double 的精準度比 float 來的高，long 比 int 來的高。

比較下圖與上面的「保留字」表格，可以看到其他幾個資料型別：short、long long、 unsigned long long。事實上，從 short 到 unsigned long long，都是大小不一的整數型別。轉型又分兩種：「系統自動轉型」與「使用者強制轉型」。

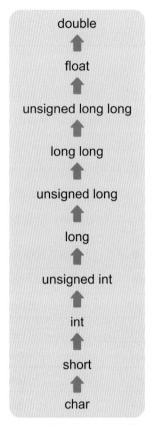

▶▶│圖 2-3　變數型別上下關系示意圖

2-3-1　系統自動轉型

　　有了上面這個事先定義的「型別上下關係」，系統就能自動替我們做轉型。依據轉型的方向，又能分成：向下轉型、向上轉型。

- 向下轉型

　　向下轉型就是指將比較精準的型別，轉成比較不精準的型別。例如將 double 轉成 float，或是轉成 int，都是向下轉型，範例 P2-1 的第 3 行，事實上系統自動做了一次向下轉型。又例如：

```
int i;
i = 6.4 / 2.0;
```

　　等號右手邊的 6.4、2.0 都是 double 型別，計算出來的結果是 double 型的值 3.2，這個值會被自動向下轉型成 int，i 的內容會是 3。要特別注意的是，向下轉型有可能會發生「遺失精準度」(precision loss) 的問題。例如上面範例 P2-1，經過轉型之後就遺失了。

- 向上轉型

　　如果原本的值精準度（大小）沒有變數（容器）來的大，那麼系統就會自動（通常是補 0）做一次向上轉型。將 int 轉成 float 或是 float 轉成 double，都是向上轉型。例如：

```
int i=15;
float f;
double d;
f = i;          // int 轉成 float
d = f;          // float 轉成 double
```

　　系統會自動將整數 i，向上轉型成 float，f 的內容會是 15.0(float)。同理，系統會自動將 float f，向上轉型成 double，d 的內容會是 double 型的 15.0。

2-3-2　使用者強制轉型

　　除了系統自動轉型之外，我們也可以依照需要，明確的做轉型處理。作法是在變數或是值的前面加上 **(型別)**。

```
floatk;
k = 6 / 2;
```

　　上面的範例中，等號右邊計算出來的結果是 3(整數)，向上轉型成 **float**。k 的內容是 3.0 (浮點數)。

```
floatp;
p = (float) 6 / 4;
```

　　上面的 6 會因為前面的 (float)，強制轉型成 6.0 (浮點數)，4 會因為前面的 6(浮點數)，自動轉型成 4.0(浮點數) 運算結果是 1.5。p 的內容是 1.5。

　　要特別留意的是，C 語言在做運算時，只會做「同型運算」，也就是說，整數除以整數的結果，一定是整數。不會因為前面有個 float 變數 p 在前面等著要接住這個計算結果，它就變成 float。而是在等號右邊的計算完成同時，小數點下的數字就不見了。因此 p = 6 / 4;這樣的命令，p 的內容會是 1，而不是 1.5。同樣的道理，下面的指令，也不會輸出 1.5，而是輸出 1.000000。

```
floatp = 6 / 4;
printf("%f\n", p);
```

　　系統會遵守計算規則，先算出 1，然後將 1 以浮點數格式列印出來。轉型必須由程式設計師自行處理：

```
printf("%f\n", 6.0/4);
printf("%f\n", (float)6/4);
```

2-4 運算子與運算式

當我們在做變數宣告設初始值的時候，其實使用了一個特殊的符號 (=) 等號。在 C 程式語言中，這些符號稱爲「運算子」(operator)。「運算子」需要足夠的「運算元」(operand) 才能完成計算。例如除法運算，就需要除數、被除數，2 個「運算元」，所以除號就屬於「2 元運算子」。

「運算子」、「運算元」與「分隔符」(delimiter) 則會組成所謂的「運算式」(expression)。運算式有很多種，最常見的就是算術運算式。例如：1*(2+3)。其中，「1、2、3」是「運算元」，「*、+」是「運算子」而左、右小括號則是「分隔符」。

我們可以用「運算元」的個數來理解「運算子」（「單元運算子」、「2 元運算子」、「3 元運算子」）；或是像本書一樣用「運算子」的本身意義，分類來介紹（設值運算子、算術運算子、關係運算子等等）：

2-4-1 設值運算子 (assignment operator)

「設值運算子」就是：等號 (=)。將「右邊運算式」的值計算出來，然後設給「左邊的運算元」。變數設初始值就是一個「設值運算子」的使用範例。當然「設值運算」也可以單獨出現，如下：

```
int a = 15;
a = a / 3;
```

系統會先算出 5(15/3)，再將 5 設給 a。講精準一點，「設值運算子」左邊的「運算元」稱爲 lvalue(left value)，必須是有效的「容器」，才能成爲 lvalue。「設值運算子」右邊是一個「運算式」所計算出來的 rvalue(right value)。如上例：a = a / 3; 是一個有效的「設值指令」，rvalue 是 a / 3 所計算出來的 5；lvalue 是變數 a。如果指令寫成 15 = a; 它顯然就不是一個正確的命令，因爲 15 並不是一個合法的 lvalue，它沒有辦法接住 rvalue。

2-4-2 算術運算子 (arithmeticoperators)

除了「設值運算子」以外，最常用的「運算子」。C 語言的「算術運算子」一共有 5 個，分別是：

+	加	a+1;
–	減	a-2;
*	乘	a*3;
/	除	a/1;
%	餘數	a%5;

使用方式相當直觀，最後一個是「計算餘數的運算子」，如果 a 的值目前是 2，那麼 a%5 就會算出 2。另外，算數運算當然要遵守先乘除，後加減的規則。如果想要先做加減，當然是用「小括號」來描述。例如：(1+2)*3-2 會算出 7；5*((8/2)%(5-2)) 會算出 5。

其實，不論 (1+2)*3-2 或是 5*((8/2)%(5-2))，都算是「運算式」(expression)。更精準的說法是「算數運算式」。一個「運算式」是由「運算子」與「運算元」所組成。而「運算元」當然可以是「變數」（例如 a），或是「定字」（例如 5）。

2-4-3　算術運算與設值運算的結合

製作程式的時候，常常會需要對某一個特定的變數做算數運算，然後再將運算結果設給原變數。例如：a=a+1; 就是將 a 變數的內容加 1 之後，設回去給 a。這種結合算術與設值運算的操作，常常會發生。於是 C 語言就設計了如下的 5 個合併算術與設值運算的運算子，用法與範例如下：

```
+=   i+=j   i = i + j;
-=   i-=j   i = i - j;
*=   i*=j   i = i * j;
/=   i/=j   i = i / j;
%=   i%=j   i = i % j;
```

這 5 個運算子語法上非常精簡，建議讀者要多多利用它們。

2-4-4　遞增 / 遞減運算子 (increment/decrement)

另外一個在製作程式時，常會遇到的狀況是：「遞增」/「遞減」。此處的「遞增」或「遞減」，是對某一個特定的變數「加 1」或「減 1」。讀者當然可以用 a=a+1; 或是 a+=1; 來完成「遞增」。另一方面，C 語言提供了兩個更方便的「運算子」來完成這兩項工作，它們分別是：「++」與「--」。這兩個「運算子」設計的非常精簡，但是使用起來要小心。

- 「++ 運算子」

    這個「++ 運算子」有兩種用法。放在變數前面的話，會先做「遞增」，放在變數後面的話，則後做「遞增」。

```
int i=5, j, k;
j = ++i;   // i是 6；j是 6
k = j++;   // j是 7；k是 6
```

- 「-- 運算子」

    類似於「++ 運算子」，「-- 運算子」也可以放在變數前面或是後面，一個先做「遞減」，一個後做。

```
int i=5, j, k;
j = --i;   // i是 4；j是 4
k = j--;   // j是 3；k是 4
```

程式 P2-2 顯示一個「遞增」/「遞減」的使用範例。程式第 3、5、7 行，分別列印變數 i、j 目前的內容。第 4 行做了先、後「++」的運算，第 6 行做了先、後「--」並搭配乘法的運算。請讀者特別留意第 4、6 行的輸出，分別是：

```
i=11, j=20
i=20, j=42
```

範例 ┤╲╱├• P2-2

```
1    int main() {
2      int i=10, j=20;
3      printf("i=%d, j=%d\n",i,j);
4      printf("i=%d, j=%d\n",++i,j++);
5      printf("i=%d, j=%d\n",i,j);
6      printf("i=%d,j=%d\n",2*(--i),2*(j--));
7      printf("i=%d, j=%d\n",i,j);
8      return 0;
9    }
```

```
D:\C_Codes\Unit02\P2_2\bin\Debug\P2_2.exe
i=10, j=20
i=11, j=20
i=11, j=21
i=20, j=42
i=10, j=20
```

▶▶ 圖 2-4　執行結果

2-5　運算子的優先順序與結合規則

當我們在使用「算數運算子」的時候，很自然的會想到：先乘除，後加減。如果想要先做某項加減運算的話，可以使用「小括號」來描述。其實在運用「所有運算子」的時候，我們都必須考慮兩件非常重要的事情：(1) 先後順序 (2) 左右結合。

2-5-1　先後順序

先後順序指的就是「運算子」的「優先權」(precedence)。C 語言「運算子」的「優先權」分成 15 個等級。例如「乘、除運算子：* /」在第 3 級；而「加、減運算子：+ -」在第 4 級；「設值運算子：=」在第 14 級。因為有這個事先定義的 15 個等級的先後順序表，當然「運算式」也就會遵守我們心中所想的「先乘除，後加減」的順序。而「小括號」則是一個第 1 級的「運算子」，那系統自然會先處理「小括號」中的運算。

因為目前並沒有學到太多的「運算子」，本單元中並沒有將所有 15 個等級中全部的「運算子」表列出來（完整的列表在附錄中），請讀者在學習「運算子」的過程中，隨時參考附錄中「運算子」完整的列表。

2-5-2　左右結合

在同一個「運算子等級」中，會有許多不同的「運算子」，例如：「乘、除運算子」在第 3 級。那麼，在一個沒有「小括號」的「運算式」裡面，如果有多個同等級的「運算子」，那要怎麼處理？例如：18/6/3; 這個「運算子」是先做 18/6，最後得 1；還是先做 6/3，最後得 9？這就是「運算子結合律」(operator associativity) 所要處理的問題。而同一個等級的「運算子」，有相同的「結合律」。

- 「左結合」(left-to-right)

  在「運算式」中，這些「運算子」會從左邊做到右邊，稱為「左結合」。換句話說，可以把左邊的運算，先加一個「小括號」來幫助理解。因為第 3~12 級的「運算子」都是「左結合」，上面的例子 18/6/3 可以理解成 (18/6)/3。

```
int i=18, j;
j = i/6/3;   // i 是 18；j 會是 1
```

- 「右結合」(right-to-left)

  「右結合」自然是指「運算子」的操作，會從右邊做到左邊。我們目前學到的所有「設值運算子」都是「右結合」。因此，如果有 i=j=k; 這樣的式子，他就會等價於 i=(j=k); 範例如下：

```
int i=5, j=10;
i = j = 15;   // i 是 15；j 是 15
```

本章習題

1. 請 (參考 P2-1) 製作一個程式，宣告 3 個變數 (char、int、float)，設初始值並輸出它們。

2. 若有如下指令，請說明執行的輸出是什麼。

```
printf("%c %d \n", 'A', 'A');
printf("%c %d \n", 65, 65);
printf("%c %d \n", '1', '1');
printf("%c %d \n", 49, 49);
```

3. 製作專案，輸出 5 個介於 0~100 的亂數。

4. 製作專案，輸出 5 個介於 100~500 的亂數。

5. 製作專案，輸出 5 個介於 0~9999999 的亂數。

6. 製作一個程式，給定長方體三個邊長 (正整數，長：3、寬：6、高：9)，輸出長方體體積。若初始值如下，檢查你的程式是否正確。

   長：4321，寬：9654，高：9876

7. 製作一個程式，給定三角形的底、高 (浮點數，底：3.5，高：4.6)，輸出三角形面積。若初始值如下，檢查你的程式是否正確。

   底：5.4321，高：9.8765

8. 請完成如下求 BMI 的程式。

```
1    #include <stdio.h>
2    #include <stdlib.h>
3    int main() {
4      float w=45.0, h=158.5;
5      // 計算並輸出 BMI
6      return 0;
7    }
```

9. 完成如下程式，給定攝氏溫度，輸出華氏溫度。

```
1    #include <stdio.h>
2    #include <stdlib.h>
3    int main() {
4      float temp_c=36.5;
5      // 計算並輸出華氏溫度
6      return 0;
7    }
```

10. 完成如下程式，給定 2 正整數 (奇數) m、n (m<n)，計算 m、n 之間奇數的和。

```
1    #include <stdio.h>
2    #include <stdlib.h>
3    int main() {
4       int m=11, n=21;
5       // 計算並輸出 m, n 之間奇數的和
6       return 0;
7    }
```

若初始值 m=9、n=23，檢查你的程式是否正確。

11. 完成如下程式，給定圓半徑，輸出圓面積。

```
1    #include <stdio.h>
2    #include <stdlib.h>
3    #include <math.h>
4    int main() {
5       float radius=12.3;
6       // 計算並輸出圓面積
7       return 0;
8    }
```

12. 完成如下程式，給定球體半徑，輸出球體體積。

```
1    #include <stdio.h>
2    #include <stdlib.h>
3    #include <math.h>
4    int main() {
5       float radius=45.6;
6       // 計算並輸出球體體積
7       return 0;
8    }
```

13. 完成如下程式，一個梯子 (長度為 length 公尺) 靠在牆上，梯子底部距離牆角 dist 公尺，輸出梯頂至地面高度 (height)。

```
1    #include <stdio.h>
2    #include <stdlib.h>
3    #include <math.h>
```

本章習題

```
4    int main() {
5      float length=5, dist=3, height;
6      // 計算並輸出梯頂至地面高度 (height)
7      return 0;
8    }
```

Chapter **3**

格式化輸入輸出

本章綱要

　　學會了變數的宣告與使用，我們當然會希望使用者將資料動態輸入給程式，由變數來儲存它們，使用這些變數來做處理。而不是將資料寫死在程式之中，以定字的方式來處理。本單元會簡單介紹如何使用 scanf() 函數，與 printf() 函數來讀入、寫出資料。

◆ 格式化輸出資料
◆ 格式化輸入資料

3-1 格式化輸出資料

在前面的單元中，我們已經簡單的介紹、使用過格式化寫出函數：printf()。事實上這個函數名字中最後一個 f 就是代表「有格式的」(formatted)。

3-1-1 函數 printf()

函數 printf() 的使用規格如下：

```
int printf(const char *format, ... );
```

最前面的 int 代表這個函數會回傳一個整數，到目前為止，我們都沒有接住這個函數的回傳值，大多數的形況不會接住它來使用。

第一個參數 *format*，當然指的是「雙引號」中所呈現的格式。它前面的 const char * 指的是這個參數的資料型別，「指標變數」(pointer, *) 會在後面的單元中詳細介紹。而 const 保留字，則是指「常數」(constant) 的意思，表示 *format* 變數的內容不會被 printf() 函數改變。

第二個參數 ...，指的是後面不一定有多少個的參數，要看前面格式中有多少個對應的 % 符號。請注意，「...」是一個有效的 C 語言運算子，使用到「...」來製作程式是很進階的技巧，我們不會在這個單元裡面討論。

3-1-2 printf() 函數格式中的型別

第一個單元中有簡單介紹 printf() 函數格式的用法，格式中間可以包含如「反斜線」的控制字元（如 \n 換行）；另外，也介紹了 4 種資料格式的對應符號：%c、%s、%d、%f。字元 c、s、d、f 分別對應到：字元、字串、整數、浮點數。上一個單元還介紹了許多資料型別，在函數 printf() 中，這些常用的型別對應字元如下，程式範例 P3-1 顯示它們的用法。

%d	短整數	short
%hu	無符號整數	unsinged short
%u	無符號短整數	unsinged int
%ld	長整數	long
%lu	無符號長整數	unsinged int
%lld	超長整數	long long
%llu	無符號超長整數	unsinged long long
%lf	倍精準浮點數	double

範例 P3-1

```
1    int main() {
2      short s1=10;  unsigned short s2=11;
```

```
3        unsigned int ui=12; long l=13;
4        unsigned long ul=14; long long ll =15;
5        double d=12.34;
6        printf("%d %u %hd %ld\n",s1,s2,ui,l);
7        printf("%lu,%lld,%lf",ul,ll,d);
8        return 0;
9    }
```

```
D:\C_Codes\Unit03\P3_1\bin\Debug\P3_1.exe
10,11,12,13
14,15,12.340000
Process returned 0 (0x0)    execution time : 0.027 s
Press any key to continue.
```

▶▶◀ 圖 3-1　執行結果

3-1-3　printf() 函數格式中其他欄位

參數 *format* 的格式完整語法如下。最後一個必要的資料 *specifier* 就是上面介紹的「型別」。其他中括號所描述的資料，都是「可有可無」的，所以之前就算沒有提供這些資料，使用 printf() 函數也不會有問題。

```
%[flags][width][.precision][length] specifier
```

- 旗標 [*flags*]

    常用的 flags 有：+、-、0、<space>。

    + 顯示正、負號（預設不會顯示 + 號）

    - 向左對齊

    0 前面補 0

    <space> 前面補空白

請注意，我們沒辦法顯示 + 號且向左對齊。

- 寬度 [*width*]

    指這個輸出資料所佔的總寬度。

- 精準度 [*.precision*]

    指小數點下佔了幾個位數。請注意，小數點也會占用總長度一個位置。

- 長度 [*length*]

    會與型別搭配使用，用來描述輸入的型別。說的更精準一點範例 P3-1 中 %hu、%ld、%lld 的 h、l、ll 等，都是 *length*；u、d、d 等，是 *type*。完整的對應相當複雜，讀者有需要的時候，可以參閱參考文獻。

範例 P3-2 使用一個整數，一個浮點數變數來演練格式化的 printf() 輸出，如下：

範例 P3-2

```
1    int main() {
2      int i=12; float f=12.3;
3      printf("[%+5d][%05d][% 5d]\n",i,i,i);
4      printf("[%+8.2f][%08.2f]\n",f,f);
5      return 0;
6    }
```

```
D:\C_Codes\Unit03\P3_2\bin\Debug\P3_2.exe
[  +12][00012][   12]
[  +12.30][00012.30]

Process returned 0 (0x0)    execution time : 0.030 s
Press any key to continue.
```

▶▶│ 圖 3-2　執行結果

3-2　格式化輸入資料

在前面單元中的範例、練習中，我們都將資料（例如：圓的半徑）以「定字」的方式，寫死在程式之中。這樣當然不是一個很好的做法，如果能在執行程式的過程中，由使用者輸入資料，儲存在變數中去做處理，就會理想很多。格式化讀入資料的函數是：scanf()。函數名字中最後一個 f 也是代表「有格式的」(formatted)。

3-2-1　位址運算子 (address operator)

介紹 scanf() 函數之前，需要先介紹一個特殊的運算子：「位址運算子」&。它是一個「單元運算子」，會計算出「運算元」的記憶體位址。在前面的單元中有說明，一個變數經過宣告之後，會做「記憶體配置」的工作，也就是說，系統會依照變數型別，sizeof()，來分配一塊記憶體給這個變數。「位址運算子」的效用就是回傳這塊記憶體的起始位置。

3-1-2　函數 scanf()

函數 scanf() 的使用規格如下：

```
int scanf(const char *format, ... );
```

讀者可能發現，scanf() 的規格幾乎與 printf() 一模一樣。事實上，它們的差異也非常有限。函數 scanf() 也必須提供一個格式字串，在這個字串中描述輸入資料的型別 *specifier*，而描述型別的字元，與 printf() 中描述型別的字元完全相同。

參數 *format* 的格式完整語法如下。最後一個必要的資料 *specifier* 就是上面介紹的「型別」。其他所有的資料，都是可有可無的。

```
%[*][width][length]specifier
```

- 寬度 [*width*]

- 長度 [*length*]

    這兩個選項的意義與 printf() 中的意義相同。

- 忽略符 [*]

    如果標明忽略符，這個資料會被忽略不儲存。

    要特別注意的是，在 scanf() 中不能使用如 \n 的「跳脫序列」。範例 P3-3 使用一個字元、一個整數、一個浮點數變數來演練格式化的 scanf()，如下：

範例 P3-3

```
1    int main() {
2      char c;
3      int  i;
4      float f;
5      printf("Enter your data: ");
6      scanf("%c %d %f", &c, &i, &f);
7      printf("[%c][%d][%f]\n",c,i,f);
8      return 0;
9    }
```

```
D:\C_Codes\Unit03\P3_3\bin\Debug\P3_3.exe
Enter your data: A -5 12.34
[A][-5][12.340000]

Process returned 0 (0x0)   execution time : 16.687 s
Press any key to continue.
```

▶▶ 圖 3-3　執行結果

3-1-3　多筆資料的格式化輸入

我們可以標明輸入資料的格式來讀入有特定分隔符號 (或是格式) 的資料。例如，2 個整數資料以逗點分隔，在 scanf() 就可以使用 "%d,%d"；若是以冒號分隔，在 scanf() 就需要使用 "%d:%d"。

一旦標明了格式，在輸入資料的時後就要嚴格遵守這個格式，不然 scanf() 會無法正確執行。例如：如果使用了 "%d,%d"，但是使用者沒有輸入逗點，scanf() 就會無法正確執行。範例 P3-4 演練格式化的 scanf()，如下：

範例 ─\/─• P3-4

```
1    int main() {
2       int  i, j;
3       printf("Enter your data (x:y): ");
4       scanf("%d:%d", &i, &j);
5       printf("[%5d][%5d]\n",i,j);
6       return 0;
7    }
```

```
D:\C_Codes\Unit03\P3_4\bin\Debug\P3_4.exe
Enter your data (x:y): 15:-6
[   15][   -6]

Process returned 0 (0x0)    execution time : 10.045 s
Press any key to continue.
```
```
D:\C_Codes\Unit03\P3_4\bin\Debug\P3_4.exe
Enter your data (x:y): 15 -6
[   15][2686792]

Process returned 0 (0x0)    execution time : 3.042 s
Press any key to continue.
```

▶▶ 圖 3-4 　執行結果

　　由範例 P3-4 的兩次執行結果，我們可以清楚看到，如果沒有輸入冒號來分隔資料，scanf() 就無法正確的讀入資料。之前範例 P3-3 的第 6 行 "%c %d %f" 格式中間的空格代表「白字元」，所以如果我們在資料間用其他「白字元」來分隔，也不會出錯。執行範例如下：

```
D:\C_Codes\Unit03\P3_3\bin\Debug\P3_3.exe
Enter your data: A
14
19.5
[A][14][19.500000]

Process returned 0 (0x0)    execution time : 10.009 s
Press any key to continue.
```

▶▶ 圖 3-5 　執行結果

　　如果要使用「白字元」來做分隔，其實範例 P3-3 的第 6 行 "%c %d %f" 的格式也可以寫成 "%c%d%f"。但是，這樣一來程式的「可讀性」會變差不少。因此建議讀者還是不要這樣製作程式比較好。

　　另外，讀者應該要養成一個好習慣，就是輸入之前一定要列印提示訊息。如果這個輸入需要特殊的格式，那更要在提示訊息中清楚說明，避免使用者不知道該如何輸入資料。

問 題

某甲從美國 (英里制) 開車進入加拿大 (公里制)，請製作一個程式，輸入 k(英里時速)，輸出相對應的公里時速。

我們知道，1 英里 / 小時約等於 1.609344 公里 / 小時。有了這個轉換公式，只要能夠正確的輸入資料，我們就能計算出正確的結果。

範例 P3-5

```
1    int main() {
2      float k, res;
3      printf("Enter miles/hour: ");
4      scanf("%f", &k);
5      res = k*1.609344;
6      printf("%8.2f m/h=%8.2f km/h\n",k,res);
7      return 0;
8    }
```

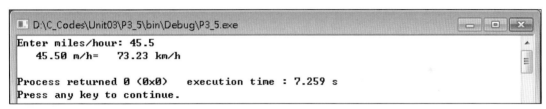

```
D:\C_Codes\Unit03\P3_5\bin\Debug\P3_5.exe
Enter miles/hour: 45.5
   45.50 m/h=   73.23 km/h

Process returned 0 (0x0)   execution time : 7.259 s
Press any key to continue.
```

▶▶ 圖 3-6　執行結果

1. 製作程式，輸入正整數 m，輸出 5 個介於 0~m 的亂數。

2. 製作程式輸入 2 正整數 (奇數)m、n(m < n)，輸出 5 個介於 m~n 的亂數。

3. 製作程式，輸入長方體三個邊長 (浮點數)，輸出長方體體積。

4. 製作程式，輸入身高，體重 (浮點數)，輸出 BMI。

5. 製作程式，輸入華氏溫度 (浮點數)，輸出攝氏溫度。

6. 製作程式，輸入圓半徑 (浮點數)，輸出圓面積。

7. 製作程式，輸入球體半徑 (浮點數)，輸出球體體積。

8. 製作程式，輸入 2 正整數 (奇數) m、n (m<n)，計算 m、n 之間偶數的和。

9. 製作程式，輸入三個浮點數，分隔符號爲 ':'，輸出這三個資料與其平均數。

10. 製作程式，輸入橢球體 x、y、z 軸的半徑 a、b、c。輸出橢球的體積。

    橢球的體積 = (4/3)*a*b*c

11. 某甲眼睛高度 h =1.8 公尺，以 r=30 度角測量到樹頂，此時距離該樹

    d =5 公尺。如右圖：

    (1) 計算並輸出該樹高度。

    (2) 輸入 h、r、d，輸出該樹高度。

    提示：可以使用 math.h 中定義的三角函數：tan()、sin()、cos() 等。

    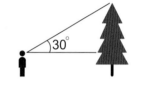

12. 製作一個程式，輸入 (直) 圓錐的底面圓半徑 r，高 h。輸出圓錐的體積與表面積。

    體積 =(1/3)*π*r^2*h 表面積 =π*r*sqrt(r^2+h^2)

13. 一個梯子 (長度爲 length 公尺) 靠在牆上，梯子底部距離牆角 dist 公尺。製作一個程式，輸入 length 與 dist，輸出梯頂至地面高度 (height)。

14. 某甲家在自家屋頂觀測隔壁棟大樓 (兩棟大樓距離爲 w 公尺)，觀測到隔壁棟大樓頂樓仰角 t1 度，觀測到隔壁棟大樓 1 樓俯角 t2 度。製作一個程式，輸入 w、t1、t2，輸出隔壁棟大樓的高度 h。例如：若 w=10、t1=45、t2=60，h=10+10*$3^{1/2}$。

Chapter **4**

分支結構

本章綱要

　　處理真實問題的時候，常常會因為不同的情況，需要做不同的處理。例如：依照同學的分數轉換成等第制的輸出。C 語言提供許多不同的結構來處理這樣的分支問題。本單元會完整地介紹所有分支結構，並且在最後的練習部分，提供許多實用的分支相關問題。

◆ 分支結構簡介
◆ 邏輯判斷式
◆ if 指令群
◆ 巢狀結構
◆ switch 指令

4-1 分支結構簡介

在前面單元的範例、練習中，我們都使用「循序」的方式在執行命令。「分支」的意思就是指當某些「滿足條件」的成立與否，執行不同的程式區塊，因此「分支結構」又稱「選擇結構」。「分支結構」在流程圖中是以如下的菱形來表示。如果 a > 3 為眞，那麼就往左邊走，如果是僞，就往右邊走。有些文獻傾向將爲眞的箭頭從菱形的下方指下去，這部分倒是沒有硬性的規定。

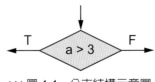

▶▶ 圖 4-1　分支結構示意圖

「流程圖」是一個非常傳統用來描述「程式流程」的「圖形化工具」。然而，早期在設計「流程圖圖像」的時候，很多情況沒有考慮到，因此現在企業級的「圖像描述工具」多半會使用 UML(Unified Modeling Language)，有興趣的讀者可以自行研究。而傳統「流程圖的圖像」已經被整合到微軟的 Word 文書處理器之中了，讀者可以開啓一個空白的 Word 文件，點選 < 插入 >→< 圖案 >，就可以看到「流程圖」選項，其中有近 30 個「圖像」。本書只會使用少數幾個最有共識的「圖像」。

C 語言的分支結構分成兩類：「if 結構」與「switch 結構」。其中「if 結構」比較多樣，「switch 結構」類只有一種指令。不論是哪類的分支指令，都需要做「邏輯判斷」，如上面例子中的 a > 3。

4-2 邏輯判斷式

「邏輯判斷」的正式說法叫做「關係運算式」(relational expression)，它由「關係運算子」、「邏輯運算子」與資料所組成。

4-2-1　關係運算子 (relational operator)

C 語言提供 6 個「關係運算子」，全都是 2 元運算子。前四個的「優先權」在第 6 級；後面兩個在第 7 級。上面所說的 a > 3 則是使用「> 運算子」的一個簡單範例。

>	大於
>=	大於等於
<	小於
<=	小於等於
==	等於
!=	不等於

4-2-2　邏輯運算子 (logical operator)

　　C 語言提供 3 個「邏輯運算子」：&& (且，and)、|| (或，or)、!(非，not)。!(非) 是「優先權」在第 2 級；&& 在第 11 級；|| 在第 12 級。另外，「關係運算子」與「邏輯運算子」中的「結合律」除了 !(非) 以外，都是「左結合」。說明它們的「真值表」如下：

❖ 表 4-1　各邏輯運算子真值表

A	B	A && B	A || B	!A
T	T	T	T	F
T	F	F	T	F
F	T	F	T	T
F	F	F	F	T

　　此處的 A、B 可以是一個由「關係運算子」所組成的邏輯判斷式，例如：a > 3, b <= c。而因為 !(非) 的「優先權」高於所有「關係運算子」，所以會被率先運算，然後是 6 個「關係運算子」，然後才是 &&、|| 這兩個「邏輯運算子」。

　　如果初學 C 程式設計的讀者覺得很難理解，建議多多使用「小括號」來幫助理解。下面列出一些「邏輯運算式」的範例與它們的結果：

```
5 > 3              T
a <= 9             ? 需看變數 a 的內容
(a > c)&&(5 > 10)  F
(a > c)||(5 < 10)  T
```

4-2-3　使用關係運算子的注意事項

　　注意，使用「關係運算子」的時候，要小心一個常見的錯誤用法：

```
a < b < c
a >= b >= c
```

這樣的用法，語意不清楚。a < b < c 到底是指：

```
(a < b)&&(b < c) 或是 (a < b)||(b < c)
```

　　然而，C 語言的「編譯器」並不會對 a < b < c 這樣的「運算式」提出任何錯誤訊，或是警告訊息。因為這樣的寫法並沒有違反 C 語言的語法。也就是說 a < b < c 在語法上還是有效的。至於他到底代表什麼意義，在本單元後面會詳細說明。

4-3 if 指令群

這裡所指的 if 指令群，指的是所有包含 if 的指令。我們會從最基本的開始介紹。

4-3-1 基本型 if 指令

基本型 if 指令的語法格式如下，流程圖如右：

```
if ( logical-expression) {
  /* block of code */
}
```

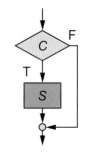

- C：logical-expression，

  「邏輯判斷式」。

▶▶ 圖 4-2 基本型 if 指令流程圖

- S：「執行區塊」，當 C 為「真」時，所執行的區塊。

「執行區塊」S 列出所有當 C 為「真」的時候，所要執行的指令。程式 P4-1 中，顯示一個包含 3 個基本型 if 指令，非常容易理解的範例。程式第 4 行並沒有任何輸出，因為 a1 並沒有大於 10。

範例 ⎿⋀⋀• P4-1

```
1    int main() {
2      int a1=10, a2=12;
3      if(10 < 12) { printf(" 10 < 12\n"); }
4      if(a1 > 10) { printf(" a1 > 10\n"); }
5      if(a1 <= a2){ printf(" a1 <= a2\n");}
6      return 0;
7    }
```

```
D:\C_Codes\Unit04\P4_1\bin\Debug\P4_1.exe
10 < 12
a1 <= a2

Process returned 0 (0x0)    execution time : 0.027 s
Press any key to continue.
```

▶▶ 圖 4-3 執行結果

4-3-2 程式區塊的簡化

若程式區塊中只有一個敘述，那麼「大括弧」就可以省略。

```
if(10 < 12) printf(" 10 < 12\n");
if(a1 > 10) printf(" a1 > 10\n");
```

```
if(a1 <= a2)printf(" a1 <= a2\n");
```

因此，範例 P4-1 第 3~5 行，可以改成如上的指令。「程式區塊」的簡化並不只能應用在基本型 if 指令之上。事實上，所有的「程式區塊」都能做簡化。後面會介紹的「迴圈結構」也一樣適用。

4-3-3 完整型 if 指令

完整型 if 指令的語法格式如下，流程圖如下：

```
if ( logical-expression) {
  /* True block, S1 */
} else {
  /* Flase block, S2 */
}
```

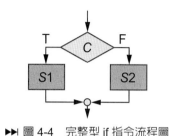

▶▶ 圖 4-4　完整型 if 指令流程圖

- *C*：*logical-expression*，「邏輯判斷式」。

- *S1*：「執行區塊」，當 *C* 為「**真**」時，執行的區塊。

- *S2*：「執行區塊」，當 *C* 為「**偽**」時，執行的區塊。

當 *C* 為「**真**」的時候，會去執行「執行區塊」*S1* 中所有的指令。如果 *C* 為「**偽**」的時候，會去執行「執行區塊」*S2* 中所有的指令。因為 *S1* 與 *S2*「區塊」，絕對不可能同時執行，一定只會有一塊，也一定有一塊會被執行到。下面的程式碼，不是出 "TRUE" 就是 "FALSE"。全看執行這個程式碼的時候，a 的值是多少。

```
if (a> 3) {
  printf( "TRUE\n");
} else {
  printf( "FALSE\n");
}
```

當然上面的程式碼，可以被簡化成下面的程式碼：

```
if (a> 3)
  printf( "TRUE\n");
else
  printf( "FALSE\n");
```

如果讀者是初學程式設計，還是建議大家儘量不要化簡「大括號」，因為化簡並不會提升執行速度，但是卻有可能降低程式的「可讀性」，甚至有可能寫出邏輯錯誤的程式。

4-4 巢狀 if 結構 (nested if)

「執行區塊」中可以包含許多的指令，如果其中有 if 指令，就稱之為 if 的巢狀結構。

```
if (a>b) {
    if (b>c) {
        printf( "**\n");
    }
}
```

上面的程式碼是由兩個基本型的 if 指令所組成。一般比較少這樣製作程式，因為它可以用「邏輯運算子」簡化成單一的指令，如下：

```
if ( (a>b)&& (b>c)) {
    printf( "**\n");
}
```

一般完整的巢狀 if 結構，大概是指 3 個基本型 if 指令的巢狀分配，例如下面的狀況：

```
if ( C1 ) {
    if ( C2 ) { /* S1 */ }
    else       { /* S2 */ }
} else {
    if ( C3 ) { /* S3 */ }
    else       { /* S4 */ }
}
```

下面的「真值表」，說明上面程式碼的「邏輯判斷式」在什麼樣的組合時，會去執行什麼「執行區塊」，如下：

❖ 表 4-2　巢狀 if 結構真值表

邏輯判斷式			執行區塊
C1	C2	C3	
T	T		S1
T	F		S2
F		T	S3
F		F	S4

4-4-1　if-else-if 指令

巢狀 if 結構有一個非常特殊的簡化案例，例如：如果有 3 個基本型 if 指令，為「真」的部分沒有巢狀分配，為「偽」的部分有 2 層的巢狀分配，而且只有「一個完整 if 指令」，如下面的狀況：

```
if ( C1 ) {
   /* S1 */
} else {
   if ( C2 ) {
      /* S2*/
   } else {
      if ( C3 ) { /* S3 */ }
      else     { /* S4 */ }
   }
}
```

下面的「真值表」，說明上面程式碼的「邏輯判斷式」在什麼樣的組合時，會去執行什麼「執行區塊」，如下：

❖ 表 4-3　if-else-if 指令真值表

邏輯判斷式			執行區塊
C1	C2	C3	
T			S1
F	T		S2
F	F	T	S3
F	F	F	S4

上面的結構，因為「偽」的部分只有「一個完整 if 指令」，當然可以將「大括號」化簡。這樣一來可以得到如下的同義指令：

```
if ( C1 ) {
   /* S1 */
}else
   if ( C2 ) {
      /* S2 */
   } else
      if ( C3 ) { /* S3 */ }
      else     { /* S4 */ }
```

而這樣的指令，又可以整理成下面的結構。這個結構就是 if-else-if 指令結構。因此，我們可以清楚地看到，所謂的 if-else-if 指令，其實並不是全新的、獨立的指令結構。而是從我們已經知道的結構「簡化」而來的。

```
if ( C1 ) {
    /* S1 */
} else if ( C2 ) {
    /* S2 */
} else if ( C3 ) {
    /* S3 */
} else {
    /* S4 */
}
```

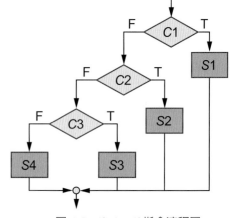

▶▶ 圖 4-5　if-else-if 指令流程圖

　　這個 if-else-if 指令的流程圖如上右。它會形成一個如瀑布型狀的分支檢查。而在這一個 if-else-if 指令裡面，「執行區塊」S1~S4 只會有一個被執行到。

問　題

請製作一個由身高來推薦衣服大小的程式，輸入 m(身高)，若： m>180 輸出 XL，170<m<=180 輸出 L，160<m<=170 輸出 M，m<=160 輸出 S。

　　這個問題，可以使用許多種方式解決。但是仔細分析它，我們可以知道，若能確定 m 小於等於 180 的時候，若要檢查 m 是否介於 170,180 之間時 (170<m<=180)，就不用檢查右邊的條件。同樣的道理，若 m 沒有大於 170，那在檢查 m 是否介於 160,170 之間時 (160<m<=170)，也不用檢查右邊的條件了，因為已經滿足了。這樣的邏輯想法，與上面的 if-else-if 指令「真值表」幾乎一模一樣，可以非常輕易的寫成如下的程式：

範例 ～● P4-2

```
1    int main() {
2      int m;
3      printf("Enter data:"); scanf("%d", &m);
4      if ( m > 180 ) printf("XL\n");
5      else if ( m > 170 ) printf("L\n");
6      else if ( m > 160 ) printf("M\n");
7      else printf("S\n");
8      return 0;
9    }
```

```
D:\C_Codes\Unit04\P4_2\bin\Debug\P4_2.exe

Enter data: 175
L

Process returned 0 (0x0)    execution time : 3.400 s
Press any key to continue.
```

▶▶ 圖 4-6　執行結果

由範例 P4-2 第 7 行中可以看到，如果程式流程走到這裡，表示 C1、C2、C3 都是 F，所以 m 一定小於等於 160，當然也就可以直接輸出 S 了。

4-4-2　區塊的簡化注意事項

前面文字有提到「程式區塊」的簡化要非常小心，要留意邏輯上的意義，如果沒有特別目的，最好不要簡化。如果是「巢狀 if 結構」，在化簡的時候更是要特別留意。以下程式片段，就是非常令人混淆的程式碼：

```
if ( C1 )
  if ( C2 ) { /* S1 */ }
else
  if ( C3 ) { /* S2 */ }
  else     { /* S3 */ }
```

讀者可能會認爲，C1「邏輯運算式」爲眞的「區塊」中，因爲只有一個指令（基本型 if 指令），所以將「大括號」簡化了。而 C1 爲僞的「區塊」中，因爲只有一個指令（完整型 if 指令），所以也將「大括號」簡化了。剩下的程式碼就寫成如上的片段。所以當 C1 爲僞而且 C3 爲眞的時候，就會去執行「程式區塊」S2。很不幸的是，上面的程式片段完全不是用這種方式解釋的。我們可以用下面這種縮排來說明：

```
if ( C1 )
  if ( C2 )  { /* S1 */ }
  else
    if ( C3 ) { /* S2 */ }
    else      { /* S3 */ }
```

這個「巢狀 if 結構」的最外層是一個「基本型 if 指令」（C1），裡面有一個「完整型 if 指令」（C2），C2 爲僞的「區塊」裡面有另一個「完整型 if 指令」（C3）。因此，要當「C1 爲眞而且 C2 爲僞而且 C3 爲眞」的時候，才會去執行「區塊」S2。如下面範例 P4-3 所示：

範例 ──◇── P4-3

```
1      int main() {
2        if ( 10 > 5 )
3          if ( 5 > 10 )   { printf("S1\n"); }
4          else
5            if ( 10 > 5 ) { printf("S2\n"); }
6            else          { printf("S3\n"); }
7        return 0;
8      }
```

```
D:\C_Codes\Unit04\P4_3\bin\Debug\P4_3.exe                    ─ □ ✕
S2

Process returned 0 (0x0)    execution time : 0.026 s
Press any key to continue.
```

▶▶ 圖 4-7　執行結果

　　這樣製作程式的話，當然會令人非常混淆，而且非常不容易找出這種邏輯錯誤，因為這些程式碼在語法上是完全正確的，「編譯器」完全不認為它有什麼問題。因此建議讀者，除非「區塊」結構很簡單、清楚，否則還是儘量不要簡化「大括號」。

4-4-3　整數的邏輯意義

　　C 語言有一個非常特殊的機制，就是它對「整數」定義了一個邏輯意義：

$$0 \qquad \text{F，偽}$$
$$非 0 \qquad \text{T，真}$$

　　也就是說，除了 0 以外，不論正、負，都是為真。例如，下面的程式碼，在語法上是完全正確的。

```
int a = 4, b  = 0;
if (a) printf("This is true.\n");
if (a || b){  // 完全有效的用法
  // do something
}
```

4-4-4　邏輯運算式中的設值運算

　　C 語言不只對整數有邏輯上的解釋。它甚至允許「設值運算」出現在「邏輯運算式」之中。如下面的程式碼：

```
if (c=5) printf("This is true.\n");
if (d=a*b){  // 完全有效的用法
  // do something
}
```

「設值運算子」右邊的「運算式」會先計算出來，然後將計算結果設給左邊的變數，最後用這個變數目前的值來判斷「邏輯真偽」。將變數「設值運算」放在「邏輯運算式」之中是一個很常見的程式設計技巧。在後面介紹「迴圈結構」的時候，會大量使用這種技巧，請讀者務必充分理解這個觀念。因為 C 語言有許多種「設值運算」的方式，所以下面的程式範例，也全部都是有效的程式碼：

```c
if (++a) printf("do somethign");
if (c=d=a/b) printf("do something");
if (a--) printf("do something");
```

「邏輯運算式」(++a) 會先完成變數 a 的遞增，然後依照遞增後的結果，運用「0 為偽，非 0 為真」的規則來判斷是否為真。而 a/b 的值會先設給 d，d 的值在設給 a，在用 a 的內容，運用「0 為偽，非 0 為真」的規則來判斷是否為真。至於 (a--) 則會先用 a 的內容，判斷是否為真，然後再將變數 a 遞減。

4-4-5 短路操作 (short-circuit)

如果「設值運算」可以出現在「邏輯運算式」之中，那麼這也就表示，「設值運算」可以搭配「邏輯運算子」一起運作。例如下面的指令：

```c
if (a<90 || b++) printf("OO");
if (a>90 && b--) printf("XX");
```

那麼 b++ 與 b-- 到底會不會執行？答案是：不一定。C 語言有運用所謂的「短路操作」：一旦能夠決定「邏輯運算式」真、偽值的時候，「邏輯運算式」就不會繼續做下去了。所以，如果 a 的值是 5，那麼 a<90 為真，整個「邏輯運算式」一定為真，所以 b++ 就不會去執行。如果 a 的值是 5，那麼 a>90 為偽，整個「邏輯運算式」一定為偽，所以 b-- 也不會去執行。範例 P4-4 簡單演練這個「短路操作」的作法，如下：

範例 P4-4

```c
1      int main() {
2      int a=1, b=10;
3       if (a<90 || b++) printf("OO\n");
4      printf("a=%d b=%d\n", a, b);
5       if (b<90 && --a) printf("XX\n");
6      printf("a=%d b=%d", a, b);
7        return 0;
8      }
```

```
D:\C_Codes\Unit04\P4_4\bin\Debug\P4_4.exe

OO
a=1 b=10
a=0 b=10
Process returned 0 (0x0)   execution time : 0.023 s
Press any key to continue.
```

▶▶ 圖 4-8　執行結果

因為 a 的值是 1，a<90 為真，第 3 行的「邏輯運算式」一定為真，所以 b++ 就不會去執行。所以輸出 "OO"，而 b 的值也沒有改變。因為 b<90 為真，不足以決定第 5 行的「邏輯運算式」，所以會去檢查 --a，因為是先遞減變數 a 為 0，而 0 是偽，所以並沒有輸出 "XX"。從第 6 行輸出可以清楚看到 a 從 1 被減為 0 了。

「短路操作」在使用上要非常小心，要特別留意邏輯上的意義，如果沒有特別目的，最好不要在「邏輯運算式」中，加入 ++ 或 -- 的操作。

4-4-6　三元運算子？:

製作程式的過程中，常會要依照某個「邏輯運算式」的真、偽，來決定要將什麼值設給某個變數。例如下面的指令，如果 a>5，那麼就重設 a 為 c*2，不然的話，將 a 設為 b/2。

```
if (a>5)    a=c*2;
else        a=b/2;
```

這樣製作程式，並沒有什麼不對，但是實在是非常繁瑣、冗長。因此 C 語言提供一種更精簡的做法來完成。使用「三元運算子」(? :) 來處理，這個「運算子」的定義如下：

$$(C) ? S1 : S2;$$

- C：「邏輯判斷式」。
- S1：「執行區塊」，當 C 為「真」時，回傳的區塊。
- S2：「執行區塊」，當 C 為「偽」時，回傳的區塊。

因為「?:」必須搭配 C、S1、S2，一共三個的運算元才能工作，所以稱為「三元運算子」。上面的 if-else 程式碼，就可以用這個「三元運算子」來改寫，如下：

```
a = ( a>5 ) ? c*2 : b/2 ;
```

當然「邏輯判斷式」中可以是有包含「邏輯運算子」的複雜「邏輯運算式」。甚至，這個「三元運算子」也可以組成「巢狀結構」，如下。

```
a = (b>2)?(c>7)?1:2 : (d>a)?3:4;
```

這個「巢狀 ?: 結構」的指令，可以用下面四個 if 指令來改寫。

```
if ((b>2) && (c>7))   a = 1;
if ((b>2) && (c<=7))  a = 2;
```

```
if ((b<=2) && (d>a))  a = 3;
if ((b<=2) && (d<=a)) a = 4;
```

「巢狀 ?: 結構」的指令，可讀性並不高，也很不好維護，建議讀者少用這樣的「巢狀結構」來製作程式。

4-5　case-switch 結構

另外一個沒有 if 指令的分支結構是「case-switch 結構」。「程式區塊」在 if 指令群中「互斥」的，進入一個區塊執行之後，就不可能在進入 if 結構中的另一個區塊。

而一個「case-switch 結構」只會有一個「程式區塊」。這個「程式區塊」則擁有許多個「進入點」(entry point)。一旦進入這個「程式區塊」之後，就會依序向下，循序來執行區塊中的指令。

4-5-1　switch 指令

switch 指令的語法格式如下，流程圖如下右：

```
switch ( C ) {
   case const_exp1: S1
   case const_exp2: S2
   case const_exp3: S3
      :
   default: Sn
}
```

- *C*：「條件運算式」。
- *S1~Sn*：「指令集」。
- *const_exp1~n*：「條件值」。

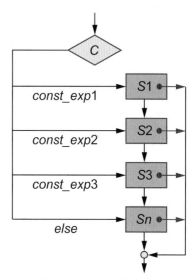

▶▶ 圖 4-9　switch 指令流程圖

整個「case-switch 結構」只有一個「程式區塊」它包含了所有 *S1~Sn* 中所有的指令。保留字 case 後面的是所謂的「常數運算式」(constant expression)，可以把它想成是常數。所以當「條件運算式」*C* 與「常數運算式」相同的時候，就會從這個「進入點」進入「程式區塊」，然後向下執行。如果沒有任何的「常數運算式」與「條件運算式」相同的時候，就會從 default「進入點」進入區塊。當然，default「進入點」是可有可無的，並沒有規定一定要提供 default「進入點」。

4-5-2　break 指令

一旦進入了「程式區塊」，就與一般的區塊執行，沒有什麼差別，會一路執行到區塊中最後一個命令。然而，有時候，我們希望「指令集」*S1~Sn* 之間，沒有任何關係，或是說，執行完某一個「指令集」之後，就離開這個「程式區塊」。要完成這樣的動作，就必須使用 break 指令。語法如下：

```
break;
```

這個 break 指令也就是上面流程圖中向右流出的箭頭。當然一個「指令集」中，可以包含許多個 break 指令。

4-5-3 「常數運算式」(constant expression)

目前，我們可以把「常數運算式」想成是「整數」或「字元」。「浮點數」或是「字串」型別的常數，是不能應用在「case-switch 結構」之中的。

另外，「指令集」也不是一定要有指令，可以是空集合。那麼就會形成：兩個「條件值」擁有相同的「進入點」。

如果我們有一個字元變數 status，紀錄員工年度考績：A~D。考績 A 與 B 的同仁，年度紅利 5,000元；考績 C 的同仁，年度紅利 3,000 元；考績 D 的同仁，年度紅利 1,000 元；其他沒有紅利。那麼就可以用下面的程式來完成：

```
char status;
    :
switch(status) {
    case 'A':
    case 'B': printf("5,000\n"); break;
    case 'C': printf("3,000\n"); break;
    case 'D': printf("1,000\n"); break;
    default : printf("Work harder!\n");
}
```

如同「巢狀 ?: 結構」一樣「case-switch 結構」也可以巢狀出現，但是強烈建議不要這樣使用。還是應該練習製作簡潔、清楚，具有「高可讀性」的程式碼比較理想。

1. 製作程式，判斷一個正整數是奇數還是偶數。

2. 製作程式，輸入西元年份，判斷該年分是否是閏年。例如：

輸入	輸出
1900	No
2000	Yes

   目前所使用的 Gregorianum 曆法規定閏年為：

   西元年份除以 4 不可整除，為平年。

   西元年份除以 4 可整除，且除以 100 不可整除，為閏年。

   西元年份除以 100 可整除，且除以 400 不可整除，為平年

   西元年份除以 400 可整除，為閏年。

3. Mary 有一個習慣，如果出門時的溼度超過 50%，她就會帶雨傘。製作一個程式，輸入溼度，輸出是否要帶傘。

4. 我國規定 18 歲才能購買含酒精的飲料，20 歲才能考職業駕照。製作一個程式，輸入某人年齡，輸出是能購買含酒精的飲料，才能考職業駕照。

5. 根據氣象局的規定，颱風的等級是依據近中心最大風速，風速每小時在

   62-117 公里為輕度颱風

   182-183 公里為中度颱風

   大於 184 公里為強烈颱風

   製作程式，輸入中心最大風速 (整數)，輸出這個颱風的等級。

6. 製作程式，輸入平面座標點，兩個浮點數，輸出這個點在第幾象限。例如：

輸入	輸出
12.5 7	第 I 象限
-2.5 1.4	第 II 象限
-4 -3.15	第 III 象限
2.5 -3	第 IV 象限
0 7.2	在 Y 軸上
-3.7 0	在 X 軸上

7. 跳樓百貨公司正在舉行全館拍賣大會，折扣方式如下：

價錢 <1999	9 折
價錢 <4999	75 折
價錢 >=5000	6 折

   製作一個程式，輸入原始價格，輸出原始價格與折扣價。

8. 有一個益智問答遊戲，每份五題，以總回答秒數來判斷玩家等級。每答對一題的話，抵免 1 秒，答錯一題的話，加算 5 秒。輸入範例如下 (秒數，對 =C，錯 =I)：

2 C	總秒數 < 5	輸出 " 超人級 "
3 I	5 <= 總秒數 < 10	輸出 " 天才級 "
1 C	10<= 總秒數 < 15	輸出 " 入門級 "
4 C	15<= 總秒數 < 20	輸出 " 新手級 "
1 I	20<= 總秒數	輸出 " 門外級 "

9. 製作程式，輸入身高，體重 (浮點數)，計算 BMI。

若 35<=BMI	輸出：重度肥胖
若 30<=BMI<35	輸出：中度肥胖
若 27<=BMI<30	輸出：輕度肥胖
若 24<=BMI<27	輸出：過重
若 18.5<=BMI<24	輸出：正常
若 BMI<18.5	輸出：過輕

10. 國軍定義的危險係數公式如下，依照危險係數來判斷是否能外出操課。

危險係數 = 室外溫度 (℃)+ 室外相對溼度 (%)*0.1

38<= 危險係數	輸出：禁止
35<= 危險係數 <38	輸出：警戒
30<= 危險係數 <35	輸出：注意
危險係數 <30	輸出：安全

製作一個程式，輸入室外溫度，室外相對溼度，依照上面規則輸出警語。

11. 製作程式輸入一個學生分數 (0~100)，以如下的方式輸出結果 (超出範圍時給錯誤訊息)：

若 90<= 分數	輸出：A
若 80<= 分數 <90	輸出：B
若 70<= 分數 <80	輸出：C
若 60<= 分數 <70	輸出：D
若分數 <60	輸出：F

12. 製作一個程式，輸入三角形的三個邊長 (浮點數)，輸出它是什麼三角形。

正三角形　　直角三角形　　　等腰直角三角形

鈍角三角形　等腰鈍角三角形

銳角三角形　等腰銳角三角形　無法形成三角形

13. 一般道路上，用路車輛若分成兩類：機車，小型車（代碼：B、C）。若超速的話，依照超過的時速，罰金如下：

❖ 表 4-4

	機車 B	小型車 C
<20	1,200	1,600
<40	1,400	1,800
<60	1,600	2,000
<80	8,000	8,000
<100	12,000	12,000
>=100	24,000	24,000

製作一個程式，輸入車輛種類，超過時速，輸出罰金。

14. 某餐廳實施會員制，分成四類：非會員，一般會員，白金會員，鑽石會員（會員代碼：N、M、P、D）。消費依照會員，金額不同會有如下的折扣：

❖ 表 4-5

	N	M	P	D
<2,000	無	無	98%	95%
<5,000	無	98%	95%	90%
<10,000	98%	95%	90%	85%
<20,000	95%	90%	85%	80%
>=20,000	90%	85%	80%	75%

製作一個程式，輸入會員種類，消費金額，輸出原始價格與折扣價。

15. 臺北市自來水費計算方式如下

應繳總金額＝基本費＋用水費＋代徵污水下水道使用費＋水源保育與回饋費＋加壓設備維護管理費

用水費＝用水量 * 單價 - 累進差額

❖ 表 4-6

用水量級別	一	二	三	四	五
用水量	1~20	21~60	61~200	201~1000	1001 以上
單價	5.0	6.7	8.5	14.0	20.0
累進差額	－	34.0	142.0	1,242.0	7242.0

假設：代徵污水下水道使用費 0，加壓設備維護管理費 0，基本費 68 元，水源保育與回饋費 =0.5 元 * 用水量。

例如：用水量 30，水費 =68+30*6.7-34.0+0+0.5*30+0=250

輸入用水量，輸出水費。

學習心得

Chapter **5**

基本迴圈結構

本章綱要

「迴圈」是用來處理重複發生的工作。本單元介紹了 while 迴圈，與它的幾個經典的用法。C 程式語言所支援的其他兩個迴圈的語法：「do-while 迴圈」與「for 迴圈」則會在後面的單元中介紹。

◆ while 迴圈
◆ 無窮迴圈
◆ 控制變數的運用
◆ 中斷迴圈（break）

5-1 while 迴圈結構

「迴圈」是結構化程式設計三個基本結構之一（循序結構、選擇結構、重複結構）。前面的單元介紹了「循序結構」和「選擇 (分支) 結構」的語法與應用。「重複結構」顧名思義，就是說：需要重複執行一定次數的相同工作。這個單元會先介紹 C 程式語言 3 種「重複結構」中，最基本的「while 迴圈」，其他兩個迴圈的語法：「do-while 迴圈」與「for 迴圈」，則會在後面的單元中詳細說明。「while 迴圈」（while loop）的語法與流程圖如下：

```
while( C ) {
    /* S1 */
}
/* S2 */
```

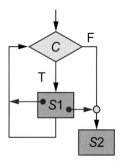

- C：「邏輯判斷式」，與「選擇結構」中的「邏輯判斷式」同義。
- S1：「重複執行區塊」，當 C 為「真」時，所執行的區塊。
- S2：當 C 為「偽」時，所執行的區塊。

▶▶ 圖 5-1 while 指令流程圖

一個簡單的「while 迴圈」範例如下：

範例 ──⋀──• P5-1

```
1    #include <stdio.h>
2    #include <stdlib.h>
3    int main() {
4      while ( 1 < 2 ) {
5          printf("hello, \n");
6      }
7      printf(" while loop!\n");
8      return 0;
9    }
```

5-2 「無窮迴圈」（infinite loop）

程式範例 P5-1 會先檢查「邏輯判斷式」是否為真，因為 (1< 2) 為真，所以列印 "hello, "，然後會回到「邏輯判斷式」去檢查是否為真。因為判斷式永遠為真，因此會不斷地列印 "hello, "，永遠不會執行列印 " while loop!" 的工作。

這種永遠在「重複執行區塊」裡面執行，無法跳出「迴圈」的情況，就稱為「無窮迴圈」。「重複執行區塊」很複雜的時候，若發生了「無窮迴圈」，那會變得非常不容易除錯，製作「迴圈」程式的時候，首先要注意的就是要避免發生「無窮迴圈」的狀況。「邏輯判斷式」一定要能產生偽的情況，讓「迴圈」不再繼續執行。

如果我們打算列印 5 行的 "hello, world!"，那麼就可以使用如範例 P5-2 的程式來完成。先宣告一個控制變數 a，將它設成 5，接著在「重複執行區塊」裡面列印 "hello, world!"，每列印一行，就將控制變數減 1。這樣一來，列印 5 行之後，變數 a 就會被減成 0，迴圈的「邏輯判斷式」自然會是偽，也就不會再進入迴圈去執行了。

範例 P5-2

```
1    int main() {
2      int a=5;
3      while ( a > 0 ) {
4        printf("hello, world!\n");
5        a--;
6      }
7      return 0;
8    }
```

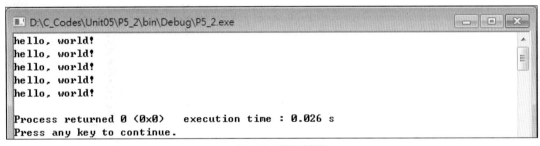

▶▶ 圖 5-2　執行結果

控制變數的設定當然可以是因人而異的。範例程式 P5-2 的工作，也可以用範例 P5-3 的程式來完成。在這個程式中，控制變數 a 的初始值是 0，在「重複執行區塊」裡面完成列印 "hello, world!"，每列印一行，就將控制變數加 1。「邏輯判斷式」檢查控制變數 a 使否小於 5。因此，列印 5 次之後，「邏輯判斷式」自然會是偽，也就不會再進入迴圈去執行了。

範例 P5-3

```
1    int main() {
2      int a=0;
3      while ( a < 5 ) {
4        printf("hello, world!\n");
5        a++;
6      }
7      return 0;
8    }
```

模擬實作	學生演練
若希望由使用者輸入 n，列印 n 列的 "hello world!"，上面程式該如何改寫？請在右邊空白處練習：	

5-3 控制變數的運用

控制變數是一個一般的變數，在迴圈中也可以拿來運用。例如，如果我們不只要列印出 "hello, world!"，還想列印出這是第幾次的列印，就可以使用範例 P5-4 的做法來完成。

範例 P5-4

```c
1    int main() {
2      int a=0;
3      while ( a < 5) {
4        printf("%d: hello world!\n", a);
5        a++;
6      }
7      return 0;
8    }
```

```
D:\C_Codes\Unit05\P5_4\bin\Debug\P5_4.exe
0: hello, world!
1: hello, world!
2: hello, world!
3: hello, world!
4: hello, world!

Process returned 0 (0x0)    execution time : 0.026 s
Press any key to continue.
```

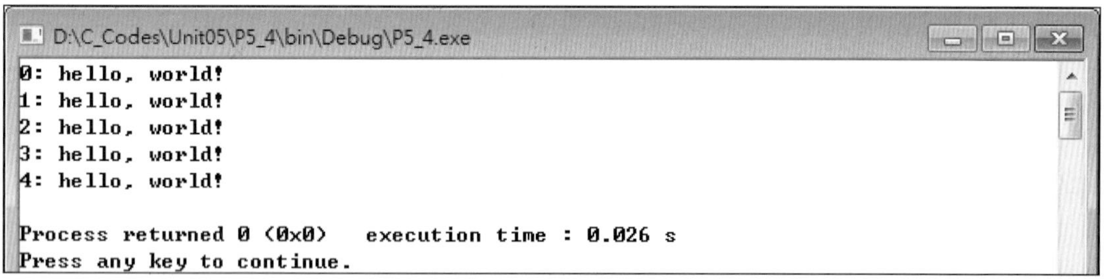

▶▶ 圖 5-3 執行結果

範例 P5-4 的做法有許多的延伸應用。例如，如果我們想列印出 1~10 之間的奇數，就可以用如下範例 P5-5 的程式來完成。

範例 —/\\—• P5-5

```
1       int main() {
2         int a=1;
3         while ( a <= 10) {
4           printf("%3d", a);
5           a+=2;
6         }
7         return 0;
8       }
```

```
D:\C_Codes\Unit05\P5_5\bin\Debug\P5_5.exe
  1  3  5  7  9
Process returned 0 (0x0)    execution time : 0.037 s
Press any key to continue.
```

▶▶| 圖 5-4　執行結果

問　題

請使用者輸入 n，輸出 1、3、5、...，共 n 項。

這個問題與範例 P5-5 處理的問題類似，只是迴圈的上限不是固定的常數，而是使用者輸入的值。因此，我們可以輕易地用下面的程式碼，替換範例 P5-5 的第 2~6 行來解決這個問題。

```
int a=1, c=1, n;
printf(" 輸入 n：");
scanf("%d", &n);
while ( c <= n ) {
    printf("%3d", a);
    c++;
    a+=2;
}
```

模擬實作

學生演練

若希望由使用者輸入兩個整數 a, b (a<b)，並列印出出 a ~ b 之間的偶數。修改上面的程式範例，請在右邊空白處練習：

又如果我們想做的工作是連加（0+1+2+3+4+5）0~5 之間的數。觀念上，可以理解為一個重複的連加工作：

步驟 1：0+1 => 1　　　　　(0+1)+2+3+4+5
步驟 2：1+2 => 3　　　　　(1+2)+3+4+5
步驟 3：3+3 => 6　　　　　(3+3)+4+5
步驟 4：6+4 => 10　　　　　(6+4)+5
步驟 5：10+5 => 15　　　　(10+5)

如果不用迴圈結構來處理的話，上面連加的步驟可以用下面的循序指令來完成。我們可以很明顯的看出來，這些循序的重複指令，除了累加的量有所不同之外，他們所執行的工作其實是一模一樣的重複指令。這樣的重複工作，可以用範例 P5-6 來說明。執行該程式，就會輸出我們想要執行的指令。

```
int result = 0;
result = result +1; //(0+1)  result 為 1
result = result +2; //(1+2)  result 為 3
result = result +3; //(3+3)  result 為 6
result = result +4; //(6+4)  result 為 10
result = result +5; //(10+5) result 為 15
```

範例 P5-6

```
1   int main() {
2     int a=1;                // a 是控制次數的變數
3     while ( a <= 5 ) {  // 次數判斷
4       printf("result = result + %d;\n", a);
5       a++;                  // 適當的更動控制變數
6     }
7     return 0;
8   }
```

```
D:\C_Codes\Unit05\P5_6\bin\Debug\P5_6.exe
result = result + 1;
result = result + 2;
result = result + 3;
result = result + 4;
result = result + 5;

Process returned 0 (0x0)   execution time : 0.028 s
Press any key to continue.
```

▶▶ 圖 5-5　執行結果

既然執行範例 P5-6 的時候，可以列印出我們想要的指令，那麼我們如果在那個位置，真的給定這個指令，程式自然會幫我們完成重複的連加工作，如下面範例程式 P5-7 所示。

範例 ⎯⋀⋁⋏⋎⟶ P5-7

```
1    int main() {
2      int a=1, result=0;   // a 是控制次數的變數
3      while ( a <= 5 ) {    // 次數判斷
4        printf("result = result + %d;\n", a);
5        result = result + a;
6        a++;                // 適當的更動控制變數
7      }
8      return 0;
9    }
```

```
D:\C_Codes\Unit05\P5_7\bin\Debug\P5_7.exe
result = result + 1;
result = result + 2;
result = result + 3;
result = result + 4;
result = result + 5;
result is 15.

Process returned 0 (0x0)    execution time : 0.029 s
Press any key to continue.
```

▶▶ 圖 5-6　執行結果

5-4　「中斷迴圈」（break）

在「while 迴圈」（while loop）的語法與流程圖中，有兩個向外指的箭頭，在這裡會先介紹右邊的箭頭。它的意義是中斷迴圈的執行，不再做判斷，直接跳出「重複執行區塊」，執行「重複執行區塊」之後的指令。語法如下：

```
break;
```

在一個「重複執行區塊」之中可以出現許多個 break 指令。只要執行到它，區塊中的其他指令都不會被執行，直接跳出這個迴圈。break 指令的意義與之前介紹 switch 結構時所學到的 break 指令一模一樣，都是：跳離目前的區塊，繼續往下執行。

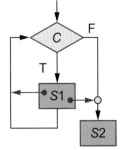

▶▶ 圖 5-7　break 指令流程圖

範例 ~~~• P5-8

```
1    int a=1, result=0;    // a 是控制次數的變數
2    while ( 1 ) {          // 永遠為真
3      if ( a > 5 ) break;
4      printf("result = result + %d;\n", a);
5      result = result + a;
6      a++;                 // 適當的更動控制變數
7    }
8    printf("result is %d.\n", result);
```

```
D:\C_Codes\Unit05\P5_8\bin\Debug\P5_8.exe
result = result + 1;
result = result + 2;
result = result + 3;
result = result + 4;
result = result + 5;
result is 15.

Process returned 0 (0x0)    execution time : 0.023 s
Press any key to continue.
```

▶▶│ 圖 5-8　執行結果

　　使用 break 的時機，實務上通常是當某種特殊狀況發生時，要中止迴圈的執行。這個狀況可能是迴圈運算已經滿足（如上面的範例），或是特殊狀況讓迴圈無法繼續執行下去。讓我們展示另一個 break 範例。假設要請使用者不斷輸入正整數，直到該整數為偶數為止。那麼我們可以使用類似範例 P5-8 的無窮迴圈，不斷輸入資料，當資料為偶數時，我們就呼叫 break，跳離目前的區塊，繼續往下執行。程式範例如下範例 P5-9。

範例 ~~~• P5-9

```
1    int a;
2    printf(" 請輸入偶數：");
3    while ( 1 ) {          // 永遠為真
4      scanf("%d", &a);
5      if ( a%2 == 0 ) break; // a 為偶數
6      printf("%d 是奇數 \t 請輸入偶數： ", a);
7    }
8    printf(" 輸入偶數為：%d \n", a);
```

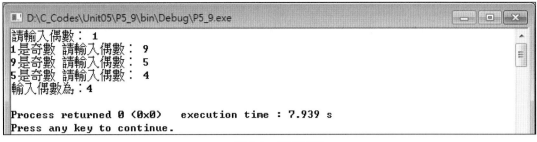

▶▶ 圖 5-9　執行結果

1. 製作一個程式，輸入正整數 n，列印 <=n 的奇數數列。若輸入 12，輸出如下：

    ```
    1 3 5 7 9 11
    ```

2. 製作一個程式，輸入正整數 n，列印如下輸出 n 項：

    ```
    1 -1 1 -1 1 -1 ...
    ```

3. 製作一個程式，輸入正整數 n，列印如下輸出 n 項：

    ```
    1 -3 5 -7 9 -11 ...
    ```

4. 製作一個程式，輸入正整數 n，列印 2n~4n 間的偶數。若輸入 5，輸出如下：

    ```
    10 12 14 16 18 20
    ```

5. 製作一個程式，輸入正整數 n，列印 n~7n 間 3 的倍數。若輸入 3，輸出如下：

    ```
    3 6 9 12 15 18 21
    ```

6. 製作一個程式，輸入正整數 n，列印 <=n 的平方數列。若輸入 5，輸出如下：

    ```
    1 4 9 16 25
    ```

7. 製作一個程式，輸入正整數 n，(可以用 pow() 函數) 列印 <=n 的 3 次方數列。若輸入 5，輸出如下：

    ```
    1 8 27 64 125
    ```

8. 製作一個程式，輸入正整數 n、m，列印 n、m 間的平方數列（n ≠ m，但是 n 可以大於 m）。若輸入 6、11，輸出如下：

    ```
    36 49 64 81 100 121
    ```

9. 製作一個程式，輸入正整數 n，列印輸出 n!。

10. 製作一個程式，輸入正整數 n，判斷 n 是否為質數。

11. 製作一個程式，輸入 2 正整數 n、m (n<m)，判斷 n、m 間有多少質數。

Chapter **6**

基本函數製作

本章綱要

在前面的單元中，我們使用過許多系統提供的函數，例如：printf()、scanf()、 sqrt()、pow()、srand()、rand() 等等。本單元會簡單介紹如何定義函數，如何呼叫自己定義的函數，並整合前面介紹過的「選擇結構」，「while 迴圈」，製作一個簡單的「選單驅動程式」（menu-driven program）。

◆ 程序與函數
◆ void 型別
◆ 函數返回
◆ 製作選單
◆ 字元輸入的三種方式

6-1 程序與函數

函數的製作與使用是 C 程式設計中一個非常重要的單元。在之前的單元中，我們已經介紹許多叫用函數的實例。例如 printf()、scanf()、sqrt()、 pow()、srand()、rand() 等等函數的呼叫。觀念上是提供該函數足夠的有效參數，函數就會替我們完成適當的工作。

6-1-1 「函數呼叫」（function invocation）的語法

```
function_name([necessary_parameters]);
```

從「程式語言結構」的觀點來說，當程式的執行，脫離了目前的區塊，進入另一個區塊執行的時候，所進入的區塊都稱為「副程式」（subroutine）。例如，從主程式區塊（main()），呼叫 printf()，程式就脫離主程式，進入 printf() 的區塊去執行。而「副程式」包含「函數」（function）與「程序」（procedure）。「函數」與「程序」的差異在於：「函數」有回傳值，而「程序」則不需要（或是沒有）回傳值。

例如 sqrt() 幫助我們計算平方根，叫用這個「函數」會回傳平方根給我們。又例如，之前的單元在介紹產生亂數的時候，有介紹設定亂數種子的函數 srand()，它的工作純粹只是設定一個內部生成亂數的起點，因此不需要（也沒有）回傳值。也就是說，srand() 其實算是一個「副程式」中的「程序」。

可是 C 程式語言不支援「程序」（PASCAL 程式語言就不一樣，同時支援 function 與 procedure），C 程式語言必須要用「函數」來模擬「程序」。

6-2 void 型別

從「函數」與「程序」的差異可以知道，「函數」有回傳值，「程序」沒有。因此，C 程式語言定義了一個非常特殊的資料型別：void。英文字 void 本身代表「虛無」、「無效」的意思。有了這個型別，我們就可以定義一個沒有回傳值的函數，來完成「程序」的實作。

6-2-1 「程序定義」（procedure definition）的語法

```
void function_name([parameter-list]) {
    // code
    return;
}
```

因為我們在用「函數」模擬「程序」的製作，上面的語法中，還是用「函數名稱」（function_name）來描述函數的名字。「函數名稱」一樣算是「識別字」的一種，一樣要遵守前面單元所介紹的「識別字命名規則」。

「參數串列」（parameter-list）則是在定義這個「函數」需要幾個參數，它們分別是什麼型別。

如果定義了一個函數不需要任何參數（類似於常數函數），那麼我們可以在 *parameter-list* 的地方一樣寫上 void，或是什麼都不寫也可以。此處的參數，稱爲「形式參數」，細節會在後面的單元中介紹。

6-3 「函數返回」（return）

當程式在執行的時候，呼叫某個函數的話，就會進入該函數的區塊。接下來的執行方式，則是循序執行該區塊中的命令。如果因爲發生了某些特殊的狀況，需要「中斷函數的執行」，可以使用如下的命令：

```
return;
```

在一個「函數」之中可以出現許多個 return 指令。只要執行到它，區塊中的其他指令都不會被執行，會直接離開這個函數，即使在迴圈之中也一樣。在函數區塊之中的最後一個指令，如果是單純的 return，這個 return 是可以省略的，因爲就算沒有這個 return，循序執行的結果，也是會離開這個函數。回到呼叫函數的地方繼續執行下去。

範例 ● P6-1

```
1    #include <stdio.h>
2    #include <stdlib.h>
3    void fun_1(void) {  printf("hello fun_1.\n"); }
4    int main(){
5      fun_1();
6      return 0;
7    }
```

```
D:\C_Codes\Unit06\P6_1\bin\Debug\P6_1.exe
hello fun_1.

Process returned 0 (0x0)    execution time : 0.028 s
Press any key to continue.
```

▶▶ 圖 6-1　執行結果

範例程式 P6-1，定義了一個簡單的、沒有輸入參數的函數（程序）。函數單純的列印出字串 "hello fun_1." 之後，沒有使用 return 指令，單純的返回主程式。

6-4 製作選單

一般來說，一個「選單驅動程式」包含幾個部分：選單函數、選擇區塊、主程式中一個迴圈。選單函數主要列印所有有效的選項；使用者輸入選項之後，在選擇區塊中決定要呼叫哪一個函數來完成

工作；如果我們希望這個「列印選單－輸入選項－呼叫函數」的工作不斷被重複執行的話，當然在主程式中，需要有一個迴圈區塊來負責這個工作。範例 P6-2 顯示一個簡單的「選單驅動程式」，它的主程式流程如下：

```
// 選項變數宣告
while (1) {
    // 呼叫列印選單副程式
    // 輸出提示字串
    // 輸入選項
    // 分支結構
    // 呼叫適當的副程式
    // 若是離開，break
}
```

範例 ─〜─● P6-2

```
1    #include <stdio.h>
2    #include <stdlib.h>
3    void menu(void) {
4      //system("cls");   // MS Windows only
5      printf("a: fun_1\n");
6      printf("b: fun_2\n");
7      printf("z: Exit\n");
8    }
9    void fun_1(void) {
10     printf("fun_1.\n");
11     system("pause");   // MS Windows only
12   }
13   void fun_2(void) {
14     printf("fun_2.\n");
15     system("pause");   // MS Windows only
16   }
17   int main() {
18     char option;
19     while(1) {
20       menu();
21       printf("Enter your option: ");
22       scanf(" %c", &option); //%c 前有空格
23       if( option == 'a') fun_1();
24       if( option == 'b') fun_2();
25       if( option == 'z') break;
```

```
26        }
27        return 0;
28    }
```

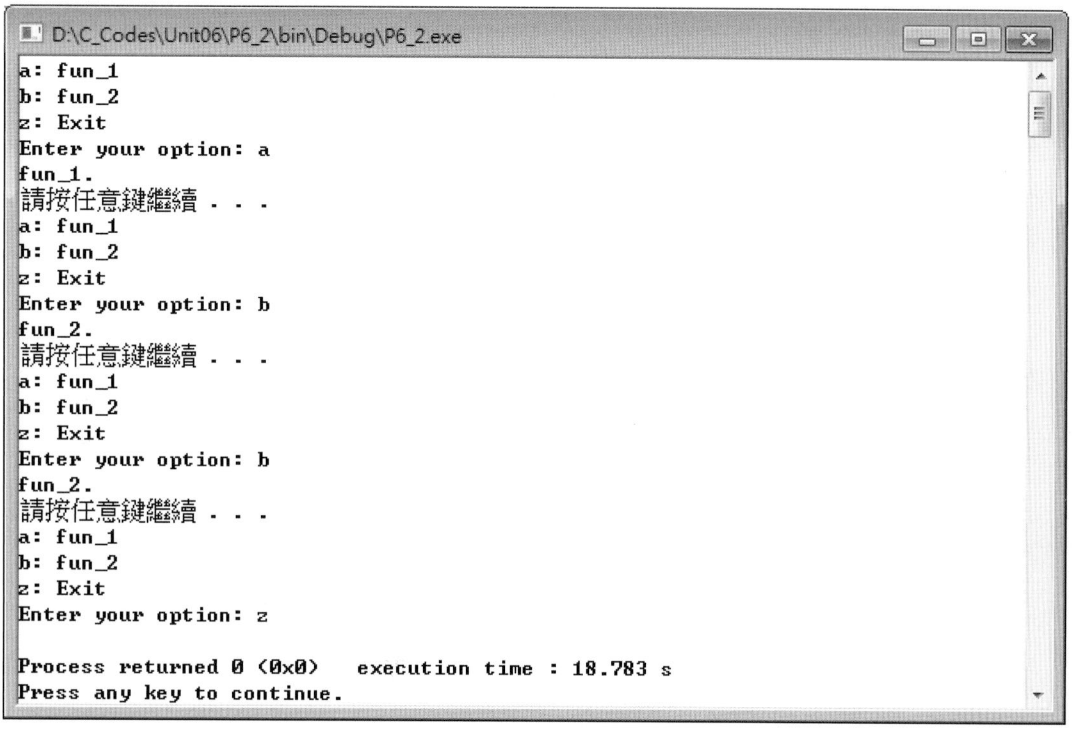

```
D:\C_Codes\Unit06\P6_2\bin\Debug\P6_2.exe

a: fun_1
b: fun_2
z: Exit
Enter your option: a
fun_1.
請按任意鍵繼續 . . .
a: fun_1
b: fun_2
z: Exit
Enter your option: b
fun_2.
請按任意鍵繼續 . . .
a: fun_1
b: fun_2
z: Exit
Enter your option: b
fun_2.
請按任意鍵繼續 . . .
a: fun_1
b: fun_2
z: Exit
Enter your option: z

Process returned 0 (0x0)   execution time : 18.783 s
Press any key to continue.
```

▶▶ 圖 6-2　執行結果

　　如上圖執行範例 P6-2 的輸出，我們可以輸入 'a' 選項，進入函數 fun_1() 來執行，處理完畢之後，迴圈會再次列印選單，我們輸入 'b' 選項，進入函數 fun_2() 來執行，處理完畢之後，再輸入 'b'，再呼叫一次 fun_2()，然後選 'z' 選項，離開迴圈。

　　為了能清楚顯示程式範例，我們暫時註解掉程式的第 4 行 system("cls")。這個指令只在微軟的作業系統下有效，它會將螢幕清空，將剛剛其他選項的輸入 / 輸出清除之後，顯示所有選項在清空的螢幕上。另外，程式中的第 11、15 行 system("pause") 也只在微軟的作業系統下有效，它會顯示 " 請按任意鍵繼續 ..."。還有一個要注意的小地方，第 22 行 scanf(" %c", &option)，在 %c 之前有一個額外的空格，讀者可以將空格去除，看看執行起來有什麼差異。至於這個格式的細節，已經超出本書範疇，有興趣的讀者可以找其他延伸的資料來閱讀。程式的第 23~25 行，我們使用三個單純的 if 指令。這個地方當然可用 switch 或是 if-else-if 來改寫。這個工作就留在單元後面的練習，由讀者自行練習。我們在這裡要研究一個更有趣的問題，是否能做了選擇之後，不要按 <enter>，就直接將鍵盤輸入資料讀入程式中？

6-5 字元輸入的三種方式

在微軟的工作環境之下，字元的輸入有三種方式：最單純的方式當然是如範例 P6-2 所示：使用 scanf(" %c", &option) 來完成。另外一種方法是呼叫 getchar() 函數，它會讀入一個字元，將這個讀入的字元回傳過來。基本上使用起來，與第一種方式沒有差別，都需要使用者按 <Enter>，才會有回應。相對於 getchar() 函數的是 putchar() 函數，它需要輸入一個字元參數，並將它輸出到螢幕上（標準輸出裝置）。第三個方式是使用定義在 conio.h 標頭檔中的 getch() 函數，它不需要使用者按 <Enter>，就能讀入使用者所按的鍵 (鍵盤上的一個鍵)。它的缺點是，使用者所按的選項，不會自動顯示在螢幕上。範例 P6-3 顯示這三種字元輸入的作法。請注意，顯示的順序是：getch、getchar、scanf。

範例 P6-3

```
1    int main() {
2      char option;
3      printf("Enter your option: ");
4      option = getch();
5      putchar(option);
6      printf("\nEnter your option: ");
7      option = getchar();    // press <Enter>
8      printf("1:[%c,",option);
9      putchar(option);
10     printf("]\n");
11     printf("\nEnter your option: ");
12     scanf(" %c", &option); // %c 前有空格
13     printf("2:[%c]\n",option);
14     return 0;
15   }
```

```
D:\C_Codes\Unit06\P6_3\bin\Debug\P6_3.exe

Enter your option: a
Enter your option: b
1:[b,b]

Enter your option: c
2:[c]

Process returned 0 (0x0)   execution time : 13.134 s
Press any key to continue.
```

▶▶ 圖 6-3　執行結果

因為 getch() 函數不會自動將鍵入的字元顯示在螢幕上，我們必須在第 5 行的地方，呼叫 putchar(option) 函數，使用者才會看到剛剛他所輸入的選項。第 7 行 getchar() 函數與後面第 12 行 scanf() 一樣，使用者的輸入選項會自動顯示在螢幕上。然後我們分別在第 8、9 行與第 13 行將 option

變數的值用不同的方法輸出。這樣一來，我們就可以使用 getch() 函數來改寫選單程式。

範例 P6-4

```
1    void menu(void) {
2       //system("cls");
3       printf("a: fun_1\n"
4              "b: fun_2\n" "z: Exit\n");
5    }
6    void fun_1(void) {
7       printf("\nfun_1.\n"); system("pause");
8    }
9    void fun_2(void){
10      printf("\nfun_2.\n"); system("pause");
11   }
12   int main(){
13      char option;
14      while(1) {
15         menu();
16         printf("Enter your option: ");
17         option = getch(); putchar(option);
18         if( option == 'a') fun_1();
19         if( option == 'b') fun_2();
20         if( option == 'z') break;
21      }
22      return 0;
23   }
```

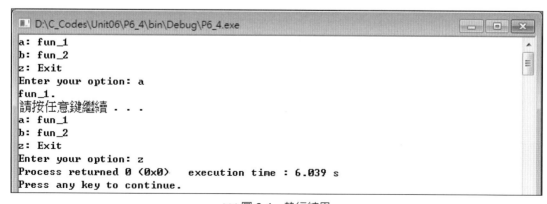

▶▶ 圖 6-4　執行結果

　　範例 P6-4 可以讓我們不按 <Enter> 讀入選項，清楚地將不同的選項，拆分到不同的函數之中去完成。

6-6 Linux（Ubuntu）實作

前面的程式範例，明確的指出 system("cls") 與 system("pause") 只能在微軟的工作環境之下執行，如果我們是在 Linux 上執行 Code::Blocks 的話，則要用如下的方式來實作。

6-6-1 螢幕的清除

我們只需要將範例 P6-2 第 4 行的 system("cls") 改成 system("clear") 就可以了。程式碼就不再重複展示了。

```
1    #include <stdio.h>
2    #include <stdlib.h>
3    void menu(void) {
4        system("clear");
5        printf("a: fun_1\n" "b: fun_2\n" "z: Exit\n");
6    }
7    void fun_1(void) {
8        printf("\nfun_1.\n"); system("pause");
9    }
10   void fun_2(void){
11       printf("\nfun_2.\n"); system("pause");
12   }
13   int main() {
14       char option;
15       while(1) {
16           menu();
17           printf("Enter your option: ");
18           option = getchar(); putchar(option);
19           if( option == 'a') fun_1();
20           if( option == 'b') fun_2();
21           if( option == 'z') break;
22       }
23       return 0;
24   }
25
```

▶▶ 圖 6-5　執行結果

6-6-2　按 <Enter> 鍵繼續

事實上，上面程式碼中的 system("pause") 沒有任何的功用，因為 pause 並不是一個有效的 Linux 指令。要模擬這個功能，最簡單的方法就是製作一個函數，輸出提示符號，然後叫用 getchar() 兩次就可以了。如下所示：

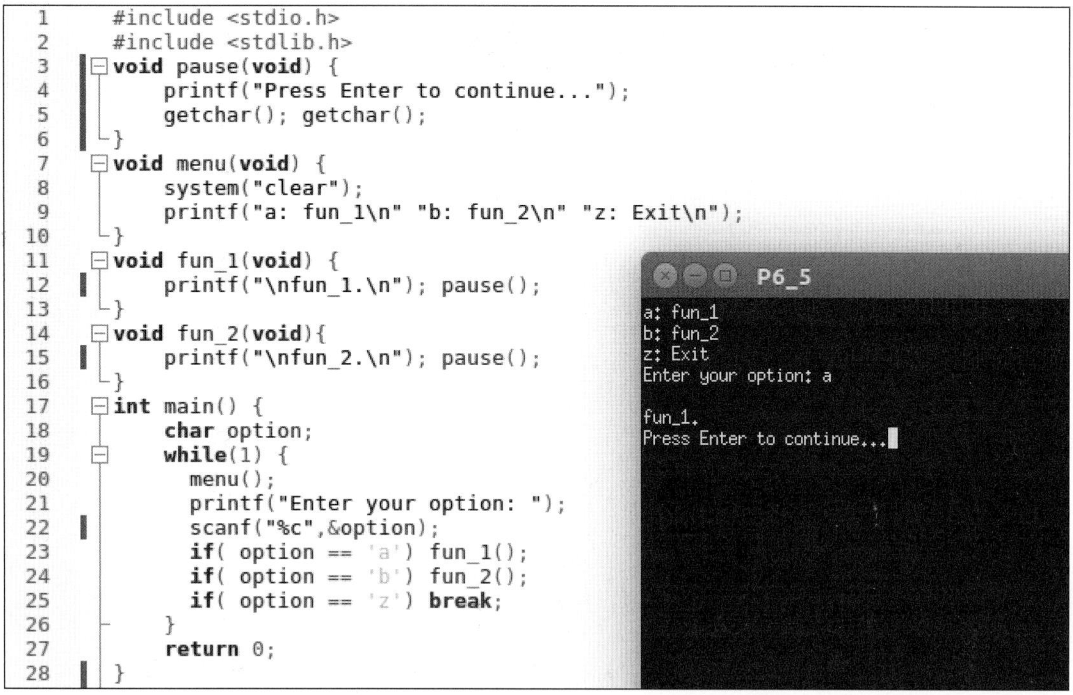

```
1      #include <stdio.h>
2      #include <stdlib.h>
3    void pause(void) {
4        printf("Press Enter to continue...");
5        getchar(); getchar();
6    }
7    void menu(void) {
8        system("clear");
9        printf("a: fun_1\n" "b: fun_2\n" "z: Exit\n");
10   }
11   void fun_1(void) {
12       printf("\nfun_1.\n"); pause();
13   }
14   void fun_2(void){
15       printf("\nfun_2.\n"); pause();
16   }
17   int main() {
18       char option;
19       while(1) {
20           menu();
21           printf("Enter your option: ");
22           scanf("%c",&option);
23           if( option == 'a' ) fun_1();
24           if( option == 'b' ) fun_2();
25           if( option == 'z' ) break;
26       }
27       return 0;
28   }
```

▶▶ 圖 6-6　執行結果

6-6-3　字元輸入

Linux 上並沒有支援 getch() 的函數，因此要在 Linux 上完成不按 <Enter> 輸入選項的「選單驅動程式」，最簡單的方法就是自己製作一個 getch() 函數。程式範例如 P6-5。

範例 ● P6-5

```
1    #include <stdio.h>
2    #include <stdlib.h>
3    #include <termios.h>
4    #include <unistd.h>
5    #include <assert.h>
6    #include <string.h>
7    int getch(void) {
8      int c=0, res=0;
9      struct termios org_opts, new_opts;
10     res=tcgetattr(STDIN_FILENO, &org_opts);
11     assert(res==0);
12     memcpy(&new_opts,&org_opts,
13            sizeof(new_opts));
14   new_opts.c_lflag &= ~(ICANON|ECHO|ECHOE
15   |ECHOK|ECHONL|ECHOPRT|ECHOKE|ICRNL);
```

```
16      tcsetattr(STDIN_FILENO,TCSANOW,
17              &new_opts);
18    c=getchar();
19    res=tcsetattr(STDIN_FILENO, TCSANOW,
20                &org_opts);
21      assert(res==0);
22      return(c);
23    }
24    void Pause(void) {
25      printf("Press Enter to continue...");
26      getch();
27    }
28    void menu(void) {
29      system("clear");
30      printf("a: fun_1\n" "b: fun_2\n" "z: Exit\n");
31    }
32    void fun_1(void) {
33      printf("\nfun_1.\n"); Pause(); }
34    void fun_2(void) {
35      printf("\nfun_2.\n"); Pause(); }
36    int main() {
37      char option;
38      while(1) {
39        menu();
40        printf("Enter your option: ");
41        option=getch(); putchar(option);
42        if( option == 'a') fun_1();
43        if( option == 'b') fun_2();
44        if( option == 'z') break;
45      }
46      return 0;
47    }
```

　　請注意，製作 getch() 函數需要 #include 四個額外的標頭檔。另外，我們修改了 pause() 為 Pause()，並在函數 Pause() 中的第 26 行，叫用我們自己定義的 getch() 函數。同樣的，我們在主程式的第 41 行，叫用我們自己定義的 getch() 函數。這樣一來，我們也就可以在 Linux 完成不需要按 <Enter> 就能輸入選項的「選單驅動程式」。程式的執行片段截圖如下：

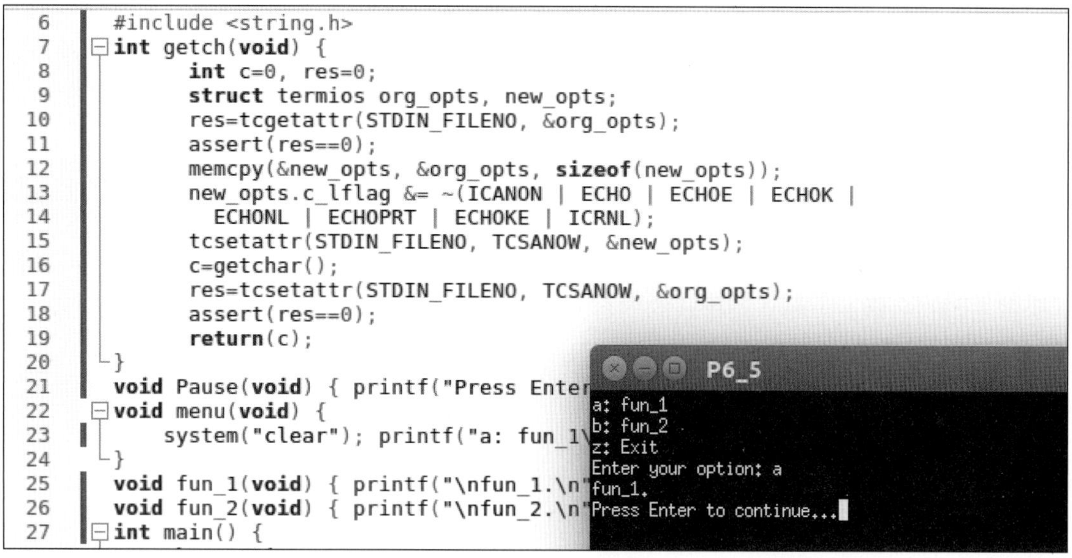

```
 6      #include <string.h>
 7    ⊟int getch(void) {
 8          int c=0, res=0;
 9          struct termios org_opts, new_opts;
10          res=tcgetattr(STDIN_FILENO, &org_opts);
11          assert(res==0);
12          memcpy(&new_opts, &org_opts, sizeof(new_opts));
13          new_opts.c_lflag &= ~(ICANON | ECHO | ECHOE | ECHOK |
14            ECHONL | ECHOPRT | ECHOKE | ICRNL);
15          tcsetattr(STDIN_FILENO, TCSANOW, &new_opts);
16          c=getchar();
17          res=tcsetattr(STDIN_FILENO, TCSANOW, &org_opts);
18          assert(res==0);
19          return(c);
20    └ }
21      void Pause(void) { printf("Press Enter
22    ⊟void menu(void) {
23          system("clear"); printf("a: fun_1\
24    └ }
25      void fun_1(void) { printf("\nfun_1.\n"
26      void fun_2(void) { printf("\nfun_2.\n"
27    ⊟int main() {
```

P6_5

```
a: fun_1
b: fun_2
z: Exit
Enter your option: a
fun_1.
Press Enter to continue...
```

▶▶ 圖 6-7　執行結果

本章習題

1. 將目前學習的 C 程式設計主題，製作成選單程式，使用 if-else-if 來完成！選單的選項可以替換成「學習主題的名稱」，而「副程式的內容」就是以前主程式的內容。

2. 將目前學習的 C 程式設計主題，製作成選單程式，使用 switch 來完成！選單的選項可以替換成「學習主題的名稱」，而「副程式的內容」就是以前主程式的內容。

Chapter **7**

基本檔案存取

本章綱要

　　當我們在製作互動式程式（interactive program）的時候，會讓使用者即時輸入資料，經過計算之後，將結果呈現在螢幕上或是列印出來。但是，原始輸入資料若已經儲存在檔案中的時候，我們不可能以手動的方式，一筆一筆重新的輸入資料，一定是將具有格式的資料，直接用程式來讀入處理。本單元介紹文字檔案處理的方式與不定列數檔案的讀取。

◆ 檔案型別 FILE
◆ 檔案相關函數
◆ 開啟 / 關閉檔案
◆ 輸出資料到檔案中
◆ 從檔案讀入資料
◆ 固定筆數的資料讀取
◆ 不定筆數的資料讀取

7-1　FILE 檔案型別

在 C 程式中存取一個檔案，需要先產生一個資料型別為 FILE 的物件，通過這個物件才能完成工作。它記錄許多該檔案的相關資料，當我們用它對檔案進行處理的時候，其內部的資料也會隨著更新。FILE 本身是一個「結構」（struct），後面的單元會詳細介紹。

7-2　檔案相關函數

標頭檔 stdio.h 中包含了基本的檔案處理相關函數。本單元介紹四個基本函數：開啓檔案、關閉檔案、檔案格式化輸入、檔案格式化輸出。

```
FILE *fopen(const char *fname, const char *mode)
int fclose(FILE *stream)
int fprintf(FILE *stream, const char *format, ...)
int fscanf(FILE *stream, const char *format, ...)
```

7-3　開啓 / 關閉檔案

7-3-1　指標運算子（indiretion operator）*

首先要先利用「指標運算子」來宣告一個型態為 FILE * 的變數，如下。指標運算子的細節會在後面的單元詳細介紹。

```
FILE * fpt1;// 資料型別為 FILE *，名稱為 fpt1
```

如果要一次宣告兩個檔案變數的話，方式如下。請特別注意，不要漏打了 fpt2 之前的指標運算子。

```
FILE * fpt1, * fpt2;
```

搭配了「指標運算子」統稱為「指標變數」，不是本單元介紹的重點。但是不論是一般變數、指標變數，只要是變數，就必須遵守「C 程式語言的識別字命名規則」。

7-3-2　開檔函數（fopen）

```
FILE *fopen(const char *fname, const char *mode)
```

使用開檔函數需要提供兩個參數：*filename* 與 *mode*。

- *filename* 是檔案名稱。
- *mode* 是檔案開啓的模式。後面範例 P7-1 中的 "r"，表示以 read，讀入的方式開檔。

檔案名稱可以是從根目錄開始的「絕對路徑」（absolute path）。在微軟的工作環境之下是從磁碟機名字開始，例如 C:\ 或是 D:\ 開始。在 UNIX 的工作環境之下是從根目錄開始，例如 / 開始。另一種方式是使用「相對路徑」（relative path）。相對於該可執行檔所在位置的相對路徑。範例 P7-1 中的方式就是使用相對路徑的方法，假設資料檔與可執行檔在同一個目錄中。

　　開檔不一定會成功，有可能失敗。例如，當我們提供錯誤的路徑給程式，以至於根本找不到這個檔案的時候，開檔就會失敗。因此，當我們呼叫 fopen() 之後，應該檢查檔案是否成功，確認開檔成功，再往下繼續處理。養成這個好習慣可以避免以後衍伸的錯誤。

　　從函數 fopen() 的格式中，可以清楚的看到，fopen() 會回傳一個 FILE * 的物件。我們就可以利用之前宣告的變數，來接著 fopen() 函數的回傳值。如果開檔成功，會回傳一個「非零的值」。因為在 C 程式語言中，「零為偽」，「非零為真」，我們可以簡單的用一個 if 結構來檢查開檔是否成功。

7-3-3　關檔函數（fclose）

```
int fclose(FILE *stream)
```

　　使用關檔函數只需要提供一個參數：*stream*。

- *stream* 就是 fopen() 回傳的結果，通常由一個變數紀錄這個結果。

範例 P7-1

```
1    int main() {
2        FILE * fpt1, * fpt2; // stream
3        fpt1 = fopen("data.txt","r");
4        if (fpt1) {
5            // 開檔成功，讀資料，處理資料…有可能失敗
6            fclose(fpt1);        // 關閉檔案
7        } else {
8            // 開檔有可能失敗 [不需要關閉檔案]
9            printf(" 開檔開啟失敗 \n");
10       }
11       return 0;
12   }
```

　　執行範例 P7-1 會得到如下的輸出，我們沒有準備資料檔 data.txt，程式當然沒有辦法正常地開啟這個資料檔。因此在第 9 行的地方輸出錯誤訊息。

```
D:\C_Codes\Unit07\P7_1\bin\Debug\P7-1.exe

開檔開啟失敗

Process returned 0 (0x0)   execution time : 0.025 s
Press any key to continue.
```

▶▶ 圖 7-1　執行結果

經過 fopen() 的檔案，在完成處理之後，要將它確實關閉。雖然在某些情況之下，不關閉檔案也不會出錯。例如，開啟一個純粹只用來讀取資料的檔案。讀者現在才剛開始學習程式設計，應該養成一個良好的習慣：只要有檔案的開啟，不論什麼情況，都應該在處理完畢之後，將其關閉。

7-3-4 檔案開啓模式（*mode*）

❖ 表 7-1 檔案開啓模式

模式		說明
"r"	read	讀入文字檔案
"w"	write	建立一個文字檔案並寫出資料
"a"	append	將資料附加在該文字檔案的最後

C 程式語言當然不只提供這三種基本的開檔模式，其他進階的開檔模式，可以在後面的單元中看到。

7-4 輸出資料到檔案中

7-4-1 格式化檔案輸出函數（fprintf）

```
int fprintf(FILE *stream, const char *format, ...)
```

如果我們比較 fprintf() 與之前學過的格式化輸出函數 printf()，可以發現它們之間規格上只有一個差異，就是 fprintf() 的第一個參數（FILE *stream），除此之外它們的用法是一模一樣的。假設我們宣告了變數 fpt2，並且成功的以「寫入」模式，開啟了檔案 result.txt。

```
fpt2 = fopen("result.txt","w");  // "w" 表示「寫入」
printf("%6.2f,%6.2f,%6.2f\n", 5.3, 7.2, 9.1);
```

上面的命令會將三個浮點數，以逗點當作方格符號，列印在螢幕上。下面的指令，則會將一模一樣的資料，以相同的格式，儲存在檔案 result.txt 之中。

```
fprintf(fpt2,"%6.2f,%6.2f,%6.2f\n", 5.3, 7.2, 9.1);
```

要特別注意的是，為了提高程式的整體效能，系統並不會立刻將資料存到檔案之中，而是會在適當的時間點，一次將資料寫到檔案中。因此，如果忽然斷電當機，或是沒有關閉函數 (fclose) 的話，資料是有可能遺失的。如果需要立即強制寫入，可以呼叫 fflush() 函數。

範例 P7-2 開啟一個名為 data.txt 的輸出檔，並檢查開檔是否成功 (第 2 行)。如果成功的話，我們呼叫 fprintf() 函數三次，將 3 列的資料儲存在檔案之中 (第 4~6 行)。如果想先在螢幕上看一下計算結果，可以先將第 4~6 行註解起來，先利用第 7~9 行的螢幕輸出來檢查程式邏輯。確認沒有問題之後，再將第 7~9 行註解起來，用第 4~6 行輸出結果。

範例 P7-2

```
1     int main() {
2         FILE * fpt2;
3         fpt2 = fopen("data.txt","w");
4         if (fpt2) {
5             fprintf(fpt2,"%6.2f,%6.2f,%6.2f\n",-8.1,6.3,4.5);
6             fprintf(fpt2,"%6.2f,%6.2f,%6.2f\n",5.3,-7.2,9.1);
7             fprintf(fpt2,"%6.2f,%6.2f,%6.2f\n",1.5,8.1,-14.);
8             printf("%6.2f,%6.2f,%6.2f\n",-8.1,6.3,4.5);
9             printf("%6.2f,%6.2f,%6.2f\n",5.3,-7.2,9.1);
10            printf("%6.2f,%6.2f,%6.2f\n",1.5,8.1,-14.);
11            fclose(fpt2);
12        }
13        return 0;
14    }
```

範例 P7-2 的執行結果如下。如果沒有更動預設的輸出檔所在位置的話，data.txt 會被輸出到專案檔 (P7_2.cbp) 所在的位置。

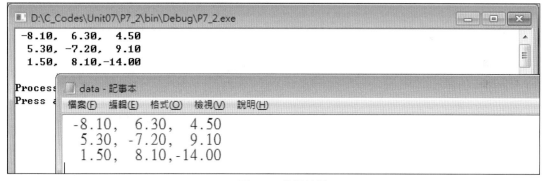

▶▶ 圖 7-2　執行結果

7-5　從檔案讀入資料

7-5-1　格式化檔案輸入函數（fscanf）

```
int fscanf(FILE *stream, const char *format, ...)
```

類似於 printf()/fprintf()，fscanf() 與之前學過的格式化輸入函數（scanf），也只有第一個參數（FILE *stream）有差別，其他都是一模一樣的。而且，fscanf() 的 stream 與 fprintf() 的 stream 意義上是一樣的。

執行過範例 P7-2 之後，我們應該順利產生一個名為 data.txt 的資料檔，包含 3 列的資料，每列有 3 個以逗點分隔的浮點數資料。現在我們可以用範例 P7-3 的程式，將資料檔 data.txt 讀入，並顯示在螢幕上，以冒號做為分隔符號。

範例 P7-3

```
1    int main() {
2      FILE * fpt1;
3      fpt1 = fopen("data.txt","r");
4      if (fpt1) {
5        float f1, f2, f3;
6        fscanf(fpt1,"%f,%f,%f",&f1, &f2, &f3);
7        printf("[%6.2f:%6.2f:%6.2f]\n",f1,f2,f3);
8        fscanf(fpt1,"%f,%f,%f",&f1, &f2, &f3);
9        printf("[%6.2f:%6.2f:%6.2f]\n",f1,f2,f3);
10       fscanf(fpt1,"%f,%f,%f",&f1, &f2, &f3);
11       printf("[%6.2f:%6.2f:%6.2f]\n",f1,f2,f3);
12       fclose(fpt1);
13     }
14     return 0;
15   }
```

範例 P7-3 的執行結果如下。如果沒有更動預設的輸入檔所在位置的話，data.txt 必須與專案檔 (P7_3.cbp) 所在的位置相同才行。

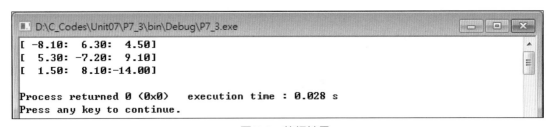

▶▶ 圖 7-3　執行結果

7-6　固定筆數的資料讀取

這裡所謂的「固定筆數的資料」是指資料檔案中，先明確的說明了後面資料的筆數。程式可以利用這個整數來讀取後面的資料。以第 10 章中的 UVa 10812 Beat the Spread! 為例，它的輸入第一列是測試案例的個數，然後跟著這麼多列的測試案例，每個案例包含兩個整數。因此，假設測試資料是儲存在檔案之中，如下面的範例，它說明這個資料檔有兩個測試案例，分別是 40、20 與 20、40。

```
2
40 20
20 40
```

範例 ╱╲╴╴● P7-4

```
1    int main() {
2      FILE * fpt1;
3      fpt1 = fopen("data.txt","r");
4      if (fpt1) {
5        int n, i=0, data1, data2;
6        fscanf(fpt1,"%d",&n);
7        while(i++ < n) {
8          fscanf(fpt1,"%d %d",&data1, &data2);
9          printf(" 處理案例 (%d,%d)\n", data1, data2);
10       }
11       fclose(fpt1);
12     }
13     return 0;
14   }
```

那麼我們就可以用上面範例 P7-4 的作法，先將記錄個數（測試案例的數目）讀入，當作迴圈的上界（第 5 行）。宣告一個計數器（變數 i），設初始值為 0。在迴圈中以 i++ 的方式更新計數器，並重複地讀取測試案例資料來做處理（第 6~9 行）。

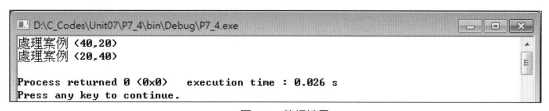

▶▶ 圖 7-4　執行結果

7-7　不定筆數的資料讀取

如果資料檔中第一筆紀錄沒有標明紀錄個數（如上面的範例），也沒有包含特殊的結束資料（例如第 12 章中的 UVa 10929 You can say 11，每列資料包含一個整數，最後一筆資料一定是 0）。那麼，我們的檔案中，每一列都是有效的資料，而且個數是不固定的。

7-7-1 「檔案終止符」EOF（End-Of-File）

前面在介紹格式化檔案輸入函數 fscanf() 的規格時，可以看到，這個函數事實上有一個回傳值。當程式讀不到資料時，會回傳一個特殊的符號，稱為「檔案終止符」EOF。此時，fscanf() 中的變數，並沒有被給予有意義的值（因為沒有資料了）。所以，我們就可以利用這個機制，來處理檔案中不定筆數的資料讀取。以第 16 章中的 UVa 10235 Simply Emirp 為例，這個問題每列輸入一個整數，個數是不固定的。如果資料儲存在檔案中，那麼我們就可以用範例 P7-5 的方式來將資料讀入處理。EOF 在微軟的作業系統下是 <Ctrl>+<D> 的組合，在 UNIX 的作業系統下是 <Ctrl>+<Z> 的組合。不過，C 程式語言是一個具有高度可攜性的程式語言，我們不用死記 EOF 到底是什麼鍵的組合，直接在程式裡面使用 EOF 來處理問題就可以了。

範例 —√— P7-5

```
1    int main() {
2      FILE * fpt1;
3      fpt1 = fopen("data.txt","r");
4      if (fpt1) {
5        while ( fscanf(fpt1,"%d",&data)!=EOF ) {
6          printf(" 處理案例 (%d)\n", data);
7        }
8        fclose(fpt1);
9      }
10     return 0;
11   }
```

▶▶ 圖 7-5　執行結果

1. 準備如下兩列的資料檔 (data.txt)，每列包含 3 個整數資料，以空格分隔：

   32 54 98

   -9 35 6

   製作一個程式，從檔案中讀入這 3 個整數資料，輸出這三個資料與其算術平均數到螢幕上，分隔符號改為逗點。

2. 準備如下兩列的資料檔 (data.txt)，每列包含 3 個浮點數資料，以空格分隔：

   3.2 54 98

   -9 3.5 6

   製作一個程式，從檔案中讀入這 3 個浮點數資料，輸出這三個資料與其算術平均數到螢幕上，分隔符號改為逗點。

3. 製作一個程式，產生一個包含 20 筆 (0~999) 亂數的資料檔案（每列一筆資料）。

4. 製作一個程式，使用 rand() 函數，產生一個包含 n 筆資料（0<n<=500）的檔案。每筆資料是介於 (0~999) 的亂數（每列一筆資料）。

5. (承上題) 製作一個程式，從檔案 (上題的輸出檔) 中讀入未知筆數的資料，每筆資料中有 1 個整數，輸出這些資料的個數與算術平均數。

6. 製作一個程式，產生一個包含 1 萬筆，格式為：XXX.XX (0.00~999.99) 亂數的資料檔案（每列一筆資料）。

7. 製作一個程式，使用 rand() 函數，產生一個包含 n 筆資料（0<n<=1000）的檔案。每筆資料包含三個浮點數 (亂數)，格式為：XXX.XX (0.00~999.99)，分隔符是空白（每列一筆資料）。

8. (承上題) 製作一個程式，從檔案 (上題的輸出檔) 中讀入未知筆數的資料，每筆資料包含三個浮點數，輸出這三個資料與其平均數到螢幕上。

9. 準備如下兩列的資料檔 (data.txt)，每列包含 3 筆浮點數資料，以空格分隔準備如下 (至少有 5 筆) 的資料檔 (data.txt)，每列包含 3 筆整數資料，範例如下：

   1:12,12,12

   2:5,5,3

   :

   製作一個程式，輸出每行的資料能形成什麼樣的三角形 (可能包含錯誤輸入)。例如上面的範例應該輸出：

   1: 正三角形

   2: 等腰三角形

   :

   三角形分成： 正三角形　　　　直角三角形　　　　　等腰直角三角形

   　　　　　　 鈍角三角形　　　　等腰鈍角三角形

   　　　　　　 銳角三角形　　　　等腰銳角三角形　　　無法形成三角形

10. 某甲號稱製作了一個程式，它能輸入三角形的三個邊長，輸出這是什麼三角形。輸入的資料檔範例如下：

```
1:12,12,12
2:5,5,3
      :
```

如果你的工作是測試某甲的程式是否能正常工作，你要準備什麼樣的資料來測試某甲的程式？

Chapter **8**

迴圈結構

本章綱要

　　「迴圈」是用來處理重複發生的工作。前面的單元介紹了 while 迴圈，break 指令，與它們的幾個經典用法。本單元會介紹 C 程式語言所支援的另外兩個迴圈：「do-while 迴圈」與「for 迴圈」。迴圈中可以使用的 continue 指令、巢狀迴圈與它們的幾個經典用法。

◆ do-while 迴圈
◆ 續做迴圈（continue）
◆ repeat-until 迴圈
◆ for 迴圈
◆ 巢狀迴圈
◆ 巢狀迴圈的中斷與續做

8-1 do-while 迴圈結構

「do-while 迴圈」與「while 迴圈」，非常類似，一樣包含一個「重複執行區塊」*S1*，與一個「邏輯判斷式」。它們之間唯一的差別在於，「while 迴圈」是先檢查「邏輯判斷式」，而「do-while 迴圈」則是後檢查。因此，「do-while 迴圈」至少一定會執行一次「重複執行區塊」*S1*。

```
do {
    /* S1 */
} while(C);
/* S2 */
```

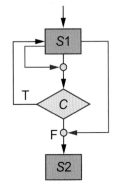

- *C*：「邏輯判斷式」，與「選擇結構」中的「邏輯判斷式」同義。
- *S1*：「重複執行區塊」，當 *C* 為「真」時，所執行的區塊。
- *S2*：一旦 *C* 為「偽」時，所執行的區塊。

▶▶ 圖 8-1　do-while 指令流程圖

如果我們希望由使用者輸入一個大於 1 的正整數 *n*，然後列印出這個 "hello world!" 字串 *n* 行，就可以使用範例 P8-1 的做法來完成。請注意，從「do-while 迴圈」流程圖中可以清楚看到，「重複執行區塊」*S1* 一定會執行一次，而這個範例 P8-1 又沒有製作「防呆機制」，因此，如果使用者輸入小於等於 0 的數字，還是會印出 1 行字串。

可以在「防呆機制」程式碼第 6、7 行之間，檢查輸入是否正確、有效。若否，就不繼續執行主程式，直接終止程式的執行（return 1）。或是也可以用第 5 單元中介紹：檢查輸入是否是偶數的作法，不斷請使用者輸入，直到輸入了一個正確、有效的值為止。

範例 ├─◇─• P8-1

```
1    #include <stdio.h>
2    #include <stdlib.h>
3    int main() {
4      int c=0, n;
5      printf(" 輸入大於 1 的正整數：");
6      scanf("%d", &n);
7      do {
8          printf("%d: hello world!\n", c+1);
9          c++;
10     } while ( c < n );
11     return 0;
12   }
```

```
D:\C_Codes\Unit08\P8_1\bin\Debug\P8_1.exe
輸入大於1的正整數：6
1: hello world!
2: hello world!
3: hello world!
4: hello world!
5: hello world!
6: hello world!

Process returned 0 (0x0)    execution time : 0.812 s
Press any key to continue.
```

▶▶ 圖 8-2　執行結果

8-2 「迴圈的續做」（continue）

在介紹「while 迴圈」結構的時候，先介紹了「中斷迴圈」（break）指令，「do-while 迴圈」流程圖中右邊的箭頭所代表的也是「中斷迴圈」（break）指令。當某些條件滿足的時候，就可以用這個指令終止迴圈的執行。

另外一個迴圈中可以使用的重要指令是「續做迴圈」向左的箭頭，它的意義是停止迴圈的執行，直接跳到「邏輯判斷式」去檢查眞 / 僞值，看看是否需要繼續重複迴圈。語法如下：

```
continue;
```

在一個「重複執行區塊」之中可以出現許多個 continue 指令。只要執行到它，區塊中的其他指令都不會被執行，直接到「邏輯判斷式」去檢查。例如：如果我們需要使用者不斷輸入正整數，直到該整數爲奇數爲止。就可以用如下的範例 P8-2 來完成。

範例 ───⁄\／─• P8-2

```
1    int main() {
2      int a;
3      do {
4        printf(" 請輸入奇數 : ");
5        scanf("%d", &a);
6        if( a%2 == 0 ) {
7          printf(" 這是偶數 (%d)\n",a);continue;
8        }
9        printf(" 奇數 %d\n", a);break;
10     } while ( 1 );
11     return 0;
12   }
```

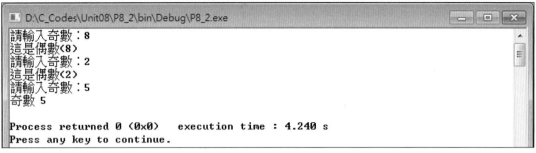

▶▶│ 圖 8-3　執行結果

8-3　repeat-until 迴圈結構

　　C 程式語言沒有提供「repeat-until 迴圈」。但是這個結構可以輕易的用「do-while 迴圈」來完成。「repeat-until」直接翻譯的話是：**重複**某項工作，**直到**條件成立。例如，**重複**研讀，**直到**讀超過 10 遍 (大於等於 10 遍)。因此，如果讀到第 3 遍，還**沒有**到 10 遍，就要繼續研讀。也就是說：當「邏輯判斷式」是**偽**的時候，**就要**重複執行。如果「邏輯判斷式」為**真**的時候（真的讀過 10 遍的時候），反而不需要在再重複執行了。但是「do-while 迴圈」是當「邏輯判斷式」為**真**的時候，才去執行「重複執行區塊」，在語意上剛好相反。因此，當我們以「do-while 迴圈」實作「repeat-until 迴圈」的時候，這個地方要特別小心。程式範例如下：

範例 ・P8-3

```
1    int main() {
2      int a=0;
3      do {
4        printf(" 研讀第 %d 遍 \n",a+1);
5        a++;
6      } while ( !(a >= 10) );   //until( a >= 10 )
7      printf(" 一共研讀 %d 遍 \n",a);
8      return 0;
9    }
```

```
D:\C_Codes\Unit08\P8_3\bin\Debug\P8_3.exe
研讀第1遍
研讀第2遍
研讀第3遍
研讀第4遍
研讀第5遍
研讀第6遍
研讀第7遍
研讀第8遍
研讀第9遍
研讀第10遍
一共研讀10遍
```

▶▶│ 圖 8-4　執行結果

問 題

> 請使用者輸入 m, n, k 三個正整數 (m > n)，重複將 m 設為 m/k，直到 m<= n 為止。

從這個問題的說明中，可以很明顯看到「**重複**某項工作，**直到**條件成立」。顯然是一個標準的「repeat-until 迴圈」問題。

重複的工作是：

```
m = m / k;
```

直到的條件是：

```
m <= n
```

當我們在以「do-while 迴圈」實作「repeat-until 迴圈」的時候，「邏輯判斷式」要加一個「not」(！)：

「**do-while 迴圈**」實作的「邏輯判斷式」

> ```
> !(m <= n)
> ```

範例 ━━━• P8-4

```
1    int main() {
2       int m, n, k, c=0;
3       printf("Enter m, n, k [m>n, 以空格分開]: ");
4       scanf("%d %d %d", &m, &n, &k);
5       do {
6          m = m / k;
7          c++;
8       } while ( !(m <= n) );   //until( m <= n )
9       printf(" 一共處理了 %d 遍 \n",c);
10      return 0;
11   }
```

```
D:\C_Codes\Unit08\P8_4\bin\Debug\P8_4.exe
Enter m, n, k [m>n, 以空格分開]: 19 10 2
一共處理了 1 遍

Process returned 0 (0x0)    execution time : 4.879 s
Press any key to continue.
```

```
D:\C_Codes\Unit08\P8_4\bin\Debug\P8_4.exe
Enter m, n, k [m>n, 以空格分開]: 215 3 2
一共處理了 6 遍

Process returned 0 (0x0)    execution time : 2.435 s
Press any key to continue.
```

▶▶ 圖 8-5　執行結果

8-4 for 迴圈結構

C 程式語言中結構最完整的迴圈就是「for 迴圈」。因為不論是「while 迴圈」或是「do-while 迴圈」，我們都必須在結構外面，先設定「控制變數」的初始值，然後在「重複執行區塊」中更動「控制變數」，避免「無窮迴圈」的發生。這樣做其實很不直觀，該做的工作也很容易遺漏。在設計「for 迴圈」結構的時候，已經為這些迴圈相關的工作，保留了特定的位置，除非程式設計師刻意留白，否則該完成的工作，就應該放在指定的位置中完成，這樣也比較不容易遺漏相關的工作。「for 迴圈」的語法與流程圖如下：

```
for ( S0;C;S2 ) {
    /* S1 */
}
/* S3 */
```

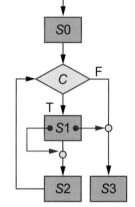

▶▶ 圖 8-6　for 指令流程圖

- S0：「起始值設定區塊」。
- C：「邏輯判斷式」，與「選擇結構」中的邏輯判斷式同義。
- S1：「重複執行區塊」，當 C 為**真**時，執行的區塊。
- S2：更新控制變數，執行完畢之後，重新檢查「邏輯判斷式」。
- S3：當 c1 為**偽**時，所執行的區塊。

由上面的「for 迴圈」流程圖中，我們可以清楚看到：「起始值設定區塊」S0 無論如何都會被執行一次。然後檢查「迴圈邏輯判斷式」C1，如果為真，進入「迴圈重複執行區塊」S1 執行，工作完成之後，進入 S2 來更新控制變數，並回到「迴圈邏輯判斷式」C1 檢查，一但邏輯判斷式 C1 為偽的時候，就跳出迴圈，執行後面 S3 的指令。

「for 迴圈」與「while 迴圈」相同，都是先檢查「迴圈邏輯判斷式」，因此都有可能完全不執行「迴圈重複執行區塊」S1 中的指令。另外，如果 S0 , S2 區塊中有多個指令需要完成（例如：有 2 個變數需要設初始值），這些指令必須以「**逗點分隔**」，而不能用「**分號分隔**」，原因自然是分號會與「for 迴圈」預設的 2 個分號混淆。範例如下：

```
for(i=0, j=9; i<10; i++, j-=2) {}
```

問題

請使用者輸入 2 個正奇數 m, n (m < n)，輸出 (含)m,n 間的數字與這些數字的和。

這個問題有 2 個初始值需要被設定：迴圈控制變數 (i) 設成 m，加總變數 (sum) 設成 0。「迴圈重複執行區塊」中除了要列印輸入字之外，也要將加總變數更新。最後因為是處理所有 m、n 間的數字，i++ 就可以完成所需的工作了。

範例 ─┤┤─•─ P8-5

```
1      int main() {
2        int m, n, i, sum;
3        printf("Enter m, n [m>n, 以空格分開 ]: ");
4        scanf("%d %d", &m, &n);
5        for(i=m, sum=0; i<=n; i++) {
6          printf("%3d", i);
7          sum = sum + i;   // or sum+=i
8        }
9        printf("\n%3d+%3d+...+%3d=%3d\n",m,(m+1),n,sum);
10       return 0;
11     }
```

```
D:\C_Codes\Unit08\P8_5\bin\Debug\P8_5.exe
Enter m, n [m>n, 以空格分開]: 1 5
  1  2  3  4  5
  1+  2+...+  5= 15

Process
Press an
        D:\C_Codes\Unit08\P8_5\bin\Debug\P8_5.exe
        Enter m, n [m>n, 以空格分開]: 20 25
          20 21 22 23 24 25
          20+ 21+...+ 25=135

          Process returned 0 (0x0)    execution time : 2.556 s
          Press any key to continue.
```

▶▶ 圖 8-7 　執行結果

8-4-1 　「for 迴圈」的起始值、判斷式、更新命令

　　「for 迴圈」中的「起始值設定區塊」、「邏輯判斷式」與「更新控制變數」都可以是空白。並沒有規定一定要有指令，或是說－有些設定不一定要在「迴圈」中完成，例如範例 P8-5 第 7 行的 sum=0 指令，其實也可以在第 4 行宣告的時候完成。另外，如果「邏輯判斷式」C 沒有定義的話，預設會被視為**真**。

　　範例 P8-5 第 4~7 行可以用如下的範例 P8-6 來替代。原本「起始值設定區塊」中的指令被分散到第 1,4 行。控制變數 i 的累加被放到第 8 行，完成之後檢查「邏輯判斷式」，如果滿足就「中斷迴圈」。

範例 ─┤┤─•─ P8-6

```
1      int main() {
2        int m, n, i, sum=0;
3        printf("Enter m, n [m>n, 以空格分開 ]: ");
4        scanf("%d %d", &m, &n);
5        i=m;
```

```
 6        for( ; ; ) {
 7            printf("%3d", i);
 8            sum = sum + i;   // or sum+=i
 9            i++;
10            if( i >n ) break;
11        }
12        return 0;
13    }
```

當然，除非程式設計師有個人因素需要將「for 迴圈」中的「起始值設定區塊」、「邏輯判斷式」與「更新控制變數」區塊刻意留白，以其他的做法完成工作，不然我們不會建議以範例 P8-6 的方式製作程式（因為太不直觀了），還是希望大家用範例 P8-5 的方式完成工作。

```
D:\C_Codes\Unit08\P8_6\bin\Debug\P8_6.exe
Enter m, n [m>n, 以空格分開]: 30 37
 30 31 32 33 34 35 36 37
Process returned 0 (0x0)    execution time : 5.889 s
Press any key to continue.
```

▶▶ 圖 8-8　執行結果

8-4-2 「for 迴圈」的「中斷」與「續做」

「for 迴圈」的「中斷」（break）與「while 迴圈」和「do-while 迴圈」完全相同。「續做」（continue）則要注意是跳到「重複執行區塊」的最後，也就是接著執行 s2 區塊，而**不是**「邏輯判斷式」。

```
for (s0; c1; s2 ) {
   :
   if ( c2 ) continue;
   :
}
s3
```

8-5　「巢狀迴圈」(Nested loop)

不論是哪一種「迴圈」，只要「迴圈」裡免包含了另一個「迴圈」結構，就稱為「巢狀迴圈」。或是說，當我們需要「重複執行」某一項（具重複性的）「工作」時，就需要使用到「巢狀迴圈」。一般我們都用「for 迴圈」來說明「巢狀迴圈」，但不是說用「while 迴圈」就不能完成「巢狀迴圈」的工作。另外，在這裡也只用了兩層的「巢狀迴圈」做為範例。3 層、4 層的迭代，也同樣稱為「巢狀迴圈」。簡單的兩層「巢狀迴圈」結構如下：

```
for ( ; ; ) {    //outer loop
   for ( ; ; ) {    //  inner loop
      // do something here
   }
}
```

　　一般我們稱「巢狀迴圈」中外面的「迴圈」為「外層迴圈」(outer loop)，裡面的「迴圈」為「內層迴圈」(inner loop)。當然，「內層」、「外層」是相對的，如果有三層以上的迭代，就必須另外說明相對的「內，外層」了。範例 P8-7 利用一個「巢狀迴圈」輸出 00~99。在這個範例中，「外層迴圈」的控制變數 i 用來描述十位數；「內層迴圈」的控制變數 j 則用來描述個位數。「內層迴圈」列印了一輪 0~9，才會去做「外層迴圈」的 i++。

範例 ●P8-7

```
1    int main() {
2        int i, j;
3        for(i=0;i<=9;i++)
4          for(j=0;j<=9;j++)
5             printf("%1d%1d\n", i, j);
6        return 0;
7    }
```

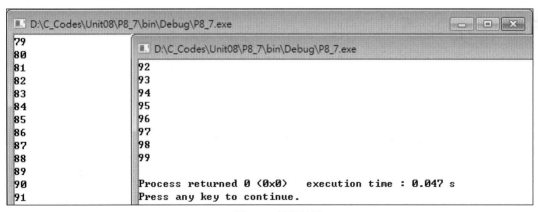

▶▶ 圖 8-9　執行結果

8-5-1　巢狀迴圈範例 (9×9 乘法表)

　　只需要修改範例 P8-7 部分的程式碼（第 3~5 行），就能夠完成 9×9 乘法表的程式。如範例 P8-8 所示：

範例 ⎯◇⎯● P8-8

```
1    for(i=1;i<=9;i++)
2      for(j=1;j<=9;j++)
3        printf("%2d x %2d = %2d\n", i, j, i*j);
```

```
 D:\C_Codes\Unit08\P8_8\bin\D    D:\C_Codes\Unit08\P8_8\bin\Debug\P8_8.exe
 7 x  7 = 49                    9 x  5 = 45
 7 x  8 = 56                    9 x  6 = 54
 7 x  9 = 63                    9 x  7 = 63
 8 x  1 =  8                    9 x  8 = 72
 8 x  2 = 16                    9 x  9 = 81
 8 x  3 = 24
 8 x  4 = 32                    Process returned 0 (0x0)    execution time : 0.047 s
 8 x  5 = 40                    Press any key to continue.
```

▶▶│ 圖 8-10　執行結果

問　題

假設我們要做一個「密語本」，00~99 編碼。編碼的方法是將 0 換成 A，1 換成 B，依此類堆，請將 00~99 編碼前，編碼後的「密語」一併輸出。

我們可以修改範例 P8-7 來完成這個工作，因為範例 P8-7 的輸出就是 00~99 編碼前的輸出。另外，我們知道 A 的 ASCII 碼是 65，這個 0 對 A 的工作，也可以用 ASCII 碼的對應，很快地來完成它。如範例 P8-9 所示：

範例 ⎯◇⎯● P8-9

```
1    int main() {
2      int i, j;
3      for(i=0;i<=9;i++)
4        for(j=0;j<=9;j++)
5          printf("%1d%1d[%c%c]\n",i, j, 65+i, 65+j);
6      return 0;
7    }
```

```
D:\C_Codes\Unit08\P8_9\bin\De    D:\C_Codes\Unit08\P8_9\bin\Debug\P8_9.exe
00 [AA]                          93 [JD]
01 [AB]                          94 [JE]
02 [AC]                          95 [JF]
03 [AD]                          96 [JG]
04 [AE]                          97 [JH]
05 [AF]                          98 [JI]
06 [AG]                          99 [JJ]
07 [AH]
08 [AI]                          Process returned 0 (0x0)   execution time : 0.047 s
09 [AJ]                          Press any key to continue.
```

▶▶ 圖 8-11　執行結果

問　題

請使用者輸入 2 正整數 m、n，重複輸出 m 列，每列包含 1、2、…、n。

　　　1 2 3 4 … n
　　　　　:
　　　1 2 3 4 … n　共 m 列。

　　這個問題的重複工作是列印 1~n，它基本上與範例 P5-5 非常類似，因此，基本上可以修改範例 P5-5 來完成「內層迴圈」。而「外層迴圈」自然是在控制這樣的列印要做幾次（上限是 m）。請注意範例 P8-10 程式中第 7 行的換行指令。這是當每列輸出完畢之後，才需要呼叫的換行指令。

範例 ─⋀─• P8-10

```c
1    int main() {
2      int i, j, m, n;
3      printf("Enter m n: ");
4      scanf("%d %d", &m, &n);
5      for(i=0;i<m;i++) {
6        for(j=1;j<=n;j++) printf("%2d ", j);
7        printf("\n");
8      }
9      return 0;
10   }
```

```
D:\C_Codes\Unit08\P8_10\bin\Debug\P8_10.exe                          —  □  ✕
Enter m n: 13 17
1   2   3   4   5   6   7   8   9  10  11  12  13  14  15  16  17
1   2   3   4   5   6   7   8   9  10  11  12  13  14  15  16  17
1   2   3   4   5   6   7   8   9  10  11  12  13  14  15  16  17
1   2   3   4   5   6   7   8   9  10  11  12  13  14  15  16  17
1   2   3   4   5   6   7   8   9  10  11  12  13  14  15  16  17
1   2   3   4   5   6   7   8   9  10  11  12  13  14  15  16  17
1   2   3   4   5   6   7   8   9  10  11  12  13  14  15  16  17
1   2   3   4   5   6   7   8   9  10  11  12  13  14  15  16  17
1   2   3   4   5   6   7   8   9  10  11  12  13  14  15  16  17
1   2   3   4   5   6   7   8   9  10  11  12  13  14  15  16  17
1   2   3   4   5   6   7   8   9  10  11  12  13  14  15  16  17
1   2   3   4   5   6   7   8   9  10  11  12  13  14  15  16  17
1   2   3   4   5   6   7   8   9  10  11  12  13  14  15  16  17

Process returned 0 (0x0)     execution time : 11.017 s
Press any key to continue.
```

▶▶ 圖 8-12　執行結果

問 題

請使用者輸入 2 正整數 m、n，輸出 1~m*n，共 m 列，每列包含 n 個數字。若輸入 3 4，則如下輸出：

　　1 2 3 4
　　5 6 7 8
　　9 10 11 12

這個問題基本上與上個問題類似，只是輸出的數字必須是連續的。我們可以重複使用範例 P8-10 的框架來完成這個工作。

範例 ⌇─● P8-11

```
1     int main() {
2        int i, j, m, n, k=1;
3        printf("Enter m n: ");
4        scanf("%d %d", &m, &n);
5        for(i=0;i<m;i++) {
6           for(j=1;j<=n;j++,k++)
7              printf("%3d ", k);
8           printf("\n");
9        }
10       return 0;
11    }
```

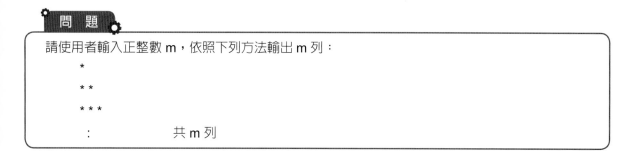
▶▶ 圖 8-13 執行結果

8-5-2 在「內層迴圈」中使用「外層迴圈」的變數

上面的範例中，「內層迴圈」基本上是獨立於「外層迴圈」的。「內層迴圈」要做幾次與「外層迴圈」完全無關；但是如果有需要，當然也可以「內層迴圈」中使用「外層迴圈」的變數。「外層迴圈」則不能使用「內層迴圈」中的變數。

問 題

請使用者輸入正整數 m，依照下列方法輸出 m 列：

```
*
* *
* * *
:           共 m 列
```

分析這個問題可以清楚知道，我們需要輸出 m 列，這個工作與範例 P8-10 完全相同，因此可以大膽的重複使用範例 P8-10「外層迴圈」的程式碼。至於「內層迴圈」現在不是要列印 1~n，而是列數，列印 *，第一列印一個，第二列印兩個，依此類推。因此，「內層迴圈」處理時的「邏輯判斷式」，自然要使用到「外層迴圈」的控制變數，也就是第幾列。

範例 P8-12

```
1    int main() {
2        int i, j, m;
3        printf("Enter m: ");
4        scanf("%d", &m);
5        for(i=0;i<m;i++) {
6            for(j=0;j<=i;j++) printf(" * ");
```

```
7            printf("\n");
8        }
9        return 0;
10    }
```

```
D:\C_Codes\Unit08\P8_12\bin\Debug\P8_12.exe
Enter m: 13
 *
 *  *
 *  *  *
 *  *  *  *
 *  *  *  *  *
 *  *  *  *  *  *
 *  *  *  *  *  *  *
 *  *  *  *  *  *  *  *
 *  *  *  *  *  *  *  *  *
 *  *  *  *  *  *  *  *  *  *
 *  *  *  *  *  *  *  *  *  *  *
 *  *  *  *  *  *  *  *  *  *  *  *
 *  *  *  *  *  *  *  *  *  *  *  *  *

Process returned 0 (0x0)   execution time : 3.873 s
Press any key to continue.
```

▶▶ 圖 8-14　執行結果

8-6　巢狀迴圈中斷與續做

在巢狀迴圈的「內層迴圈」中，如果有「中斷指令」(break) 或是「續做指令」(continue)，預設只會跳出一層，與一般的「中斷」與「續做」相同。

8-6-1　「內層迴圈」的續做

問　題

請使用者輸入 2 正整數 m, n，重複輸出 m 列，每列包含 1,2,…,n，並排除 3 的倍數。
　　1 2 4 5 7 … n
　　　　：
　　1 2 4 5 7 … n　共 m 列。

這個問題需要排除 3 的倍數，所以只要遇到 3 的倍數，我們就「續做」，而不列印資料。程式範例如下：

範例 ⟋⌁• P8-13

```
1    int main() {
2        int i, j, m, n;
3        printf("Enter m n: ");
```

```
4        scanf("%d %d", &m, &n);
5        for(i=0;i<m;i++) {
6          for(j=1;j<=n;j++) {
7            if ( j%3==0 ) continue;
8            printf("%2d ", j);
9          }
10         printf("\n");
11       }
12       return 0;
13     }
```

```
D:\C_Codes\Unit08\P8_13\bin\Debug\P8_13.exe
Enter m n: 9 24
 1  2  4  5  7  8 10 11 13 14 16 17 19 20 22 23
 1  2  4  5  7  8 10 11 13 14 16 17 19 20 22 23
 1  2  4  5  7  8 10 11 13 14 16 17 19 20 22 23
 1  2  4  5  7  8 10 11 13 14 16 17 19 20 22 23
 1  2  4  5  7  8 10 11 13 14 16 17 19 20 22 23
 1  2  4  5  7  8 10 11 13 14 16 17 19 20 22 23
 1  2  4  5  7  8 10 11 13 14 16 17 19 20 22 23
 1  2  4  5  7  8 10 11 13 14 16 17 19 20 22 23
 1  2  4  5  7  8 10 11 13 14 16 17 19 20 22 23

Process returned 0 (0x0)   execution time : 1.702 s
Press any key to continue.
```

▶▶ 圖 8-15　執行結果

8-6-2　「內層迴圈」的中斷

問 題

請使用者輸入 2 正整數 m、n，重複輸出 m 列，每列包含 1、2、…、n，每列最多印 15 個數字。

　　1 2 3 4 … n
　　　：
　　1 2 3 4 … n　共 m 列。

　　因為使用者可能輸入不同的 n 值，若小於等於 15，就要全部列印，若是大於 15，就不再列印。我們可以重用範例 P8-13 的程式，新增一行檢查就可以了，程式範例如下。

　　當然，我們也可以修改「內層迴圈」的「邏輯判斷式」得到一樣的效果。這個部分請讀者理解範例 P8-14 後自行練習。

範例 ~~~• P8-14

```
1    int main() {
2      int i, j, m, n;
3      printf("Enter m n: ");
4      scanf("%d %d", &m, &n);
5      for(i=0;i<m;i++) {
6        for(j=1;j<=n;j++) {
7          if ( j==15 ) break;
8          printf("%2d ", j);
9        }
10       printf("\n");
11     }
12     return 0;
13   }
```

```
D:\C_Codes\Unit08\P8_14\bin\Debug\P8_14.exe
Enter m n: 5 24
 1  2  3  4  5  6  7  8  9 10 11 12 13 14 15
 1  2  3  4  5  6  7  8  9 10 11 12 13 14 15
 1  2  3  4  5  6  7  8  9 10 11 12 13 14 15
 1  2  3  4  5  6  7  8  9 10 11 12 13 14 15
 1  2  3  4  5  6  7  8  9 10 11 12 13 14 15

Process returned 0 (0x0)   execution time : 3.431 s
Press any key to continue.
```

▶▶| 圖 8-16　執行結果

模擬實作　　　　　　　　　　　　　　　學生演練

若刪除範例 P8-14 第 7 行指令，修改「內層迴圈」的「邏輯判斷式」可以得到一樣的輸出，請在右邊空白處練習：

8-6-3 「巢狀迴圈」的「雙層跳離」

「中斷」與「續做」卻都只能對「最內層的迴圈」有效。然而，實務上常常需要在「內層迴圈」發生某些特殊狀況的時候，跳離整個「巢狀迴圈」。要完成這樣的工作，可以使用如下的程式設計技巧（控制旗標）來完成。

問 題

請使用者輸入 3 正整數 m、n、k，重複輸出 m 列，每列包含 1、2、…、n，並排除 3 的倍數，
總共印 k 個數字。

    1 2 4 5 7 … n
        ：
    1 2 …   共 k 個

我們可以修改範例 P8-13，加上控制旗標，就能解決這個問題了。程式碼如下：

範例 P8-15

```
1    int main() {
2       int i, j, m, n, k, c=0, flag=1;
3       printf("Enter m n k: ");
4       scanf("%d %d %d", &m, &n, &k);
5       for(i=0;i<m&& flag;i++) {
6          for(j=1;j<=n;j++) {
7             if ( c >= k ) { flag=0; break; }
8             if ( j%3==0 ) continue;
9             c++;
10            printf("%2d ", j);
11         }
12         printf("\n");
13      }
14      return 0;
15   }
```

```
D:\C_Codes\Unit08\P8_15\bin\Debug\P8_15.exe
Enter m n k: 9 17 64
 1  2  4  5  7  8 10 11 13 14 16 17
 1  2  4  5  7  8 10 11 13 14 16 17
 1  2  4  5  7  8 10 11 13 14 16 17
 1  2  4  5  7  8 10 11 13 14 16 17
 1  2  4  5  7  8 10 11 13 14 16 17
 1  2  4  5

Process returned 0 (0x0)    execution time : 23.432 s
Press any key to continue.
```

▶▶ 圖 8-17 執行結果

1. 請使用者輸入 m、n、k 三個正整數 (m > n)，重複將 m 設為 m/k，直到 (m<=n) 為止。列印一共處理了幾遍。

2. 請使用者輸入正整數 m (m<20)，依照下列方法輸出 m 列：

```
     *       . . .      *       *
                        :
                        *       *
                                *       共 m 列
```

3. 請使用者輸入正整數 m (m<20)，依照下列方法輸出 m 列：

```
                        *
                *       *
                :
     *    . . .    *       *       共 m 列
```

4. 請使用者輸入正整數 (奇數) m (m<20)，依照下列方法輸出 m 列：

```
          *
      *   *   *
   *  *   *   *   *
          :                共 m 列
```

5. 請使用者輸入正整數 (奇數) m (m<20)，依照下列方法輸出 2m-1 列：

```
      *
     ***
    *****
      :
  **...**              共 2m-1 個  *
      :
    *****
     ***
      *                共 2m-1 列
```

6. 請使用者輸入正整數 m (m<20)，依照下列方法輸出 m 列：

```
   1
   1   2
   1   2   3
   1   2   3   4
       :                共 m 列
```

7. 請使用者輸入正整數 m (m<20)，依照下列方法輸出 m 列：

```
   1
   2   3
   4   5   6
       :                共 m 列
```

8. 請使用者輸入正整數 m (m<20)，依照下列方法輸出 m 列：

```
1
2  4
3  6  9
4  8  12  16
5  10  15  20  25
        :           共 m 列
```

9. 請使用者輸入正整數 m (m<20)，依照下列方法輸出 m 列：

```
1    2 3 … m           若 m 為 4，輸出為：  1  2  3  4
m    1 2 …                                  4  1  2  3
m-1 1    2 3                                 3  4  1  2
        :        共 m 列                     2  3  4  1
```

10. 請使用者輸入正整數 m (m<20)，依照下列方法輸出 m 列：

```
1 2 3 … m           若 m 為 4，輸出為：  1  2  3  4
2 3 …   1                                2  3  4  1
3       1 2                              3  4  1  2
        :     共 m 列                    4  1  2  3
```

11. 依照下列三行的格式輸出方法輸出 9×9 乘法表：

```
1 x 1 = 1     2 x 1 = 2     3 x 1 = 3
1 x 2 = 2     2 x 2 = 4     3 x 2 = 6
1 x 3 = 2     2 x 3 = 6     3 x 3 = 9
        :
7 x 8 = 56    8 x 8 = 64    9 x 8 = 72
7 x 9 = 63    8 x 9 = 72    9 x 9 = 81
```

12. 以「for 迴圈」製作一個程式，輸入正整數 n，列印如下輸出 n 項：

```
1 -3 5 -7 9-11 ...
```

13. 輸入正整數 n，以如下的 Leibniz 定理計算圓周率，計算 n 項。

$$\frac{\pi}{4} = \frac{1}{1} - \frac{1}{3} + \frac{1}{5} - \frac{1}{7}\dots$$

14. 承上題，以 Leibniz 定理計算圓周率，**直到**增加項次也不會改變你的結果。列印一共處理了幾項。

15. 輸入正整數 n，以如下的 Wallis 乘積計算圓周率，計算 2n 項。

$$\frac{\pi}{2} = \frac{2}{1} \cdot \frac{2}{3} \cdot \frac{4}{3} \cdot \frac{4}{5} \cdot \frac{6}{5} \cdot \frac{6}{7}\dots$$

16. 承上題，以 Wallis 乘積計算圓周率，**直到**增加項次也不會改變你的結果。列印一共處理了幾項。

17. 費氏 (Fibonacci) 數列為： 0, 1, 1, 2, 3, 5, 8, 13, 21, 34,...，若定義 $F_0 = 0$、$F_1 = 1$ 當 n >= 2 時 $F_n = F_{n-1} + F_{n-2}$。製作一個程式，輸入正整數參數 n，輸出 F_n。（試以迴圈的方式完成）。

18. 製作一個程式，輸入 2 正整數 n、m (n < m)，計算 n, m 的最大公因數。提示：**重複**某項工作，**直到**餘數為零。

Chapter 9

函數與變數

本章綱要

　　解決複雜問題的時候，我們不可能將所有的指令都放在主程式之中，一定需要將程式「模組化」，將清楚定義的工作，交由一個「模組」來處理。而 C 語言實現「模組化」的工具就是：「函數」。本章會介紹如何自己定義函數，也會利用函數來介紹 C 語言變數的種類。

◆ 副程式
◆ 函數
◆ 函數的參數傳遞
◆ 遞迴函數
◆ 變數種類

9-1　副程式

前面的單元中有介紹，所謂的「副程式」（subroutine）包含了「函數」（function）與「程序」（procedure）。而 C 語言並沒有明確的支援「程序」的語法，而是用一個替代方式來實作它：用無回傳值的「void 函數」來製作「程序」。

9-1-1　模組化你的程式

「副程式」當然也是指令所組成的區塊，我們可以稱之為：「模組」（module）。在我們使用系統提供的函數時，如 printf()、pow()、rand() 等等，這些「模組」都有非常清楚、明確的工作事項，不會讓使用者「不知道該怎麼用」，「叫用了不知道會影響什麼」或是說「叫用了不知道會做什麼工作」。

當我們在製作「副程式」解決問題的時候，也應該學著讓自己製作的「副程式」清楚、明確的處理某項特定的工作，而不要包裹許多不相干的工作在一個「副程式」中，這在「軟體工程」中稱為「內聚力」(cohesion)。或是說「副程式」應該只單純的處理一個問題，如果可以拆分成兩個工作，原則上就應該拆分成兩個「副程式」。但是，如果這兩個工作，絕對會一起執行，那就沒有拆分的必要了。另外，從程式「可讀性」來看，我們也不建議製作過大或是過小的「副程式」。一般而言，「副程式」的大小約在 50 行以內的話，「可讀性」與「可維護性」都會比較高。

另外，我們也學過 srand() 與 rand() 函數的使用。這兩個函數其實會互相影響，叫用 srand()會直接影響 rand() 函數的結果，「模組」之間相互影響的程度，在「軟體工程」中稱為「耦合力」(coupling)。當我們在學習如何製作「副程式」的時候也要小心，儘量避免「模組」之間相互影響。

也就是說，應該以：學習製作具有「高內聚」，「低耦合」的程式為目標。這樣的程式「可讀性」與「可維護性」才會比較高。

9-1-2　呼叫與被呼叫模組

叫用「函數」的模組，除了可以是「主程式」（程式的進入點函數），當然也可以是一個「副程式」。「叫用」與「被叫用」之間，就會形成程式上一個「執行流」(execution flow) 或「控制流」(control flow) 的轉移。

「呼叫模組」(calling module) 叫用函數，「執行流」就會移轉到「被呼叫模組」(called module) 去。移轉的過程，可以將所需要的「參數值」一併交給「被呼叫模組」。「被呼叫模組」執行完成，就可以使用之前介紹的 return 指令，將「執行流」交還給「呼叫模組」。而執行結果，可以一併回傳回去。當然之前介紹的「程序」是沒有回傳值的「副程式」，return 指令純粹只是將程式執行控制權交還給「呼叫模組」而已。

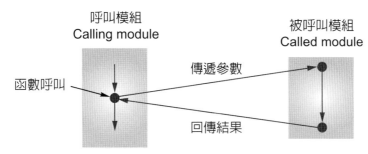

▶▶ 圖 9-1　呼叫與被呼叫模組示意圖

之前有學到，在一個「程序」之中，可以包含許多的 return 指令。更精準的說法是：「副程式」中可以有許多的回傳點。只要「副程式」完成了工作，或是無法繼續工作的時候，都應該將程式執行控制權交還給「呼叫模組」。

9-2　函數

事實上，「函數」就是有回傳值的「模組」。當我們使用 Code::Blocks 建立新專案的時候，「主程式」的最後一行指令，都是 return 0。將主程式這個「模組」回傳 0 給它的「呼叫模組」。「主程式」就是一個比較特別的「函數」，它的「呼叫模組」是「作業系統」。

這個小節會仔細介紹關於「函數」的三個主題：「定義函數」、「函數叫用」、與「函數原型」。

9-2-1　定義函數

「函數定義」(function definition) 的格式如下：

```
return-type function_name (parameter-list)
{
    // 函數程式區塊
}
```

- 回傳值型別 (*return-type*)：定義回傳值的型別。例如「主程式」的 int，當然也可以是自己定義的型別（在後面的單元會介紹到）。

- 函數名稱 (**function_name**)：函數名稱也是識別字 (identifier)，必須遵守識別字命名規則。

- 參數串列 (**parameter-list**)：接收到的參數，會儲存在這裡標明的參數串列之中。

下面的程式片段定義了一個 2 個參數的函數：Max，回傳一個整數：

```
int Max(int a, int b){
    if ( a >= b ) return a;
    return b;
}
```

上面的程式碼，當然可以用下面的精簡定義取代，若是讀者看得不習慣，不應該硬要使用如下的方式製作程式，因為不論是「效能」或是「可讀性」，這樣寫都沒有顯著的助益：

```
int Max(int a, int b){
  return ( a >= b ) ? a : b;
}
```

9-2-2　函數叫用

一般來說，「函數呼叫」(function invocation) 與叫用「程序」沒有什麼差別，格式如下：

function_name (parameter-value-list);

只是「函數」有回傳值，我們通常也會把這個值儲存起來使用。例如若要用 pow() 來計算 2^3 的話，計算的結果當然會需要被記錄著。假設有定義如上的 Max 函數，那它可以用如下的方式來使用：

```
int a, b=9;
a = Max(12, b);
```

9-2-3　函數原型

讀者可能會問，不論是之前的「程序」，或是剛剛定義、使用的「函數」。都可以正常運作，為什麼還需要第三個元件？如果我們的程式只有一個檔案，並且「函數呼叫」永遠出現在「函數定義」的後面，那麼真的是沒有什麼問題。但是，當專案越做越大、多人分工的時候，就不大可能這樣寫程式。就需要使用「函數原型」(function prototype)。

「函數原型」存在的目的在告訴「編譯器」如何來編譯一個「函數呼叫」。只要某個「函數呼叫」跟「函數原型」宣稱的參數串列（個數，型別）一致，就算是一個「正確」的呼叫，「編譯器」就能產生相關的「目的碼」。如果「函數原型」宣稱需要兩個整數參數（如上面範例），「函數呼叫」的時候，卻只提供一個參數，那麼「編譯器」就會提出「編譯錯誤」的訊息，也就無法生成「目的碼」了。

定義「函數原型」的格式如下：

```
return-type function_name (parameter-list);
```

也就是說，將「函數定義」中的「函數程式區塊」移除就可以了。前面自己定義的 Max() 函數，就可以寫成如下的原型 (**請注意最後需要分號**)：

```
int Max ( int a, int b);
```

標頭檔中定義許多資訊，其中之一就是「函數原型」。因此，標頭檔的載入，一般都出現在程式的最前面。自定函數的「函數原型」通常會放在程式的最前面，標頭檔載入的後面。

一旦有提供了「函數原型」，那麼就算「函數呼叫」可以出現在「函數定義」的前面，也不會有「編譯錯誤」。範例 P9-1 顯示了 Max() 函數的「函數定義」，「函數叫用」，與「函數原型」：

範例 ──┐∿─• P9-1

```
1    #include <stdio.h>
2    #include <stdlib.h>
3    int Max(int a, int b);
4    int main() {
5        printf("Max(%d,%d)=%d",1,2,Max(1,2));
6        return 0;
7    }
8    int Max(int a, int b) {
9        if ( a >= b ) return a;
10       return b;
11   }
```

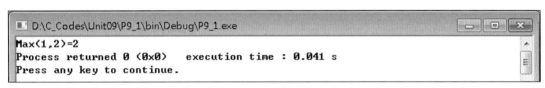

▶▶ 圖 9-2　執行結果

因為「函數原型」存在的目的，純粹是給「編譯器」使用。所以「原型」中的參數，到底是叫做什麼名字，其實一點都不重要。「編譯器」只會檢查「個數」與「型別」對不對而已。因此，就算不寫參數名稱，也是合法的「函數原型」。例如：Max() 函數，也可以用如下的方式，定義原型：

```
int Max ( int, int );
```

請注意，在範例 P9-1 第 8 行的「函數定義」中，兩個連續的整數，不能連續宣告：int Max(int a, b)。第二個變數 b，也必須明確的寫出型別。

9-3　函數的參數傳遞

當「函數叫用」發生的時候，程式「執行流」會轉移到「函數」去。而在轉移的過程中，參數會被一同傳遞過去。在「呼叫模組」中的參數，稱為「實際參數」（actual parameter）。例如：範例 P9-1 第 5 行 Max(1,2) 中的 1、2 都是「實際參數」。在「被呼叫模組」中的參數，稱為「形式參數」（formal parameter）。範例 P9-1 第 8 行 int Max(int a, int b)，a、b 都是「形式參數」。

「函數叫用」時將「實際參數」傳給「形式參數」就稱為「參數傳遞」(parameter passing)，而 C 語言「參數傳遞」的方式有兩種：傳值呼叫、傳址呼叫。

9-3-1　傳值呼叫

　　「傳值呼叫」（call by value）就是將「實際參數」複製一份給「形式參數」。因爲「形式參數」只能在該「函數」中使用，所以名字就算與「主程式」中的變數名稱相同，也不會混淆。可以想成是兩個獨立的變數（或是值），互不相關，「傳值呼叫」僅僅是複製 " 值 " 給「形式參數」。因此，「實際參數」是完全不會受影響的。

　　以範例 P9-2 爲例，在主程式中列印 a、b 的值，依然是 10、20。與「函數」中所改變、列印的 a、b，根本沒有關係。它們是兩組相互獨立、無關的變數：

範例 ⎺⋏⎽• P9-2

```
1    int foo(int a, int b) {
2        a = a + b;
3        printf("a=%d:b=%d\n",a ,b);
4        return a;
5    }
6    int main() {
7        int a=10, b=20;
8        foo(a, b);
9        printf("a=%d,b=%d\n",a ,b);
10       return 0;
11   }
```

```
D:\C_Codes\Unit09\P9_2\bin\Debug\P9_2.exe
a=30:b=20
a=10,b=20

Process returned 0 (0x0)    execution time : 0.025 s
Press any key to continue.
```

▶▶| 圖 9-3　執行結果

9-3-2　傳址呼叫

　　如果不希望「函數程式區塊」改變「主程式」中「實際參數」的值，那「傳值呼叫」就是很恰當的方式。如果希望「函數」幫我們算出一個結果，例如 pow() 函數，或是找出參數的最大值，例如 Max() 函數，那我們可以用「回傳值」來將這個結果回傳。然而，如果我們的問題需要回傳兩個值，或者，就是希望能夠改變「呼叫模組」中的「實際參數」時，「傳值呼叫」就沒有辦法勝任了。一個非常簡單的例子是：交換兩個變數的值。如果是「傳值呼叫」，那「實際參數」的內容就根本不會改變。

　　「傳址呼叫」（call by address），顧名思義，就是將變數的「記憶體位址」傳給「形式參數」。因爲不論是「呼叫模組」或是「被呼叫模組」，都是使用相同的「記憶體位址」，所以當然就會共用同一塊「記憶體空間」。因此，在「被呼叫模組」中，也就能夠更動「呼叫模組」中「實際參數」的內容了。要完成「傳址呼叫」需要使用兩個很特殊的「單元運算子」：位址運算子，指標運算子。

- 位址運算子 (address operator), & :

    我們可以用它來取得變數的起始「記憶體位址」。例如，若有宣告 int a 的話，那麼 &a 就會取得 a 的「記憶體位址」。

- 指標運算子 (indirection operator), * :

    那一個「記憶體位址」要怎麼儲存起來，又該如何運用呢？答案是：使用「指標變數」（細節在後面的單元介紹）。「指標變數」是能記錄記憶體位址的一種變數，不論是宣告，或是使用，都要搭配「指標運算子」。「位址運算子」、「指標運算子」與「指標變數」的整合範例如下：

範例 ⊸⊸• P9-3

```
1    int main() {
2        int a=1, b=2;
3        int *p=&a;
4        printf("a=%d,b=%d,*p=%d\n",a,b,*p);
5        (*p)--;
6        p=&b;
7        (*p)++;
8        printf("a=%d,b=%d,*p=%d\n",a,b,*p);
9        return 0;
10   }
```

```
■ D:\C_Codes\Unit09\P9_3\bin\Debug\P9_3.exe                    ─ ▢ ✕
a=1,b=2,*p=1
a=0,b=3,*p=3

Process returned 0 (0x0)    execution time : 0.026 s
Press any key to continue.
```

▶▶ 圖 9-4　執行結果

範例 P9-3 中的 int *p，就是「指標變數」的宣告，它的初始值被設成變數 a 的位址。利用「指標運算子」，*p 會指向變數 a，所以第 5 行的 (*p)-- 也就會將 a 的內容減 1。程式在第 6 行將 p 的內容設成變數 b 的位址，所以現在做 (*p)++ 也就會將 b 的內容加 1。

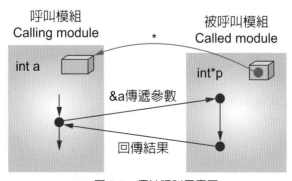

▶▶ 圖 9-5　傳址呼叫示意圖

讀者應該對「位址運算子」、「指標運算子」與「指標變數」有了基本的認識，那麼我們就能將它運用在「形式參數」之上。如圖 9-5 所示，如果我們將變數的位址當作「實際參數」，那麼函數的「形式參數」，也就是「指標變數」，就能利用「指標運算子」，直接使用到其他區塊中的「記憶體空間」。

　　將變數的位址當作「實際參數」做函數呼叫，就稱為「傳址呼叫」。當然，「形式參數」也一定要是「指標變數」才能接住這些位址。範例 P9-4 中，函數 foo() 定義了兩個「指標變數」，a、b。然後在「主程式」中的第 7、9 行，分別做了兩次的函數呼叫。請注意，「實際參數」並不相同。

範例 ┤\/\•P9-4

```
1     void foo(int *a, int *b) {
2        *a = *b + 1;
3        *b = *a + 2;
4     }
5     int main() {
6        int a=1, b=2;
7        foo(&a, &b);
8        printf("a=%d, b=%d\n",a,b);
9        foo(&b, &a);
10       printf("a=%d, b=%d\n",a,b);
11       return 0;
12    }
```

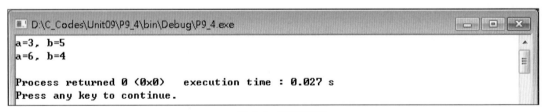

▶▶ 圖 9-6　執行結果

　　在第 7 行呼叫時，傳的是 &a、&b。所以函數中 *a 會指向「主程式」的變數 a(值為 1)，*b 會指向「主程式」的變數 b(值為 2)。所以，第 2 行的指令，會將「主程式」的 a 設為 3=2+1，第 3 行的指令，會將「主程式」的 b 設為 5=3+2，如圖 9-6 的輸出。

　　而第 9 行呼叫時，傳的是 &b, &a。所以函數中 *a 會指向「主程式」的變數 b(值為 5)，*b 會指向「主程式」的變數 a(值為 3)。所以，第 2 行的指令，會將「主程式」的 b 設為 4=3+1，第 3 行的指令，會將「主程式」的 a 設為 6=4+2，如圖 9-6 的輸出。

9-4　遞迴函數

在使用「副程式」的過程中，「被呼叫模組」當然也可以呼叫其他的「模組」，如圖 9-7 所示。事實上範例 P9-2，就做了兩層的呼叫，主程式呼叫 foo()，而 foo() 再呼叫了 printf() 函數。

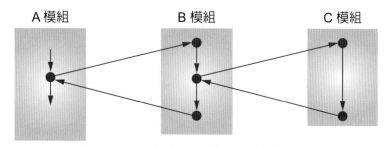

▶▶ 圖 9-7　A 函數叫用 B 函數，B 函數叫用 C 函數

而在這個一層一層「呼叫」過程中，如果只有一個「模組」參與，或是說「函數」呼叫的就是它自己。這種函數就稱為「遞迴函數」(recursive function)。

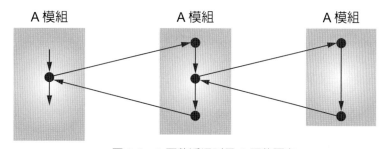

▶▶ 圖 9-8　A 函數遞迴叫用 A 函數兩次

在解決問題的時候，「遞迴函數」是一個非常有用的工具。甚至有學者宣稱，「遞迴」是人們最直觀的問題處理方式。因此，就算「遞迴函數」在速度上可能比「迴圈」處理慢了一些，在解決那些「速度不是絕對關鍵因素」問題的時候，常常都會運用「遞迴函數」的技巧。

9-4-1　無窮遞迴

如果有「遞迴函數」如下，那麼一旦呼叫了函數 foo()，就會不斷的列印 Hello.，再也不會停止，這種狀況稱為：「無窮遞迴」(infinite recursion)。它有一點類似「無窮迴圈」，都是程式製作上應該要避免的錯誤。

```
void foo() {
    printf("Hello.\n");
    foo();
}
```

　　而上面說明「遞迴函數」的圖 9-8 中，我們可以清楚發現一個非常重要的關鍵，那就是經過 2 次的「遞迴函數呼叫」，「A 模組」就不再繼續呼叫自己了，終止繼續「遞迴」下去。因此，當我們嘗試著去用「遞迴函數」來解決問題的時候，首先要決定的就是「遞迴終止條件」。先確定「終止條件」才能避免發生「無窮遞迴」。

9-4-2　定義遞迴函數

　　確定了「終止條件」，不會發生「無窮遞迴」之後，就可以來定義完整的「遞迴函數」。「遞迴函數」類似迴圈，一般來說，我們都必須使用變數，檢查變數的某些「條件」，來決定工作是否要繼續。因此，很少「遞迴函數」是沒有參數的。以單純的「連加」為例，重複的工作是「加」，「遞迴函數」就可以定義成：

$$sum(n) = \sum_1^n i \quad 或$$

$$sum(n) = \begin{cases} n+sum(n-1) & n>1 \\ 1 & n=1 \end{cases}$$

　　很明顯的，當 n 為 1 時，就不需要再做「遞迴呼叫」。而這個 n=1 的「條件」，當然就是「終止條件」。

模擬實作	學生演練
若重複的工作是「連乘」該如何製作「遞迴函數」fac(n)，請在右邊空白處練習：	

　　很明顯的，當 n 為 1 時，就不需要再做「遞迴呼叫」。而這個 n=1 的「條件」，當然就是「終止條件」。

範例 P9-5

```
1    int sum(int n) {
2        if ( n== 1 ) return 1;
3        return n + sum(n-1);
4    }
```

```
5    int main() {
6        printf("1+2+...+%d=%d\n",5,sum(5));
7        printf("1+2+...+%d=%d\n",9,sum(9));
8        return 0;
9    }
```

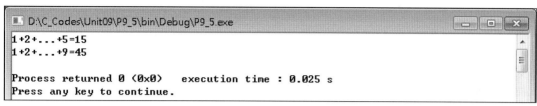

D:\C_Codes\Unit09\P9_5\bin\Debug\P9_5.exe
```
1+2+...+5=15
1+2+...+9=45

Process returned 0 (0x0)    execution time : 0.025 s
Press any key to continue.
```

▶▶ 圖 9-9 　執行結果

　　範例 P9-5 顯示「遞迴函數」製作「連加」的方式。而程式第 2 行先檢查「終止條件」，若是滿足，直接 return 1。不然就執行 return n + sum(n-1)，而這個指令當然會先去「遞迴呼叫」sum(n-1)。

　　讀者應該注意的是，當我們在解決如上算數問題的時候，應該要用 sum(n)=n(n+1)/2 的公式來處理連加。而不是用速度較慢的「遞迴函數」來處理。此處純粹是以連加這個簡單的問題，來介紹 C 語言的「遞迴函數」。

問　題

製作一個程式，輸入 2 正整數 n、m (n<m)，以遞迴方式計算出 n、m 的最大公因數。

　　這個問題可以用簡單的「輾轉相除法」來計算出最大公因數。因此，：

$$gcd(n,m) = \begin{cases} gcd(m, \ n\%m) & m \neq 0 \\ n & n = 0 \end{cases}$$

　　有了「遞迴函數」的定義，就能以範例 P9-6 的方式實作。

範例 P9-6

```
1    int gcd(int n, int m) {
2        if ( m==0 ) return n;
3        return gcd(m, n%m);
4    }
5    int main() {
6        printf("gcd(%d,%d)=%d\n",420,24,gcd(420,24));
7        printf("gcd(%d,%d)=%d\n",321,12,gcd(321,12));
8        return 0;
9    }
```

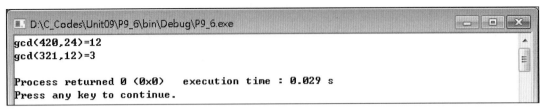

▶▶ 圖 9-10　執行結果

9-5　變數種類

這個單元的最後，我們來進一步的介紹一下變數。變數除了有名稱宣告的規定以外，還要注意兩個重要的觀念：「範圍」(scope) 與「生滅」(lifetime)。

9-5-1　「變數範圍」(scope)

「變數範圍」指的是：在什麼範圍、區塊裡面，可以看到、用到某個變數。以目前我們所學到的「函數」，在「主程式」與「函數」中，可以有相同型別、名稱的變數。原因就是，這兩個區塊是相互獨立、看不到的。特定變數的「範圍」，只在自己宣告的「區塊」中有效。

9-5-2　「變數生滅」(lifetime)

「變數生滅」指的是：變數什麼時候會生成，也就是做「記憶體配置」，什麼時候這些配置給變數的「記憶體」會回收。一般來說，在「區塊」裡面宣告變數的當下，才會做「記憶體配置」，而到「區塊」結束的時候，「記憶體」就會回收。要注意的是，「區塊」可以巢狀出現，「區塊」之中可以還有「區塊」，如下所示：

```
{ // A 區塊
  { // B 區塊
    { // C 區塊
    } // C 區塊結束
  } // B 區塊結束
  { // D 區塊
  } // D 區塊結束
} // A 區塊結束
```

9-5-3　區域變數 (local variable)

前面的單元中，所描述的變數，都是所謂的「區域變數」（或是 auto 類變數）。「區域變數」的「範圍」只在定義的「函數」中。定義的時候生成，離開區塊的時候回收。

```
{ // A 區塊
  int a=5, b=6;
  { // B 區塊
    int a=7;
  } // B 區塊結束
  { // C 區塊
    int a=8;
  } // C 區塊結束
} // A 區塊結束
```

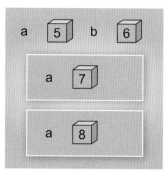

▶▶ 圖 9-11　B 區塊、C 區塊中也可以定義變數 a

所以上面的「B 區塊」宣告了 int a，並將初始值設成 7。在「B 區塊」中，使用的 a，當然是指最近，最裡面的這個 a；若要在「B 區塊」中，使用 b，因為「B 區塊」中沒有定義 b，所以會用外面，最近的 b，也就是「A 區塊」中定義的 b。因為「函數」本身是一個「程式區塊」，因此「形式參數」當然也是「區域變數」，遵守「區域變數」的「範圍」與「生滅」規則。

9-5-4　全域變數 (global variable)

相對於「區域變數」，如果我們需要一些變數可以讓所有的區塊，函數都能用到，那麼就要使用「全域變數」。「全域變數」是指定義在函數（主程式）之外的變數。範例如下：

```
int a=5;      // 全域變數可以定義在這裡
int main() {
    :
  return 0;
}
int b=5;      // 全域變數也可以定義在這裡
```

「全域變數」的「範圍」並不如字面上這麼寬廣。事實上，「全域變數」的使用範圍是從宣告的地方開始，一直到 C 程式檔案的結束。如果有第二個 C 程式檔案，基本上還是不能使用其他 C 程式檔案中的「全域變數」。所以上面的程式範例，在主程式 main() 中使用「全域變數」a 是合法的，但是要使用「全域變數」b 就不行了。定義在「全域變數」b 後面的函數，可以使用「全域變數」a，也可以使用 b。

「全域變數」的「生滅」與程式本身相同。當程式開始執行的時候，「全域變數」的配置就完成了，程式結束執行的時候，記憶體才會回收。

9-5-5　外部變數 (external variable)

當我們要解決的問題越來越大的時候，就會需要拆分函數到適當的 C 程式檔案中。那麼我們就會需要能夠跨越 C 程式檔案的「全域變數」。如圖 9-12 中檔案 f2.c 中，能存取在 f1.c 中定義的「全域變數」：

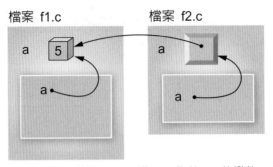

檔案 f1.c　　　　　檔案 f2.c

▶▶ 圖 9-12　使用 extern 從 f2.c 參考 f1.c 的變數 a

要達到以上圖示的效果，就要使用「外部變數」宣告，將檔案 f2.c 中的 a，用如下的方式宣告成「外部變數」。

```
/* f1.c */        /* f2.c */
int a=5;          extern int a;
int main() {      void foo() {
      :               a++;
   return 0;      }
}
```

可以在檔案 f2.c 中，以「外部變數」(extern) 來宣告 a，那麼在函數 foo() 中的 a++，就會修改到在檔案 f1.c 中宣告，初始值是 5 的「全域變數」a。

如果我們有第三個檔案 f3.c，那在 f3.c 中，當然不能在宣告另一個 int a，因為 f2.c 中的「外部變數」就不知道要連結哪一個 a 了。但是 C 語言當然允許，在 f3.c 中以「外部變數」來宣告 a，讓三個檔案都共用 f1.c 中宣告，初始值是 5 的「全域變數」a。

讀者應該儘量避免使用「全域變數」、「外部變數」，因為幾乎所有函數都能修改它們，製作程式的時候，如果一不小心誤以為某「全域變數」是「區域變數」，就拿來使用，那麼一定會出錯，而且很不容易除錯。

9-5-6　靜態變數 (static variable)

本單元最後一個介紹的是「靜態變數」。它的「變數範圍」與一般的「區域變數」一樣。也就是說，定義在哪個區塊中，就只有那個區塊看得到。「靜態變數」的配置時機卻是與「全域變數」相同。而且當我們再一次使用它的時候，之前的值還是會保留住。「靜態變數」的宣告方式如下：

```
int foo(int n) {
   static int c=1000;  // 靜態變數設初值
      :
   return 1;
}
```

「靜態變數」的宣告需要加上保留字 static；初始值的設定方式與「全域變數」相同。所以上面的程式碼，就會宣告一個初始值是 1000 的「靜態變數」c。

讀者可能會好奇，為什麼需要靜態變數？為什麼不能以「全域變數」或是「形式參數」的傳遞來處理？如前面所說的，「全域變數」在使用上要非常小心，能不用它就儘量不要用它。用「區域變數」傳參數的話，恐怕有時候會需要傳遞很多層的函數。程式碼會變得很繁瑣，「可讀性」會變得非常低。我們可以用下面的問題，來說明「靜態變數」可以解決的問題。

問 題

假設我們有一台機器，每使用 1000 次之後，就要保養，使用 5000 次要停機維修。製作函數 use()，若需要保養、維修，則輸出訊息並終止使用，若不需要保養、維修就使用該機器。

當我們使用，use()，該機器之前，要先確定不需要維修，不需要保養，才能使用它。若使用之後，就必須將使用次數加 1。這個使用次數，當然可以用「全域變數」或是「形式參數」的傳遞來完成。但是最直接、簡潔的方式，當然是宣告成 use() 函數中的「靜態變數」。

```c
int use() {
    static int c = 0;
    if (c==5000) {
        printf(" 請停機進行維修…\n");
        c=0; return 2;
    } else if (c==1000) {
        printf(" 請停機進行保養…\n");
        c=0; return 1;
    }
    c++;
    printf(" 使用機器…\n");
    return 0;
}
```

若使用次數達到了需要保養、維修的情況時，程式碼就列印出警告訊息，然後重設計數器變數 c。回傳不同的代碼：1 表示需要保養，2 表示需要維修。保養、維修完成之後，重新開機，再次呼叫 use() 函數，這時候的計數器變數 c 就是 0 了，就能正確地繼續下去了。

本單元最後再一次的把 C 語言的 35 個保留字表列出來，目前已經介紹過的一共有 25 個 (粗體字)。

❖ 表 9-1　C 語言保留字

auto	else	long	struct
break	enum	long long	switch
case	extern	register	typedef
char	float	restrict	union
const	for	return	unsigned
continue	goto	short	void
default	if	signed	volatile
do	inline	sizeof	while
double	int	static	

1. 請使用者輸入 n，以遞迴的方式計算 n!。

2. 修改你的選單程式，將單純列印選單的函數，修改成列印選單並讀入選項，回傳選擇結果給主程式。

3. 國軍定義的危險係數公式如下，依照危險係數來判斷是否能外出操課。

   危險係數 = 室外溫度 (℃)+ 室外相對溼度 (%)*0.1

38<= 危險係數	輸出：禁止
35<= 危險係數 <38	輸出：警戒
30<= 危險係數 <35	輸出：注意
危險係數 <30	輸出：安全

   製作一個**函數**，輸入室外溫度，室外相對溼度，計算危險係數，並依照上面規則輸出是否能出操。

4. 請使用者輸入 n，製作**函數**以 Leibniz 定理計算圓周率，計算 n 項，回傳計算結果，並輸出結果。

5. 請使用者輸入 n，製作**函數**以 Wallis 乘積計算圓周率，計算 n 項，回傳計算結果，並輸出結果。

6. 費氏 (Fibonacci) 數列為： 0, 1, 1, 2, 3, 5, 8, 13, 21, 34,...，若定義 $F_0 = 0$, $F_1 = 1$ 當 n >= 2 時 $F_n = F_{n-1} + F_{n-2}$。製作一個**費氏數列函數**，輸入正整數參數 n，輸出 F_n。（試以**遞迴**的方式完成）。

7. 阿克曼 (Ackermann) 函數定義如下：

   $A(m, n) = $ $n+ 1$,   if m = 0

   $A(m-1, 1)$,   if m>0 and n=0

   $A(m-1, A(m,n-1))$, if m>0 and n>0

   試以遞迴的方式完成產生阿克曼 A(m,n) 的函數

學習心得

Chapter 10

問題討論一ㅣ

本章綱要

　　學習了前面 9 個單元之後，我們已經可以順利地解決許多基本計算問題。本單元詳細介紹 4 個 UVa 程式設計問題。題目經過簡化，避免繁瑣的背景介紹，原始的英文題目，讀者可以到 UVa 官方網站中取得。

◆ UVa 10055
◆ UVa 10812
◆ UVa 11461
◆ UVa 11942

案例

　　UVa 10055：勇敢的 Hashmat 將軍，帶領他的士兵四處征戰。每次開戰之前，Hashmat 將軍都會計算一下敵人的士兵人數與他的士兵人數，到底相差多少，以便決定是否開打。Hashmat 將軍士兵人數永遠比敵人少。

　　輸入：每行包含兩個數字，分別代表 Hashmat 將軍的士兵人數與敵人的士兵人數。士兵人數不會大於 2^{32}。輸入遇到 EOF 的時候終止。

　　輸出：對於每行的輸入，列印 Hashmat 將軍的士兵人數與敵人士兵人數的差。

輸入範例：　　　　　　　　　　輸出範例：

```
10 12                         2
10 14                         4
100 200                       100
```

　　處理這個問題有兩個關鍵：(1) 如何將案例讀入 (2) 如何處理案例。比較理想的方式當然在「主程式」中讀入案例，然後用函數來處理案例。程式框架如範例 P10-1：

範例 P10-1

```
1    void process_case(long long d1,long long d2){
2       printf("Process (%lld,%lld)\n", d1, d2);
3    }
4    int main() {
5       long long d1, d2;
6       while(scanf("%lld %lld",&d1,&d2)!=EOF) {
7          process_case(d1, d2);
8       }
9       return 0;
10   }
```

　　第 6~8 行的迴圈可以將案例中的兩個資料項讀入變數 d1、d2 中，直到沒有資料為止。我們可以在編譯成功、可執行檔所在的目錄裡面，使用「筆記本」建立一個 input.txt 檔案，其中包含測試案例。

　　為了避免「溢位」，變數 d1、d2 的型別我們選擇使用 long long。那麼上面的程式框架，就能順利的將資料讀入，傳送進去函數 process_case() 中去處理。執行結果如下：

```
d:\C_Codes\Unit10\P10_1\bin\Debug> type input.txt
10 12
10 14
100 200

d:\C_Codes\Unit10\P10_1\bin\Debug> P10_1.exe < input.txt
Process (10,12)
Process (10,14)
Process (100,200)

d:\C_Codes\Unit10\P10_1\bin\Debug>_
```

▶▶ 圖 10-1　執行結果

　　請注意，我們使用 Code::Blocks 完成 Build 之後，使用的是微軟「命令提示字元」(command line interface) 來執行程式，而不是直接使用 Code::Blocks。這個工具可以從微軟的「搜尋」→ 輸入 cmd <Enter> 來啟動。變更目錄到該專案的可執行檔位置，也就是讀者建立測試案例檔案（input.txt）的所在目錄。使用圖 10-1 的方式執行程式。

　　因為題目只需要計算 Hashmat 將軍的士兵人數與敵人的士兵人數之間的差異。那麼使用一個簡單的「?: 三元運算子」來處理就可以了，程式碼如下：

```
void process_case(long long d1,long long d2){
  printf("%lld\n", (d1 > d2) ? d1-d2 : d2-d1);
}
```

　　本題要小心的陷阱只有一個，就是「士兵人數上限」。若「士兵人數不會大於 2^{32}」，那表示士兵人數是有可能「等於」2^{32} 的。如果資料型別是 unsinged int，它的資料表示範圍是：$0\sim2^{32}-1$。並沒有辦法處理邊界的極限值。因此使用 long long 來處理這個問題。

案例

　　UVa 10812：美式足球超級盃開打了。觀眾為了打發中場休息時間，開始在場邊下注。下注的「標的」是猜兩隊最後分數的和，與兩隊分數差的絕對值。如果給你賭贏的「標的」數字，你能算出兩隊最後分數分別是多少嗎？

　　輸入：第 1 行包含測試案例的個數 n。接下來 n 行中，每行包含兩個非負整數 s, d。它們分別代表分數的和，與兩隊分數差的絕對值。

　　輸出：對於每個測試案例，列印兩隊分數，高分的在前面。如果算不出來，則輸出 impossible。

輸入範例：
```
2
40 20
20 40
```

輸出範例：
```
30 10
impossible
```

　　首先來看看案例處理的框架。因為第一個數字代表測試案例的個數，因此可以先讀入它，然後再重複做 n 次的讀入與處理。程式框架如範例 P10-2：

範例 ⌇⌇ P10-2

```c
1    void process_case(int s,int d){
2       printf("Process (%d,%d)\n",s,d);
3    }
4    int main() {
5       int n, s, d;
6       scanf("%d", &n);
7       while(n--){
8          scanf("%d %d",&s,&d);
9          process_case(s, d);
10      }
11      return 0;
12   }
```

範例 P10-2 的第 6、7 行，可以讓我們正確的讀入 n 個測試案例，然後一樣交給函數 process_case() 去處理。類似範例 P10-1 的執行，在使用「筆記本」建立一個測試案例檔案 input.txt 之後，使用「命令提示字元」測試範例 P10-2。

```
系統管理員: C:\Windows\system32\cmd.exe
d:\C_Codes\Unit10\P10_2\bin\Debug> type input.txt
2
40 20
20 40
d:\C_Codes\Unit10\P10_2\bin\Debug> P10_2.exe < input.txt
Process (40,20)
Process (20,40)
```

▶▶ 圖 10-2　執行結果

有了處理框架程式之後，接下來只要修正 process_case() 函數解決個別案例就可以了。

以案例 40 20 來分析，令勝方得分為 s_1，輸方得分為 s_2 依照題意，可得如下方程，將聯立方程式解出來即可：

$$s_1 + s_2 = 40 \qquad (\text{I})$$
$$s_1 - s_2 = 20 \qquad (\text{II})$$

$(\text{I})+(\text{II}) \rightarrow 2s_1=60 \rightarrow s_1=30$

$(\text{I})-(\text{II}) \rightarrow 2s_2=20 \rightarrow s_2=10$

仔細分析過程，我們可以得到下面幾個前提：

(a) 兩正整數的和，一定會比差來得大

(b) (I)+(II)，一定是偶數

(c) (I)-(II)，也一定是偶數

那麼就可以用如下的 process_case() 函數來完成：

```
void process_case(int s,int d){
   int buf1 = s+d, buf2 = s-d;
   if ((d>s) || buf1%2 || buf2%2 )
      printf("impossible");
   else
      printf("%d %d\n", buf1/2, buf2/2);
}
```

我們在 process_case() 中宣告 2 個變數 buf1、buf2，初始值分別設成 s+d、s-d。然後檢查條件 (a)、(b)、(c) 是否發生，若是，輸出 impossible，不然就輸出兩隊的分數。執行結果如下：

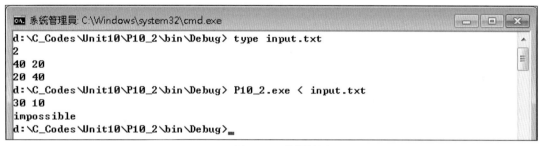

▶▶ 圖 10-3　執行結果

案例

　　UVa 11461：所謂的「平方數」(或「完全平方數」) 指的是那些「平方根」為整數的數字。例如 1、4、81 都是「平方數」。若給你兩個數字 a、b，你的工作是找出 a、b 之間 (包含 a、b) 有多少個「平方數」。

　　輸入：輸入最多 201 行。每行包含 1 對 a、b (0 < a ≤ b ≤ 100000)。當輸入為兩個 0 的時候終止測試案例，也就是說最多也只有 200 個測試案例。

　　輸出：對於每行的測試案例，列印 a、b 之間有多少個「平方數」(包含 a、b)

輸入範例：　　　　　　　　輸出範例：

1 4　　　　　　　　　　　2

1 10　　　　　　　　　　3

　　在這個問題中，我們看到了另一種輸入測試案例的方式。**重複**處理測試案例，**直到**輸入 0 0(特殊狀況)。它可以理解成 repeat…until 的結構，並用如下的程式框架來處理：

範例 P10-3

```
1    void process_case(int d1,int d2){
2       printf("Process (%d,%d)\n",d1,d2);
3    }
4    int main() {
```

```
5       int d1, d2;
6       scanf("%d %d",&d1,&d2);
7       do {
8         process_case(d1, d2);
9         scanf("%d %d",&d1,&d2);
10      } while ( !((d1==0)&&(d2==0)) );
11      return 0;
12    }
```

範例 P10-3 的第 6 行，讀入第一個測試案例，並交給函數 process_case() 去處理。然後在第 9 行讀入下一個測試案例**直到**輸入是 0 0 時就停止處理，執行結果如下：

```
系統管理員: C:\Windows\system32\cmd.exe
d:\C_Codes\Unit10\P10_3\bin\Debug> type input.txt
1 4
1 10
0 0
d:\C_Codes\Unit10\P10_3\bin\Debug> P10_3.exe < input.txt
Process (1,4)
Process (1,10)
```

▶▶ 圖 10-4　執行結果

這樣的處理方式有一個風險，就是題目保證輸入至多 201 行，但是並沒有保證一定有測試案例。如果測試輸入直接輸入 0 0 就會發生問題。因此建議讀者還是用「while 迴圈」的方式製作主程式。另外，我們也只需要檢查 a 是否不等於 0 就可以了，只要 a 不是 0 就是一個要處理的測試案例。

```
int main() {
   int d1, d2;
   scanf("%d %d",&d1,&d2);
   while ( d1!=0 ) {
      process_case(d1, d2);
      scanf("%d %d",&d1,&d2);
   };
   return 0;
}
```

製作 process_case() 有許多方法，最單純的方法就是從 a 一直檢查到 b，看看是不是「平方數」，如果是，就把計數器 counter 加 1。最後將計數器列印出來。程式碼如下：

```
void process_case(int d1, int d2){
   int i,counter=0;
   for (i=d1;i<=d2;i++)
   { /* 若 i 是「平方數」 counter++*/ }
   printf("%d\n", counter);
}
```

檢查 i 是否是「平方數」，可以將 i 開根號之後捨去小數部分 (取高斯符號)，將它與「平方根」做比較，如果一樣，表示 sqrt() 之後沒有小數部分，那 i 當然就是「平方數」，作法說明如下：

```
double j;
j=sqrt(i);     // i 是取高斯符號後的整數部分
if((int)j==j)  // i 是「平方數」
```

　　這樣處理當然可以找出答案，只是會非常繁瑣。例如：如果測試案例是 101 120 的話，逐一檢查，需要檢查 20 個數字 (101~120) 是不是「平方數」。而在這個特殊案例中，它們全部都不是，因為它們介於 10^2 與 11^2 之間。因此正確的輸出應該是 0。

　　這樣分析問題之後，就可以輕易地發現到，如果我們將上、下界分別開根號來處理，就會清楚、簡單許多。以上面的案例 101 120 來說，開根號之後約是 10.04 與 10.95。或是說，120 之前有 10 個「平方數」，101 之前也有 10 個「平方數」。那麼它們之間沒有任何「平方數」，答案應該輸出 0。

　　考慮案例 101 121，開根號之後約是 10.04 與 11。或是說，121 之前 (包含 121) 有 11 個「平方數」，101 之前也有 10 個「平方數」。它們之間當然只有 1 個「平方數」。

　　另外考慮案例 100 120，開根號之後約是 10 與 10.95。或是說，120 之前有 10 個「平方數」，100 之前 (包含 100) 有 10 個「平方數」。它們之間有 1 個「平方數」就是 100。

　　分析這些案例之後，我們可以發現，如果單純捨去開根號之後的小數部分再相減，當左邊界（題目中說的 a）是「平方數」的時候，必須再加 1 才是正確答案。

```
void process_case(int d1, int d2){
    double left=sqrt(d1), right=sqrt(d2);
    int L=left, R=right;
    if (L==left) printf("%d\n",R-L+1);
    else printf("%d\n", R-L);
}
```

　　因為使用了 sqrt() 函數，請記得將 math.h 載入，程式執行結果如圖 10-5：

```
系統管理員: C:\Windows\system32\cmd.exe

d:\C_Codes\Unit10\P10_3\bin\Debug> type input.txt
1 4
1 10
0 0
d:\C_Codes\Unit10\P10_3\bin\Debug> P10_3.exe < input.txt
2
3

d:\C_Codes\Unit10\P10_3\bin\Debug>_
```

▶▶ 圖 10-5　執行結果

UVa 11942：有一個霸道的工頭很喜觀找伐木工人麻煩。每天上工的時候，他都會要求工人們 10 人一列的排好。然後檢查他們鬍子的長度，看看這 10 個人有沒有依照鬍子長度的順序排好隊伍。你的工作就是製作一個程式，幫助這個霸道的工頭來檢查工人們有沒有依照鬍子長度的順序排好。

輸入：第 1 行包含測試案例的個數 N, (0 <N< 20)。接下來 N 行中，每行包含 10 個不一樣，且小於 100 的整數。

輸出：第 1 行輸出 Lumberjacks:，然後依據每行資料是否有排序，分別輸出 Ordered 或是 Unordered。

輸入範例：

```
3
13 25 39 40 55 62 68 77 88 95
88 62 77 20 40 10 99 56 45 36
91 78 61 59 54 49 43 33 26 18
```

輸出範例：

```
Lumberjacks:
Ordered
Unordered
Ordered
```

首先來看看案例處理的框架。因為第一個數字代表測試案例的個數，因此可以比照範例 P10-2 製作框架：

```c
void process_case(){
    /* "Process case\n" */
}
int main() {
    int n;
    scanf("%d", &n);
    printf("Lumberjacks:\n");
    while(n--){
        process_case();
    }
    return 0;
}
```

製作 process_case() 有許多方法，我們可以將每行 10 個數字讀入並記錄起來，然後分別去檢查它們是否有順序。要注意的是，由短到長，或是由長到短都算是有順序。這樣製作程式實在太繁瑣了，我們可以兩兩相比，如果後者比前者長，就將初始值是 0 的一個變數加 1，如果短，就將該變數減 1。如圖 10-6 所示：

▶▶| 圖 10-6　將前後數字兩兩相比

　　如果這 10 個人有依照鬍子長度的依序排好隊伍，那麼最後這個變數一定是 9 或是 -9，其他的數字表示有人沒有依序排隊伍。

範例 ─∿─● P10-4

```
1     void process_case(){
2        int c=0,i, d1, d2;
3        scanf("%d", &d1);
4        for (i=0;i<9;i++) {
5           scanf("%d", &d2);
6           if ( d2>d1 ) c++; else c--;
7           d1=d2;
8        }
9        if ( c==9 || c==-9 ) printf("Ordered\n");
10       else printf("Unordered\n");
11    }
12    int main() {
13       int n;
14       scanf("%d", &n);
15       printf("Lumberjacks:\n");
16       while(n--){
17          process_case();
18       }
19       return 0;
20    }
```

　　範例 P10-4 的第 3 行，讀入第一個數字到變數 d1，然後進入迴圈，讀入下一個數字，並且做比較。依照比較結果，更動變數 c 的內容。要特別注意的是第 7 行程式碼，我們必須將目前的 d2 內容複製給 d1，把 d2 空出來，才能讓迴圈回到第 5 行，讀入下一個資料到 d2 中。最後在第 9、10 行檢查是否為 9 或 -9，依照判斷，輸出結果。測試輸出如圖 10-7：

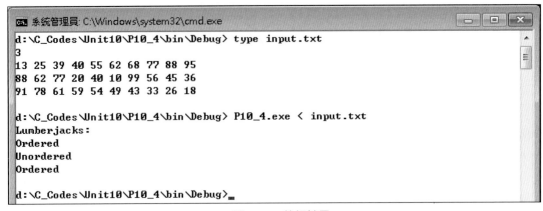

```
系統管理員: C:\Windows\system32\cmd.exe

d:\C_Codes\Unit10\P10_4\bin\Debug> type input.txt
3
13 25 39 40 55 62 68 77 88 95
88 62 77 20 40 10 99 56 45 36
91 78 61 59 54 49 43 33 26 18

d:\C_Codes\Unit10\P10_4\bin\Debug> P10_4.exe < input.txt
Lumberjacks:
Ordered
Unordered
Ordered

d:\C_Codes\Unit10\P10_4\bin\Debug>_
```

▶▶ 圖 10-7　執行結果

此處列出一些只用目前所學過的工具，就能正確解決的題目給讀者練習，請先不要太在意執行的時間，目前重心應該先放在：正確解決問題為主。

1. UVa 100：我們可以將一個正整數套用在下面的指令中：

   (1) 輸入 n

   (2) 列印 n

   (3) 若 $n=1$ 則停止

   (4) 若 n 是奇數則 $n \leftarrow 3n + 1$

   (5) 若 n 是偶數則 $n \leftarrow n/2$

   (6) 回到步驟 2.

   當 n 是 22 的時候，會輸出一共 16 個數字的序列：

   　　　22 11 34 17 52 26 13 40 20 10 5 16 8 4 2 1

   上面這個 16 被稱為 22 的「循環長度」(cycle length)。

   輸入：每行包含兩個數字，i, j，0 < i, j < 10000。你的工作是找出 i, j 之間數字的「循環長度」（包含 i, j）的最大「循環長度」。

   輸出：列印 i, j 以及最大「循環長度」。這三個數字以空白分隔開。

輸入範例：	輸出範例：
1 10	1 10 20
100 200	100 200 125
201 210	201 210 89
900 1000	900 1000 174

2. UVa 10783：給定一個閉區間 [a, b]，你的工作是算出它們之間所有奇數的和。例如 [3,9] 之間的奇數和是 3+5+7+9=24。

   輸入：第 1 行包含測試案例的個數 T, $(0 \leq T \leq 100)$。接下來每 2 行資料包含的是一組的，a, b，$(0 \leq a \leq b \leq 100)$。

   輸出：列印 Case < 案例號碼 >: < 結果 >

輸入範例：	輸出範例：
2	Case 1: 9
1	Case 2: 8
5	
3	
5	

本章習題

3. UVa 11764：為了打敗怪物，拯救公主，瑪利歐必須跳過重重高牆，才能進入怪物的房間。一開始的時候，瑪利歐站在第一面牆上，向下一面牆跳躍，若下面牆比目前的高，稱為 1 次的 high jump，若矮，稱為 1 次的 low jump。你能算出瑪利歐分別做了幾次 high jump，幾次 low jump 呢？

輸入：第 1 行包含測試案例的個數 T,(T< 30)。每個案例的第一行包含案例中牆的數目 N，下一行下則包含 N 個正整數，分別代表牆的高度，牆高不會大於 10。

輸出：列印 Case < 案例號碼 >: <high jump><low jump>

輸入範例：

```
3
8
1 4 2 2 3 5 3 4
1
9
5
1 2 3 4 5
```

輸出範例：

```
Case 1: 4 2
Case 2: 0 0
Case 3: 4 0
```

第二部分
基礎篇

Chapter 11

陣列

本章綱要

第一部分 10 個單元介紹 C 語言的基本結構與語法機制,掌握這些觀念。就可以順利解決許多計算問題,甚至許多 UVa 程式設計 (檢定) 問題。本單元詳細介紹一個非常重要的資料結構:「陣列」。適當地運用「陣列」可以幫助我們解決更複雜、更具挑戰性的問題。

◆ 陣列的基本觀念
◆ 一維陣列
◆ 一維陣列的函數參數傳遞
◆ 一維陣列應用範例

11-1 「陣列」(array) 的基本觀念

「陣列」是製作程式非常重要的機制，雖然在前面的單元中，我們製作了許多沒有陣列的程式，正確的解決了許多問題，可是當我們面對的問題愈來越複雜的時候，就非要使用陣列不可了。

11-1-1 沒有陣列的問題

以範例 P10-4 所解決的 UVa 11942 來說，如果我們要計算這 10 個伐木工人鬍子的平均長度，可以在讀入資料的時候做加總，最後除以 10，就可以得到平均長度。可是如果我們需要計算的是「標準差」(standard deviation) 的話，那我們需要計算，每個人鬍子的長度與平均長度之間的差。我們當然可以再次開啟資料檔案重新輸入，但是這樣程式會變得非常繁瑣，沒有效率 (若我們在處理第 8 個案例的時候，必須重開檔案，跳過前 7 個案例的資料，重讀第 8 個案例資料一次)。

那麼，如果要直接「記住」這 10 個資料的話，則必須宣告 10 個獨立的變數來儲存它們。這樣製作程式，會有如下的許多問題：

- 必須宣告大量的、各自獨立的變數

    試想如果要處理的是 1000 人的問題，宣告 1000 個獨立變數，在實務上根本就做不到。這樣的程式不僅「可維護性」低，也幾乎完全沒有「可讀性」。

- 各自獨立的變數，很不容易檢查意義

    我們知道鬍子的長度不可能是負的，或者又例如員工年齡不可以小於 18。在經過一段時間的處理之後，若是想要檢查資料內容是否正確滿足變數意義的話，必須逐個變數檢查。但是檢查成千上萬的變數值，實務上根本不可行。即使利用製作了函數簡化檢查工作，還是要對個別變數呼叫函數。例如有 10 個整數變數，值域是大於 15，小於 60，那麼即使檢查的工作是以函數完成，我們還是必須針對 10 個資料，個別的去呼叫檢查函數。

- 無法參數化（程式化）各自獨立的變數

    如果有 10 個變數，紀錄鬍子的長度，那麼就必須製作一個非常冗長的指令，將它們加起來，以便計算平均。計算平均之後，針對每個變數，我們必須個別獨立的變數，製作獨立的程式，計算標準差。如果有 100 個變數，1000 個變數的話，製作類似這樣的指令，實務上是根本不可行的。

11-1-2 陣列

簡單來說，C 語言的陣列是由「有序」(ordered) 的「同質」(homogeneous) 元素所組成。「同質」表示每個元素的型別要一樣。「有序」表示這些元素有先後順序。分別先後順序的是「索引」(index)。C 語言的索引是從 0 開始的非負整數。圖 11-1 說明「一個」包含 5 個元素的陣列。

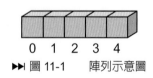

▶▶ 圖 11-1 陣列示意圖

請注意，C 語言陣列索引的意義是「偏移」(offset) 的元素個數。因為第一個元素，前面沒有其他元素，當然「偏移值」是 0；第二個元素，前面有 1 個元素，所以「偏移值」是 1。

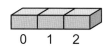

0　1　2

▶▶ 圖 11-2　「一個」包含 3 個元素的陣列

圖 11-2 則顯示「一個」包含 3 個元素的陣列。陣列元素的大小完全是由元素型別來決定。

另外，「陣列變數」本身是不能改變的，資料是儲存在「陣列的元素」之中，元素內容可以改變。而這些元素「共用」一個相同的變數名稱，因此當然就能參數化「索引」，以更精簡的方式來製作程式。

11-2　「一維陣列」（one-dimentional array）

如果所有變數一樣，使用 C 語言陣列變數之前，必須先宣告變數，而且宣告之後，大小就不能改變了。我們會依序介紹陣列的宣告、設初值、使用與使用範例。

11-2-1　一維陣列宣告

一維陣列宣告的語法如下：

```
type name[size] [={initial values…}]
```

- *type*：元素型別。

- *name*：陣列變數。必須遵守命名規則。

- *size*：陣列大小。必須是大於 0 的正整數常數。

- *initial values*：可有可無的初始值。

下面的程式碼，宣告了 4 個陣列變數，分別叫做 a、b、f 與 g。變數 a、b 是大小為 5、10 的整數一維陣列；f、g 是大小為 3、2 的浮點數一維陣列。

```
int i=0, a[5], b[10];
float f[3], g[2];
```

元素的型別目前都是使用系統提供的型別，在進階的單元中，會介紹如何自己定義型別。那麼當然也就能用自己定義的型別來宣告陣列。

11-2-2　一維陣列設初值

上面宣告的變數 i 設了初始值 0。其他的陣列變數都沒有設初始值。陣列變數設初始值的方法非常單純，就是將初始值放在「大括號」中，以逗點分隔，例如下面的範例：

```
int i=0, a[5]={5,4,3,2,1}, b[10]={0};
float f[3]={1.2,3.4}, g[]={1.1,2.2};
```

陣列變數 a 的內容就會在記憶體配置完成之後，設成 5、4、3、2、1。如下圖所示，如果沒有提供足夠的初始值（如變數 f 的設值），那麼就會先設定這些值，然後將後面的元素設成 0。所以在這個例子中 f[0]、f[1] 會被設成 1.2 與 3.4，而 f[2] 則會被設成 0。

▶▶ 圖 11-3　陣列內容示意圖

同理，陣列變數 b[0] 會設為 0，其餘的 9 個元素，系統就會自動將它們設成 0。如果我們想要將陣列初始值全部設成 0 的話，這是一個很方便的做法。另外，如果提供了足夠的初始值，甚至宣告的時候可以不提供陣列大小，而以初始值的個數，當作陣列大小。陣列 g 的初始值有兩個值，因此，原本宣告 float g[2] 中的 2 可以省略。寫不寫都會是一樣的大小。

11-2-3　一維陣列元素存取

使用陣列變數搭配正確的索引值，就可以存取陣列中元素。假設有如上的陣列定義與設初值，那麼如下的程式碼，就會讀取 a[1] 的值 4，加 2 之後設給 a[0]。指令執行完成之後的陣列內容就會如有圖 11-4 所示：

```
a[0]=a[1]+2;
```

▶▶ 圖 11-4　陣列內容示意圖

換句話說，陣列變數搭配索引值，基本上就與一個單純的變數一模一樣。我們甚至可以使用 scanf() 函數，直接將資料讀入到陣列的元素之中，如下：

```
scanf("%d %d", &i, &a[1]);
```

上面的指令可以將輸入的兩個整數，放入變數 i 與 a[1]。

11-2-4　一維陣列使用範例

熟悉了陣列的使用方法之後，我們就可以來學習參數化的陣列使用。例如將陣列 a 的所有元素逐一列印出來：

```
for(i=0;i<5;i++)
  printf("%d\n", a[i]);
```

將資料逐一讀入陣列之中：

```
for(i=0;i<5;i++)
  scanf("%d", &a[i]);
```

因此，有了陣列變數，我們就不需要宣告大量獨立的變數，只要宣告一個夠大的陣列就足夠了。陣列元素的存取，也可以使用其他的變數當作索引，完成參數化 (程式化) 的方式來解決問題。例如下面的程式片段，就能計算陣列 a 中資料的平均：

```
for(i=0,sum=0;i<5;i++)  sum=sum+a[i];
avg=sum/i;
```

若是要檢查陣列 a 中資料是否滿足特定條件，例如大於 18，也可以用類似的方式，非常輕易地完成檢查。

11-2-5　前置處理器命令 define

由上面的陣列使用範例，我們可以清楚理解到陣列大小的重要性。因為它會決定迴圈的次數上限。使用超過了宣告大小的元素，程式就不可能正確的執行下去了。然而，如果我們將這個大小，以如上述定字的方式，寫死在程式碼中，之後如果要修改陣列大小，那就要一行行地檢查程式碼，修改原本的定字。這樣一來，程式的製作不僅繁瑣、也很容易出錯，當然不是一個理想的做法。比較理想的方式是使用「前置處理器」命令 define，用它來定義陣列大小。define 有幾個不同的用法，此處簡單介紹的是用它來定義類似別名的替代字串，使用格式如下：

```
#define macro_name expression
```

事實上，C 語言的「前置處理器」就是「巨集」(macro) 處理器。它會依照命令來做預處理，處理完成之後才會將結果交給「編譯器」去編譯。命令 define 會將後面程式中的 macro_name 替換成 expression。這裡的 expression 可以是空的，那麼它的意義又不同了。本單元先介紹最簡單的用法，用「巨集」定義陣列大小：

```
#define ARRAY_SIZE 5
```

「前置處理器」就會將程式碼中，出現 ARRAY_SIZE 的地方，替換成 5。這樣一來，如果以後需要將陣列大小放大的時候，我們只需要修改一個地方就可以了。使用範例如下：

```
#include<stdio.h>
#define ARRAY_SIZE 5
int main() {
  int i, a[ARRAY_SIZE];
    :
  for(i=0;i<ARRAY_SIZE;i++){/* 處理元素 */}
    :
```

「伐木工人鬍子長度問題」算是一個特例，案例的資料個數都是 10，我們只要將 ARRAY_SIZE 定義成 10 就可以了。可是並不是每個問題，案例的大小都一樣（讀者可以參考上個單元練習中的 UVa 11764）。實務上，我們通常會配置一個足夠處理所有案例的大陣列，然後使用另一個變數紀錄這個案例中，到底有幾個元素。搭配這個紀錄元素個數的變數來一起解決問題。程式範例如下，變數 size 紀錄陣列變數中有幾個有效的資料。

```
#include<stdio.h>
#define ARRAY_SIZE 1024
int main() {
    int i, size=10, a[ARRAY_SIZE];
      :
    for(i=0;i<size;i++){/* 處理元素 */}
      :
```

11-3　一維陣列的函數參數傳遞

陣列搭配函數一起使用，並不如想像中那麼直觀。本單元先介紹使用方式，細節留在介紹「高維陣列」的單元中說明。

11-3-1　陣列做為實際參數

如果在主程式中宣告了陣列變數，若要將它傳遞給函數，只需要將「陣列變數」當作「實際參數」就可以了。假設函數 foo() 需要兩個參數：整數與一個整數陣列。那麼呼叫的範例如下：

```
#define ARRAY_SIZE 1024
int main() {
    int i, a[ARRAY_SIZE];
      :
    foo(i, a);
      :
```

11-3-2　陣列做為形式參數

那麼 foo() 函數（與原型）的定義，範例如下：

```
void foo(int i, int a[ARRAY_SIZE]);
void foo(int i, int a[ARRAY_SIZE]) { ... }
```

讀者必須特別注意的是，「形式參數」看起來都像區域變數的宣告，但是事實上，只有變數 i 是區域變數，陣列的形式參數，事實上會參考到主程式的陣列變數，如範例 P11-1 所示：

範例 ——•P11-1

```
1    #define MAX_SIZE 5
2    void foo(int i, int a[MAX_SIZE]) {
3      i=10;  a[0]=10;
4    }
5    int main() {
6      int i=1, a[MAX_SIZE]={0};
7      foo(i,a);
8      printf("i=%d, a[0]=%d\n",i,a[0]);
9      return 0;
10   }
```

```
D:\C_Codes\Unit11\P11_1\bin\Debug\P11_1.exe
i=1, a[0]=10

Process returned 0 (0x0)    execution time : 0.028 s
Press any key to continue.
```

▶▶ 圖 11-5　執行結果

在範例 P11-1 第 3 行更動 i 與 a[0]，然後在第 8 行中列印出來，輸出結果可以清楚看到，i 的值還是 1，但是 a[0] 的值，已經被改成 10 了。也就是說，在函數中的確可以改到「呼叫模組」中陣列的值。其實這個 foo() 函數（與原型）的定義，可以不給定陣列大小，如下：

```
void foo(int i, int a[]);
void foo(int i, int a[]) { ... }
```

函數 foo() 的「形式參數」事實上宣告了一個「一維整數陣列變數」a，它的值也就是 a 變數的記憶體位址，與之前介紹的「指標變數」所能儲存的「記憶體位址」相同。所以當然也就能跨越程式區塊的邊界，直接更動到主程式中陣列元素 a[0] 的內容了。

11-4　一維陣列應用範例

掌握一維陣列的使用方法，可以讓我們解決許多複雜的問題。這個小節會簡單介紹幾個簡單的應用。

問　題

費氏 (Fibonacci) 數列為： 0, 1, 1, 2, 3, 5, 8, 13, 21,...，若定義 $F_0 = 0$、$F_1 = 1$ 當 n >= 2 時 $F_n = F_{n-1} + F_{n-2}$。製作一個程式，輸出 F_0~F_{89}。

之前的單元介紹過如何使用「遞迴函數」來計算費氏數列。這個問題需要我們計算出 $F_0 \sim F_{89}$ 共 90 項。因為 F_n 是由 F_{n-1} 與 F_{n-2} 計算出來的，所以可以建立一個一維陣列，從小到大 (0~89)，運用已知的結果計算下一個 F_n。

範例 ─╱╲─• P11-2

```
1      #include <stdio.h>
2      #include <stdlib.h>
3      #define MAX_SIZE 90
4      int main() {
5        int i=1;
6        long long a[MAX_SIZE]={0};
7        a[1]=1;
8        for(i=2;i<MAX_SIZE;i++)
9          a[i]=a[i-1]+a[i-2];
10       for(i=0;i<MAX_SIZE;i++)
11         printf("Fib[%d]=%lld\n",i,a[i]);
12       return 0;
13     }
```

因為 F_{89} 是一個非常大的數字，必須要使用容量大一點的資料型別 long long 當作陣列 a 的元素型別。執行結果如下：

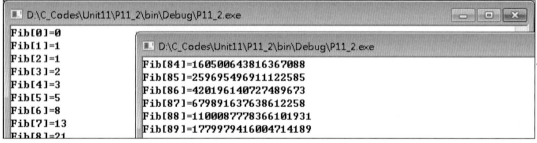

▶▶│ 圖 11-6　執行結果

案例

UVa 10038：如果一個包含 n 個元素的正整數數列 (n> 0)，它們之間差的絕對值剛好是 1~n-1 的話，我們稱這個數列為 Jolly Jumper。例如：1 4 2 3 就是 Jolly Jumper。你的工作是製作一個程式，檢查數列是否是 Jolly Jumper

輸入：每 1 行包含 1 個測試案例，第一個數字 n (n< 3000) 代表後面會有 n 個數字的數列。

輸出：對於每個測試案例，輸出 Jolly 或是 Not jolly。

輸入範例：　　　　　　　　　輸出範例：

```
4 1 4 2 3             Jolly
5 1 4 2 -1 6          Not jolly
```

因為數列中最多只有 3000 個數字,我們可以宣告一個包含 3000 個元素的一維陣列。並用變數 size 來記錄某一個特定案例中,到底有幾個數字。

　　分析這個問題,可以發現對於 *n* 個數字的數列,我們要檢查是否有出現過 1~*n*-1,也就是它們之間差的絕對值,不能沒有出現,也不能出現超過 1 次。因此,可以另外宣告一個陣列紀錄某個介於 1~*n*-1 的數字有沒有出現過,並且利用陣列索引來代表這個數字。所以理論上,這個陣列只需要紀錄:有、無,兩種狀況。不需要像上面那個計算費氏數列的問題要使用到 long long 型別。程式如下:

範例 P11-3

```
1    #include <stdio.h>
2    #include <stdlib.h>
3    #define MAX_SIZE 3000
4    int data[MAX_SIZE], diff[MAX_SIZE];
5    void process_case(int size) {
6      int i, tmp, jolly=1;
7      for(i=0;i<size;diff[i]=0,i++)
8        scanf("%d",&data[i]);
9      for(i=1;i<size;i++) {
10       tmp=abs(data[i]-data[i-1]);
11       if(tmp>=size||tmp==0||diff[tmp]==1)
12         { jolly=0; break; }
13       diff[tmp]++;
14     }
15     if ( jolly ) printf("Jolly\n");
16     else printf("Not jolly\n");
17   }
18   int main() {
19     int size;
20     while(scanf("%d",&size)!=EOF)
21       process_case(size);
22     return 0;
23   }
```

```
系統管理員: C:\Windows\system32\cmd.exe

D:\C_Codes\Unit11\P11_3\bin\Debug> type input.txt
4 1 4 2 3
5 1 4 2 -1 6


D:\C_Codes\Unit11\P11_3\bin\Debug> P11_3.exe < input.txt
Jolly
Not jolly

D:\C_Codes\Unit11\P11_3\bin\Debug>
```

▶▶ 圖 11-7　執行結果

程式執行的結果如圖 11-7。請特別注意範例 P11-3 的第 10~13 行。第 10 行計算出絕對值，第 11 行檢查 tmp 是否超出範圍：「等於 0」、「大於等於 size」或是「已經有兩個數字之間差的絕對值是 1」。若是，這個測試案例當然不是 Jolly Jumper，也就不用計算下去，可以直接將變數 jolly 設成 0(false)，並跳出迴圈。如果沒有發生這兩種狀況，就把 diff[tmp] 加 1。而因為 C 語言有邏輯「短路操作」，在做 diff[tmp] 檢查的時候，tmp 絕對不會超出範圍，>=size。最後在第 15、16 行列印出結果。

案例

　　UVa 10931：一個 10 進位正整數 n，可以轉換為 2 進位，例如：$21_{10}=10101_2$。我們稱 n 的 2 進位表示法中 1 的個數為 n 的 parity。例如：21 的 parity 為 3。你的工作是製作一個程式，計算一個正整數 i 的 parity($1 \le i \le 2147483647$)。

　　輸入：每行包含 1 個測試案例 i，最後一行是 0，i=0 的案例不用處理。

　　輸出：對於每個測試案例，輸出字串 "The parity of B is P (mod 2)."，B 是該測試案例 i 的 2 進位表示法，P 是 i 的 parity。

輸入範例：

```
1
2
10
21
0
```

輸出範例：

```
The parity of 1 is 1 (mod 2).
The parity of 10 is 1 (mod 2).
The parity of 1010 is 2 (mod 2).
The parity of 10101 is 3 (mod 2).
```

　　首先需要分析測試案例的大小。題目資料的上限是 $2^{31}-1$ (2147483647)，因此資料型別可以使用長度為 4 個位元組的 unsinged int，或是之前計算費氏數列所用的 long long，甚至單純的 unsigned long 都可以。如果讀者擔心大小剛剛好會處理不好，甚至可以使用 long long，那就絕對不會有任何問題了。

　　「10 進位數字轉換到 2 進位表示法」的工作，則可以使用除法，求餘數的運算來完成。圖 11-8 說明 $10_{10}=1010_2$ 的「短除法」轉換過程。

$$
\begin{array}{r|rl}
2 & 10 & \cdots\ 0 \\
2 & 5 & \cdots\ 1 \\
2 & 2 & \cdots\ 0 \\
2 & 1 & \cdots\ 1 \\
& 0 &
\end{array}
$$

▶▶ 圖 11-8　以短除法完成 10 進位與 2 進位轉換

　　只要不斷對測試案例除 2，直到商為 0，那麼餘數其實就是該數字的 2 進位表示法（由下往上看）。這個「重複 - 直到」的工作，當然可以用一個 repeat-until/do-while 的迴圈完成，並且將餘數記錄在一個陣列之中，因為餘數不是 0 就是 1。我們可以用一個簡單的字元陣列來記錄。程式如下：

範例 ├─／─／─• P11-4

```c
1      #include <stdio.h>
2      #include <stdlib.h>
3      void process_case(long I) {
4        char res[32];
5        int i=0, p=0, r=I%2;
6        do {
7          if (r) p++;
8          res[i++]=(r)?'1':'0';
9          I/=2;
10         r=I%2;
11       } while (I!=0);
12       printf("The parity of ");
13       for(i--;i>=0;i--) printf("%c", res[i]);
14       printf(" is %d (mod 2).\n",p);
15     }
16     int main() {
17       long I;
18       scanf("%ld",&I);
19       while(I) {
20         process_case(I);
21         scanf("%ld",&I);
22       }
23       return 0;
24     }
```

範例 P11-4 中第 17~22 行的框架與之前的程式碼類似，沒有非常特殊的地方。在 process_case() 中，使用字元陣列 res 紀錄餘數，在第 5、10 行做求餘數的處理。第 6~11 行則是迴圈 repeat-until/do-while 的範圍。第 7 行檢查餘數是否為 1（為真），若是，則將 partiy 變數 p 做加 1。第 8 行指令單純的儲存餘數（'1' 或 '0'）。第 9 行指令完成「短除法」的工作。第 12~14 行將結果依照需要的格式列印出來。要特別注意的地方是，因為要倒著列印，所以迴圈控制變數是遞減，i--。執行結果如下：

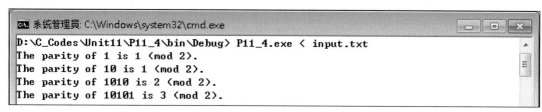

▶▶ 圖 11-9　執行結果

11-4-1 連續字元的處理

觀念上，包含 <space> 的「連續的字元」就是字串。C 語言是用一維字元陣列來處理字串。然而背後的原理比較複雜，後面有一整個章節專門介紹字串處理。這裡介紹的是以「連續字元」的處理方式，而不是一般的「字串處理」。如下：

```
int i, len=12;
char s[1024]="Hello World!";
for(i=0;i<len;i++) putchar(s[i]);
```

整數變數 len 紀錄「一維字元陣列」中的資料長度，所以可以用一個迴圈，將其中的字元一個個的輸出。整個處理的關鍵，就是必須事先知道「資料長度」，否則就不知道迴圈什麼時候必須要中止。因此，目前處理「一維字元陣列」，一定要先思考，如何取得、導出正確的「資料長度」，並將它記錄起來，以便後續的運用。

案例

UVa 11192：給定一個沒有包含 <space> 的「連續字元」如下：
"TOBENUMBERONEWEMEETAGAINANDAGAINUNDERBLUEI"
它的長度是 42。若我們將每 6 個字元分成一組的話，可以分成 7 組，將每組中的字元反轉，可以得到如下結果：
"UNEBOTNOREBMEEMEWENIAGATAGADNAEDNUNIIEULBR"
你的工作是製作一個程式，完成上述的工作。

輸入：每行包含 1 個測試案例，至多 101 行。每行包含兩個資料：一個整數 $G(G < 10)$，一個沒有包含 <space> 的「連續字元」(長度≤ 100)。第一個整數，代表字串的群數。最後一行是 0。

輸出：對於每個測試案例，將每組中的字元，依照說明的方式反轉，並輸出。

輸入範例：
```
3   ABCEHSHSH
5   FA0ETASINAHGRI0NATWON0QA0NARI0
0
```
輸出範例：
```
CBASHEHSH
ATE0AFGHANISTAN0IRAQ0NOW0IRAN0
```

由於這個問題的輸入終止條件與上一個問題一樣，都是以 0 當作終止。因此「主程式」基本上會與範例 P11-4 的「主程式」一樣。如果第一個數字不是 0，我們才會呼叫函數 process_case()，一樣將這個數字當作參數，傳給函數。請注意 scanf() 的格式中，有一個空白，這樣不論輸入多少「白字元」在整數與字元中間，都可以被處理掉。

```
  int main() {
    int p;
    scanf("%d ",&p);
    while(p!=0) {
      process_case(p);
      scanf("%d ",&p);
    }
    return 0;
  }
```

在函數中，宣告一個一維字元陣列變數 str[100]，然後將字元一個一個讀入，當讀到 '\n' 的時候，就終止。在讀入的過程中，使用變數 len 紀錄長度，程式範例如下：

範例 ─/\/─● P11-5

```
1    #include <stdio.h>
2    #include <stdlib.h>
3    void void process_case(long p) {
4      int len=0,i;
5      char str[100],c;
6      scanf("%c",&c);
7      while(c!='\n') {
8        str[len++]=c;
9        scanf("%c",&c);
10     }
11     for(i=0;i<len;i++) putchar(str[i]);
12     printf("\n");
13   }
14   int main() {
15     int p;
16     scanf("%d ",&p);
17     while(p!=0) {
18       process_case(p);
19       scanf("%d ",&p);
20     }
21     return 0;
22   }
```

```
系統管理員 C:\Windows\system32\cmd.exe

D:\C_Codes\Unit11\P11_5\bin\Debug> type input.txt
3 ABCEHSHSH
5 FA0ETASINAHGRI0NATWON0QA0NARI0
0

D:\C_Codes\Unit11\P11_5\bin\Debug> P11_5.exe < input.txt
ABCEHSHSH
FA0ETASINAHGRI0NATWON0QA0NARI0

D:\C_Codes\Unit11\P11_5\bin\Debug>_
```

▶▶ 圖 11-10　執行結果

執行結果如圖 11-10，我們可以正確地將資料讀入到字元陣列之中，並且由範例 P11-5 第 11、12 行，將原始資料正確的列印出來。接下來的工作，只是要將資料依照題目說明的方式，反轉列印出來。解決的方法有許多種，這裡介紹一個最簡單的方法。

分析題意，我們可以知道「每組字元數」，一定是每組數的整數倍數，就是 len/p。可以用一個「外層迴圈」來處理各組。而每一組只會列印 len/p 個字元，可以在「內層迴圈」裏面處理。那麼，只要適當的設定開始列印的字元位置，逐步向前印，就可以完成了：

```c
for(m=0; m<p; m++) {
    // int off; 設定起始位置
    for(n=0; n<len/p; n++) {
        // putchar(str[off--]);
    }
}
```

而第一組是從 (len/p)-1 開始印，處理下一組，就多往後移 (len/p) 個字元。第 m 組的列印起始位置，可以定義成：off=(len/p)-1+m*(len/p) 或 (m+1)*(len/p)-1。這樣就可以正確的列印出來，程式碼如下：

```c
void process_case(long p) {
    int len=0, m, n;  char str[100],c;
    scanf("%c",&c);
    while(c!='\n') {
        str[len++]=c;
        scanf("%c",&c);
    }
    for(m=0;m<p;m++) {
        int off=(m+1)*(len/p)-1;
        for(n=0;n<p;n++) putchar(str[off--]);
    }
    printf("\n");
}
```

其實，仔細分析之後可以發現，如果直接將「內層迴圈」的起點設成 off，以變數 cnt 紀錄列印字元個數，當列印了 len/p 個字元之後就停止，一樣可以完成工作。

```
for(m=0;m<p;m++)
    for(n=(m+1)*(len/p)-1,cnt=0;
        cnt<len/p; cnt++,n--) putchar(str[n]);
```

完整的 process_case() 如下：

```
void process_case(long p) {
    int len=0, m, n, cnt;  char str[100],c;
    scanf("%c",&c);
    while(c!='\n') {
        str[len++]=c;
        scanf("%c",&c);
    }
    for(m=0;m<p;m++)
        for(n=(m+1)*(len/p)-1,cnt=0;cnt<len/p;cnt++,n--)
            putchar(str[n]);
    printf("\n");
}
```

執行結果如下：

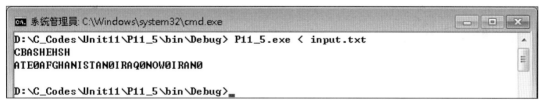

▶▶ 圖 11-11　執行結果

事實上，只要適當地替換邏輯判斷式 cnt<len/p，其實我們並不需要變數 cnt。這部分的分析，就留給讀者自己去完成。製作「精簡的」程式來解決問題，固然有它的優點，但是我們不需要賣弄程式設計的技巧，降低程式的「可讀性」。如果因此而降低了團隊溝通的效率，那就反而得不償失了。

本章習題

1. 請使用者輸入如下的整數 (小於 10^9)，檢查該數字是否對稱；若是，輸出 Yes，不然輸出 No。

   輸入範例：　　　　輸出範例：

   333　　　　　　　Yes

   121　　　　　　　Yes

   2112　　　　　　Yes

   1234　　　　　　No

2. 請使用者輸入如下的整數 (小於 10^9)，將其倒著列印出來。

   輸入範例：　　　　輸出範例：

   333　　　　　　　333

   1331　　　　　　1331

   1357　　　　　　7531

   1234　　　　　　4321

3. 製作程式，輸入 m，檢查 m 與倒著列印的數字 n 是否都是質數；若是，輸出 Yes，不然輸出 No。

   輸入範例：　　　　輸出範例：

   11　　　　　　　Yes

   17　　　　　　　Yes

   43　　　　　　　No

   91　　　　　　　No

4. 製作程式，輸入 m, n(0<m<n<1000)，輸出 m, n 之間的質數 (包含 m, n)。

   輸入範例：　　　　輸出範例：

   1 3　　　　　　　2 3

   3 8　　　　　　　3 5 7

   2 9　　　　　　　2 3 5 7

   7 20　　　　　　7 11 13 17 19

5. 製作程式，輸入 m, n(0<m<n<10^{18})，輸出 m, n 之間的費氏數列 (包含 m, n)。

   輸入範例：　　　　輸出範例：

   1 2　　　　　　　1 1 2

   3 4　　　　　　　3

   3 8　　　　　　　3 5 8

   7 35　　　　　　8 13 21 34

6. 製作程式，輸入正整數 m, n(0<n<=10)，輸出 m 個 n 位數的亂數，並且數字不重複 (第一個位數 不為 0)。

        輸入範例：   輸出範例：

        3 4   1234

                             6793

                             2037

        注意：1224, 0123 都不是有效輸出。

7. 製作程式，輸入正整數 m, n(0<n<=10)，輸出 m 個 n 位數的亂數，並且數字重複不超過 2 次 (第 一個位數不為 0)。

        輸入範例：   輸出範例：

        3 4   1234

                             6969

                             2234

        注意：1222, 0123 都不是有效輸出。

8. 製作程式，輸入正整數 m, n(0<n<=10)，檢查這個 n 中的數字，是否重複沒有超過 m 次。如果 沒有，輸出 " 正確 "，如果有，輸出 " 錯誤 "。(n 的第一個數字不為 0)

        輸入範例：   輸出範例：

        1 1234   正確

        1 1224   錯誤

學習心得

Chapter 12

問題討論－II

本章綱要

　　我們可以運用前面單元所學的一維陣列，解決許多稍微複雜的問題。
本單元詳細介紹 2 個應用問題：猜數字與洗牌；同時列出 3 個讀者可以解
決的問題。但是，這裡並沒有完整的介紹後續猜數字的對局，留在後面的
單元說明。洗牌之後的應用，也沒有特別介紹，留給讀者自行發揮。

◆ 猜數字
◆ 洗牌處理

12-1　猜數字

「猜數字」是一個家喻戶曉的遊戲。遊戲規則略有不同。假設有兩個玩家，甲方、乙方各自設定一組 4 位數字密碼，帶頭的數字不為 0，數字不會重複出現。例如：1234、6739。

雙方互相猜對方的密碼，若猜到對方 1 個數字，且位置相同，玩家必須回復 A，若猜到對方 1 個數字，但是位置不同，玩家需回復 B。例如：若甲方密碼是 1234，乙方猜 1243 的話，甲方必須回復 2A2B，因為 12 不只數字正確，位置也正確；而乙方猜的 43 有出現在甲方的密碼中，但是位置不正確，所以回復 2B。

我們可以設計一個可以跟玩家對局程式。由使用者來猜電腦的密碼。至於電腦猜玩家密碼的部分，則要留到後面單元來完成，目前還沒有學習到足夠的工具。

12-1-1　程式流程圖

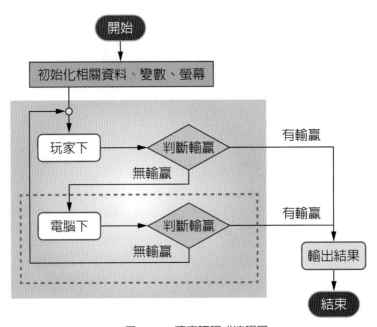

▶▶ 圖 12-1　猜密碼程式流程圖

由於目前暫時不實作「電腦下」的部分（虛線框中的部分），因此流程其實非常單純。也就是程式準備好密碼之後，由玩家來猜，直到玩家猜到正確的密碼，也就是達到 4A 的狀態，有勝負發生的時候，就終止迴圈。然後列印相關的勝負資料。

因為不實作「電腦下」的部分，所以目前一定是玩家猜到電腦數字的時候，才會跳出迴圈。虛線框中的模組，其實可以先定義函數原型，等到之後要實作的時候，填入函數程式碼就可以了。

為了方便說明起見，所有變數都已「全域變數」來定義。「主程式」的框架大概可以用如下的程式碼來說明。

```
int main() {
  init(); // 設初始值
  while(1){
    // 玩家下
    if(user_play()) break;
    // 電腦下,目前直接回傳 0
    if( comp_play()) break;
  }
  print_result(); //印結果
  return 0;
}
```

12-1-2　初始值設定

分析一下問題,我們知道大概需要準備如下的變數:

電腦的密碼	char ans[4];
玩家猜的數字	char gue[5];
贏家	int winner;
玩家下過幾次	int user_cnt;
電腦下過幾次	int comp_cnt;

我們使用字元來儲存電腦的密碼,因為不希望將 1234,解釋成 1 千 2 百 3 十 4。同理,也使用字元來儲存玩家猜的數字。另外,用 winner 變數紀錄誰是贏家,1 是玩家,2 是電腦;變數 user_cnt 與 comp_cnt 則記錄雙方各猜了幾次。當然後面三個變數其實並不需要,因為目前不實作電腦猜的部分,但是讀者先將它們放在心上,會更理想。為了解決這個問題,「主程式」的框架中做了三個函數呼叫,分析這三個函數的工作,應該可以清楚了解本程式,應該會需要下面 5 個函數:

設初始值	void init();
玩家下	int user_play();
電腦下	int comp_play();
計算有幾個 A	int compareA();
計算有幾個 B	int compareB();
列印結果	print_result();

如果 user_play() 猜對了,那麼就有輸贏發生了,回傳真,同理,如果電腦猜對了 comp_play() 也會回傳真。因為雙方都要互猜密碼,所以一定需要函數來計算有幾個 A,有幾個 B;compareA(), compareB()。最後,init() 函數會將所有變數設初始值,準備電腦的密碼 (答案) 可以說是 init() 函數最重要的工作。它與讀者在上一個單元的練習其實是一樣的。這裡提供一個實作的方式:

```
void init() {
    int i=0, n;
    char cand[10]="0123456789";
    user_cnt=comp_cnt=0;
    srand(time(NULL));
    do {
        n =  rand() % 10;
        if ( cand[n] == 'U'||(i==0 && n==0) )continue;
        ans[i++] = cand[n];
        cand[n] = 'U';
    } while (i<4);
}
```

首先需要將 user_cnt 與 comp_cnt 清成 0。然後準備一個一維陣列 cand[]，包含所有可以使用的數字。接下來產生一個 0~9 的亂數（索引），如果這個數字沒有被用過，就將它放到 ans[i++] 中，並且將它設成 'U'，表示它被用過了。當然，當第一次選數字的時候 (i==0)，又剛好選到 0 的情況，程式也是續做迴圈 continue，不會設定電腦密碼。

12-1-3　玩家下的函數

分析一下問題可以知道「主程式」的框架中，「玩家下」函數 user_play() 的流程圖，大致如下：

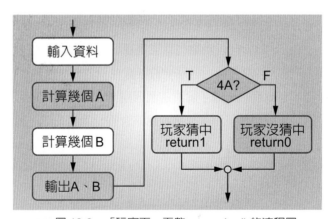

▶▶ 圖 12-2　「玩家下」函數 user_play() 的流程圖

函數 user_play() 基本上會循序完成幾項工作：

(1) 輸入玩家猜的資料

(2) 計算幾個 A、計算幾個 B，

(3) 輸出幾個 A，幾個 B，

(4) 最後檢查是否發生 4A。

若發生 4A，表示玩家贏了，將 winner 設成 1，回傳「真」表示有輸贏發生了，函數 user_play()
可以用如下程式碼實現：

```c
int user_play() {
  printf("Please enter your guess: ");
  user_cnt++;
  scanf("%s",gue);
  printf("%3dA %3dB\n", compareA(), compareB());
  if ( compareA() == 4 ) {winner=1; return 1;}
  return 0;
}
```

玩家輸入的地方，我們是使用 "%s" 的格式，細節在後面的單元中介紹。讀者目前只需要知道使用
這樣格式的時候，需要多宣告一個字元。所以宣告 5 個元素的字元陣列 char gue[5]。因為目前暫時不
實作電腦下的部分，所以函數 comp_play() 可以直接回傳 0，讓遊戲繼續進行下去。

```c
int comp_play() {
    return 0;
}
```

12-1-4　比較函數 compareA()、compareB()

數字相同，位置相同的話，就算 1 個 A。因此，compareA() 函數可以用如下的方式完成：

```c
int compareA() {
int i, c=0;
for(i=0;i<4;i++) if(ans[i]==gus[i]) c++;
  return c;
}
```

模擬實作	學生演練
實作 compareB() 需要使用巢狀迴圈，請在右邊空白處練習。	

12-1-5　列印結果 print_result()

列印結果可以由讀者自由發揮，如果之前有請使用者輸入名字，可以輸出玩家名稱。這裡只顯示
最基本的資訊，如下：

```
void print_result() {
  if(winner==1)
    printf("Winner is You.\tTakes %d steps.",user_cnt);
  else
    printf("Winner is Computer.\tTakes %d steps.",comp_cnt);
}
```

測試執行結果如下：

```
系統管理員: C:\Windows\system32\cmd.exe
Please enter your guess: 7890
  0A    2B
Please enter your guess: 5678
  1A    0B
Please enter your guess: 3678
  1A    0B
Please enter your guess: 2456
  0A    1B
Please enter your guess: 2356
  0A    0B
Please enter your guess: 4789
  2A    1B
Please enter your guess: 4791
  1A    3B
Please enter your guess: 4179
  4A    0B
Winner is You.  Takes 8 steps.
D:\C_Codes\Unit12\P12_1\bin\Debug>_
```

▶▶ 圖 12-3 執行結果

12-2 洗牌處理

　　幾乎所有人都多少會玩一些撲克牌遊戲，有些遊戲可以一個人玩，有些則需要多人組隊參加；有些遊戲需要「鬼牌」(joker)，有些不需要「鬼牌」；有些需要兩副以上的牌一起玩，有些則只需要一副。無論如何，幾乎所有的撲克牌遊戲都需要洗牌。因此，如果想製作一個撲克牌遊戲，都會需要做「洗牌處理」，它可以說是最基本的工作。

▶▶ 圖 12-4 撲克牌洗牌

　　本單元假設撲克牌遊戲不會使用「鬼牌」，並且只會用到一副牌（共 52 張）。使用「鬼牌」或是多副牌的做法也與本單元介紹的方法非常類似。

12-2-1　以陣列表示撲克牌

然而，當我們以 C 語言製作撲克牌遊戲的時候，當然先要決定如何表示一副撲克牌，然後才能討論如何洗這副牌。最簡單的表示方式，就是以數字 0~51 來給這 52 張牌編號，一個數字對應一張撲克牌。如表 12-1 所示：

❖ 表 12-1　以數字 0~51 給定 52 張牌編號

索引	意義	索引 %13
0~12	黑桃 1~ 黑桃 K	0~12
13~25	紅心 1~ 紅心 K	0~12
26~38	方塊 1~ 方塊 K	0~12
39~51	梅花 1~ 梅花 K	0~12

這個「數字－紙牌」對應相當直觀。黑桃 1 是 0，紅心 1 是 13，方塊 1 是 26，梅花 1 是 39，因此把紙牌編號對 13 求「餘數」的話，不論什麼花色的 1 都是 0。同理，不論什麼花色的 2，對 13 求「餘數」的結果都是 1。而紅心 1~ 紅心 K 的編號為 13~25，把紙牌編號除以 13，「商」就會是 1；因此，若除以 13 的「商」是 3 的話，紙牌花色當然就是「梅花」。

有了「數字－紙牌」對應之後，那麼就可以用一個 52 個元素的一維陣列來表示（裝）這 52 張牌。假設一開始拿到一副全新未拆封的撲克牌，是以如下的方式排列。

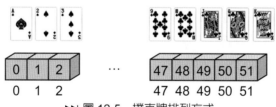

0　1　2　　…　　47　48　49　50　51

▶▶ 圖 12-5　撲克牌排列方式

這樣一來，一副撲克牌中的每一張牌，就可以很輕易地以數字表示，記錄在陣列中。並且可以用陣列的索引 0~51，當作取得紙牌的順序。

類似「猜數字遊戲」，這裡也使用「全域變數」來定義一副牌；同時 define 巨集 N 為 52，表示本遊戲只使用一副沒有「鬼牌」的撲克牌。這個一維陣列必須設定初始值，也就是原始的 0~51 的順序，要先設定完成。這些處理的工作，都可以放在 init() 函數中，程式碼如下：

```c
#define N 52
int deck[N];
void init() {
  int i;
  srand(time(NULL));
  for(i=0;i<N;i++) deck[i]=i;
}
```

12-2-2　洗牌

　　實體撲克牌的洗牌，通常以圖 12-4 中看到的方式來做，以不規則的方式交錯紙牌，這樣重複許多次來達到「攪亂順序」的效果。也就是說，要先拆分一副牌成兩個部分，再交錯合併在一起，並且重複許多次。這樣處理，不只浪費許多額外的空間，程式製作起來也很複雜。程式執行起來，也沒有比較有效率。

　　要「攪亂順序」有一個更直觀的做法，就是隨機取出兩張牌，然後交換它們的位置。例如：隨機取出「黑桃 2 －梅花 Q」，交換它們的位置。那麼交換之後的紙牌狀態就如下面的新順序。也就是說，只要將陣列 [1] 與陣列 [50] 的內容交換就可以了，如圖 12-6 所示：

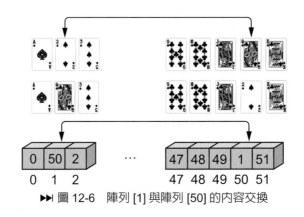

▶▶│ 圖 12-6　陣列 [1] 與陣列 [50] 的內容交換

　　真實世界裡面，我們當然不會這樣洗牌，但是，重複這個交換許多次，一樣可以達到洗牌的效果。發牌的順序，還是從索引 0 開始發牌。事實上，如果交換次數足夠多，甚至可以直接將足夠的牌分給玩家。實作這個函數也是非常單純，如下所示：

```c
void shuffle() {
  int i, a, b, c;
  for(i=0;i<2*N*N;i++) {
    a = rand() % N;
    b = rand() % N;
    if ( a == b ) b = ( b!= 0) ? 0 : N-1;
    c=deck[a];
    deck[a]=deck[b];
    deck[b]=c;
  }
}
```

　　這個洗牌函數 shuffle() 只有一個迴圈，執行 2*N² 次的交換。每次交換，先亂數取得 a、b 兩個不一樣的值（位置）。如果 a 等於 b，而且它們不等於 0 的話，將 b 設成 0，也就是說 a 會與位置 0 的紙牌交換。如果它們等於 0，將 b 設成 51，也就是說位置 0 與 51 的紙牌會交換。一旦不同的 a、b 被選

取出來，我們就可以用變數 c 當暫存空間，將 deck[a] 與 deck[b] 中的值交換。至於主程式的框架可以簡單地以如下的程式碼來描述：

```c
int main() {
    int i;
    init();
    shuffle();
    for(i=0;i<N;i++) {
        if(i%13==0)printf("\n");
        printf("%3d",deck[i]);
    }
    return 0;
}
```

　　主程式其實相當單純，呼叫 init() 與 shuffle() 函數。然後用一個迴圈將結果（每 13 個一列）列印出。如果讀者想要製作如「橋牌」的遊戲。那麼只要將每列 13 張牌，發給個別玩家。「洗牌－發牌」的工作就完成了。程式執行結果如下：

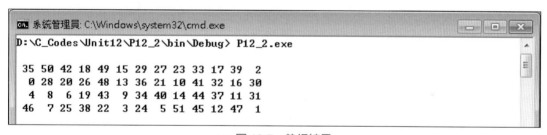

▶▶ 圖 12-7　執行結果

12-2-3　列印手牌

　　「洗牌」完成之後，必須將紙牌分給玩家。假設只需要列印一個玩家的資料到螢幕上，其他玩家的不列印（因為看到對手的牌就玩不下去了）。程式之中可以宣告另一個「全域變數」player_1[N13] 來定義一副牌；同時 define 巨集 N13 為 13，表示本遊戲一個玩家只有 13 張牌。

　　接下來的工作是將 deck 的前 13 張複製到 player_1。然後將 player_1 的資料排序。此處用的是最單純的選擇排序法，程式碼如下（粗體字的部分）：

```
void printdeck() {
    int i, j, min, tmp;
    for(i=0;i<N13;i++) player_1[i]=deck[i];
    for(i=0;i<N13-1;i++) {
        min=i;
        for(j=i+1;j<N13;j++)
            if(player_1[j]<player_1[min]) min=j;
        tmp=player_1[i];
        player_1[i]=player_1[min];
        player_1[min]=tmp;
    }
    printf("\n");
    for(i=0;i<N13;i++)
        printf("%3d",player_1[i]);
}
```

選擇排序法的細節屬於「資料結構」這門課程，因此不再這裡詳細介紹。一般在實務上也不會自己製作資料排序的程式碼，而是叫用系統提供的排序方法（快速排序法）。如何叫用系統的排序方法，則會在後面的章節介紹。上面程式碼執行結果如圖 12-8：

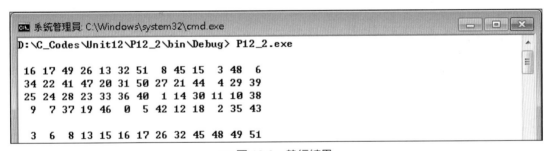

▶▶ 圖 12-8　執行結果

圖 12-8 的資料輸出還可以進一步的美化。讀者可以將下面 (粗黑體部分) 的程式碼加到 printdeck() 的最後。這個巢狀迴圈，可以分別印出：黑桃、紅心、方塊、梅花的圖像 (ASCII 的 6, 3, 4, 5)。然後我們利用之前介紹的資料區分方式，依照資料除以 13 的「商」，決定是否是需要的花色。如果是，就利用資料除以 13 的「餘數」(tmp) 來列印紙牌編號。程式執行結果如圖 12-9。

```
void printdeck() {
       :
    for(j=0;j<4;j++) {
       printf("\n %c: ", (j==0) ? 6 : j+2);
       for(i=0;i<N13;i++)
         if(player_1[i]/N13==j) {
            tmp=player_1[i]%N13;
            if(tmp<10) printf("%3d",tmp+1);
            else if(tmp==10)printf("  J");
            else if(tmp==11)printf("  Q");
            else printf("  K");
         }
    }
}
```

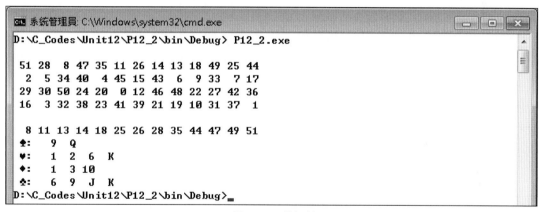

▶▶ 圖 12-9　執行結果

　　第一列的紙牌被分給第一個玩家，經過排序之後得到的資料是：8 11 13 14 18 25 26 28 35 44 47 49 51。其中，0~12 是黑桃。而 8 代表的是黑桃 9；11 代表的是黑桃 Q；13~25 是紅心，13 代表的是紅心 1，14 代表的是紅心 2，18 代表的是紅心 6，25 代表的是紅心 K。依此類推。

　　這樣一來，不只可以完成洗牌、發牌的工作，也可以將手牌清楚的列印出來。目前程式碼是使用 player_1[] 的陣列來記錄第一個玩家的手牌，而更理想的儲存方式是使用下一個單元會介紹的「二維陣列」來儲存。

1. UVa 948：在範例 P11-2 中，我們討論過計算「費氏數列」的問題。$F_0 = 0, F_1 = 1$ 當 n >= 2 時 $F_n = F_{n-1} + F_{n-2}$。

n	0	1	2	3	4	5	6	7	8	9
F_n	0	1	1	2	3	5	8	13	21	34

給定一個正整數，它可以轉成「費氏數列」數字的相加。例如：

13 = 1 + 1 + 3 + 8 = 2 + 3 + 8 = 5 + 8 = 13

17 = 1 + 3 + 5 + 8 = 1 + 1 + 2 + 13 = 1 + 3 + 13

一個正整數，可以用不同的組合來呈現。例如：小於 17 的最大「費氏數列」數字是 13，它就一定要被選用，17 - 13 = 4，小於 4 的最大「費氏數列」數字是 3，它也一定要被選用，所以 17 是定義成 1 + 3 + 13。(稱為「費氏基底」)

17=	1	0	0	1	0	1
13+3+1	13	8	5	3	2	1

輸入：第一行是一個正整數 N，表示測試案例個數 $(0 \leq N \leq 500)$。接下來每行包含 1 個測試案例，小於 10^8 的整數。

輸出：依照輸出範例輸出。請注意，必須要反輸出。

輸入範例：　　　　　輸出範例：

```
10                  1  =  1  (fib)
1                   2  =  10  (fib)
2                   3  =  100  (fib)
3                   4  =  101  (fib)
4                   5  =  1000  (fib)
5                   6  =  1001  (fib)
6                   8  =  10000  (fib)
8                   10  =  10010  (fib)
10                  13  =  100000  (fib)
13                  17  =  100101  (fib)
17
```

2. UVa 10929：給定一個正整數，檢查它是否是 11 的倍數。

輸入：每行包含 1 個測試案例，一個正整數。最後一行是 0。這個正整數最多 1000 個數字。

輸出：一個字串，說明數字是否為 11 的倍數。

輸入範例：　　　　　輸出範例：

```
112233              112233 is a multiple of 11.
30800               30800 is a multiple of 11.
```

```
2937              2937 is a multiple of 11.
323455693         323455693 is a multiple of 11.
5038297           5038297 is a multiple of 11.
112234            112234 is not a multiple of 11.
0
```

提示：C 語言沒有一個系統型別可以裝得下包含 1000 位的正整數。因此，一定要使用字元陣列將這些數字記錄起來。觀念上跟「猜數字遊戲」中，玩家輸入數字，但是程式以字元紀錄起來是一樣的方式。請注意，一定要額外多宣告至少多一個元素的空間。或是使用範例 P11-5 的做法來宣告陣列，讀入資料。數字 0 的 ASCII 碼是 48。

3. UVa 299：在過去蒸汽火車的時代，在火車會通過河面的地方，並不是將路面架高，一次開過去，而是將橋面做成可以在河中心旋轉的橋。當有大船要通過的時候，橋面轉成跟河水平行的時候，船隻可以經過。如果有火車要通過橋面，又有大船同時要通過，火車車廂會兩節兩節的通過，因為橋面只能向一個方向旋轉。所以，這兩節車廂的編號會交換（swap）。火車調度員可以利用這個機制，在火車過橋的過程中，將車廂號碼調整。

輸入：第一行是一個正整數 N，表示測試案例個數。接下來每 2 行包含 1 個測試案例，每 2 行中的第 1 行是車廂個數 L(0 ≤ L ≤ 50)；後面是目前車廂編號順序。

輸出：如果希望交換（swap）後，車廂號碼會由小到大，那麼會需要做幾次的交換。請照輸出範例輸出。

輸入範例：　　　　　輸出範例：
```
3                 Optimal train swapping takes 1 swaps.
3                 Optimal train swapping takes 6 swaps.
1 3 2             Optimal train swapping takes 1 swaps.
4
4 3 2 1
2
2 1
```

學習心得

....

....

....

....

....

....

....

....

....

....

....

....

....

Chapter **13**

高維陣列

本章綱要

單元 11、12 中簡單介紹了陣列的基本觀念與一維陣列的應用。使用一維陣列已經可以處理相當多的計算問題，然而，更複雜的問題，就需要使用高維陣列來處理。本單元主要使用二維陣列來解說高維陣列。

◆ 高維陣列的基本觀念
◆ 二維陣列
◆ 二維陣列的函數參數傳遞
◆ 二維陣列應用範例

13-1 高維陣列 (multi-dimensional array)

雖然「一維陣列」已經可以幫助我們解決許多問題，但是有許多的狀況，許多資料，在本質上就不是以一維的方式呈現，它還是力有未逮。如果硬要用「一維陣列」來處理，當然就會很不自然，很不方便。例如圖 13-1：圍棋的棋盤，西洋棋的棋盤，它們本質上就是二維的。

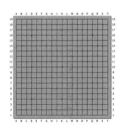 

▶▶ 圖 13-1　圍棋、西洋棋棋盤

又例如雞蛋在運送的過程中，通常放在如圖 13-2 左的蛋箱中，每一層是如圖 13-2 右的二維置蛋盤。以下圖為例，一個置蛋盤可以裝 6*5=30 顆雞蛋；而左圖堆了 6 層，一共有 180 顆雞蛋。這個 6 層的二維置蛋盤，當然可以理解成「一個」三維的置蛋空間。

▶▶ 圖 13-2　蛋盤示意圖

這些真實的資料，都不能簡單地用「一維陣列」直接來處理，因為它們本質上是「二維陣列」或是「三維陣列」。只要是大於「一維」的陣列，都稱為「高維陣列」。因此，本單元接下來的部分，以「二維陣列」來說明「高維陣列」。由「二維陣列」推演到「三維陣列」、「四維陣列」，在本質上，與「一維」推演到「二維」並沒有任何差異。

13-2 二維陣列（two-dimensional array）

C 語言的「二維陣列」當然也算是陣列。因此，它也是由許多「有序」、「同質」的元素所組成。「二維」表示有兩個維度，當然需要兩個維度 (索引) 才能描述。「二維陣列」中的兩個維度有特別的名稱：「列」(row) 與「行」(column)。而圖 13-3 是一個包含 2 列 5 行的「二維陣列」。當然「二維陣列」的索引也是從 0 開始的非負整數。

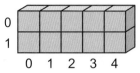

▶▶ 圖 13-3　2 列 5 行的二維陣列

13-2-1　二維陣列宣告

二維陣列宣告的語法如下：

```
type name[row][col][={initial values…}]
```

- *type*：元素型別。
- *name*：陣列變數。必須遵守命名規則。
- *row*：列大小。必須是大於 0 的正整數常數。
- *col*：行大小。必須是大於 0 的正整數常數。
- *initial values*：可有可無的初始值。

　　除了「維數」不同以外，「二維陣列」的宣告，基本上與「一維陣列」幾乎完全一樣，初始值設定的「中括號」代表「可有可無」。下面的程式碼，宣告了 1 個整數的「二維陣列」變數 arr，它有 2 列 5 行；1 個浮點數的「二維陣列」變數 frr，它有 2 列 3 行。

```
int    arr[2][5];
float  frr[2][3];
```

13-2-2　二維陣列設初值

　　「二維陣列」有行、有列，初始值的設定與「一維陣列」設初值的方法非常類似，只不過要提供兩層維度（大括號）。如下的程式碼，會宣告「一個」二維陣列變數，同時將初始值設成：（第 1 列）5,4,3,2,1（第 2 列）1,2,3,4,5。

```
int arr[2][5]={{5,4,3,2,1},
               {1,2,3,4,5}};
```

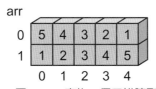

▶▶ 圖 13-4　宣告一個二維陣列

　　上面的範例，提供了足夠的「初始值」給陣列。若是沒有足夠的初始值，後面的元素空間，會被自動設成 0，如下範例所示：

```
int arr[2][5]={{5,4,3,2},
               {1,2,3}};
```

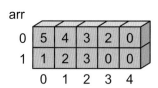

▶▶ 圖 13-5　沒有足夠的預設值，後面的元素空間會自動設成 0

　　「高維陣列」設初始值有一個特殊的作法，就是使用「一維陣列」設初始值的方式來做。例如：下面的宣告、設初始值的方式，與上面的方法完全同義。但是，如非特殊需要，建議讀者不要使用這種方式來對「高維陣列」設初始值。畢竟這種作法，多少會降低了程式的可讀性。

```
int arr[2][5]={5,4,3,2,0,1,2,3,0,0};
```

　　請注意，如果完全沒給定任何初始值，系統是不會設 0 的。陣列的元素內容會是未知的值，可能是 0，也可能不是。如果只需要將所有元素設成 0，可以利用「一維陣列」設初始值的方式，設 1 個 0，那麼後面的元素，系統就會自動幫我們設成 0。如下：

```
int arr[2][5]={0};
```

　　另外，「高維陣列」也可以使用初始值來決定宣告陣列的大小。例如下面的程式範例，等於是宣告 int arr[2][5]。

```
int arr[][5] = {{5,4,3,2,1},
                {1,2,3,4,5}};
```

　　對於沒有提供大小的「二維陣列」宣告，系統會由初始值來導出行的大小。雖然系統允許這樣做，效能卻不會有任何的提升，反而會降低程式的可維護性，因此，建議讀者儘量少用這種方式宣告「高維陣列」。

13-2-3　二維陣列元素存取

　　「陣列」不論有幾個維度，一次只會宣告「一個」變數。如下的範例只宣告「一個」二維陣列變數，將「一塊」記憶體配置給 arr。只要提供陣列變數名稱，給定行、列索引的值，就可以順利的存、取元素的內容。

```
int arr[2][5]={{5,4,3,2,1},
               {1,2,3,4,5}};
arr[1][0] = arr[0][3] + arr[1][1];
```

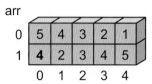

▶▶ 圖 13-6　arr[0][3] 與 arr[1][1] 相加；將計算結果設給 arr[1][0]

　　上面的指令，會將 arr[0][3] 與 arr[1][1] 相加；將計算結果設給 arr[1][0]。

13-2-4　二維陣列使用範例

　　類似於「一維陣列」的使用方法，一般都會先宣告一個夠大的「二維陣列」，然後利用變數 m、n，針對目前處理的案例，設定「有效的」行、列是多少。程式範例如下：

```c
#define M_SIZE 128
void main() {
    int arr[M_SIZE][M_SIZE];
    int m, n; // m: 列數 ; n: 行數
```

　　如果使用這種方式宣告陣列，處理個別的案例的話，那就必須在每次處理個案之前，先將上次案例處理完成，殘留在陣列中的內容清理乾淨。光是利用宣告的時候設定初始值，是不夠的，因為在下一次處理的時候，殘留的內容恐怕會影響計算的結果。

範例 P13-1

```c
1       #include <stdio.h>
2       #include <stdlib.h>
3       #define M_SIZE 128
4       int arr[M_SIZE][M_SIZE];
5       void init(int m, int n){
6          int i, j;
7          for(i=0;i<m;i++)
8            for(j=0;j<n;j++)
9              arr[i][j]=15;
10      }
11      void print(int m,int n){
12         int i, j;
13         for(i=0;i<m;i++){
14           for(j=0;j<n;j++) printf("%3d",arr[i][j]);
15           printf("\n");
16         }
17      }
18      int main() {
19         int m=5, n=5;
20         init(m,n);
21         // do_process();
22         print(m,n);
23         return 0;
24      }
```

為了清楚說明起見，目前暫時先將「二維陣列」宣告成「全域變數」，大小最多 128*128。在主程式中設定陣列「有效的」行、列（m=5、n=5），如範例 P13-1 中第 18~24 行所示。而主程式中，通常包含設初始值函數 init()，處理函數 do_process()，與輸出結果函數 print()。範例 P13-1 中第 11~17 行 print() 函數，列印計算結果。目前因為沒有處理函數 do_process()，所以列印的是陣列設值之後的結果。而第 5~10 行的 init() 函數，設定陣列初始值，將所有元素都設成 15。執行結果如下：

```
D:\C_Codes\Unit13\P13_1\bin\Debug\P13_1.exe
15 15 15 15 15
15 15 15 15 15
15 15 15 15 15
15 15 15 15 15
15 15 15 15 15

Process returned 0 (0x0)    execution time : 0.031 s
Press any key to continue.
```

▶▶ 圖 13-7　執行結果

如果需要將陣列初始值設成如圖 13-8 的內容，可以簡單的用下面的程式碼修改第 5~10 行的 init() 函數。就能夠完成需要的工作了。

0	0	1	2	3	4
1	10	11	12	13	14
2	20	21	22	23	24
3	30	31	32	33	34
4	40	41	42	43	44
	0	1	2	3	4

▶▶ 圖 13-8　陣列初始值

```c
void init(int m, int n){
  int i, j;
  for(i=0;i<m;i++)
    for(j=0;j<n;j++)
      arr[i][j]=i*10+j;
}
```

模擬實作

如果陣列初始值必須以下方說明來定義，該如何修改程式，請在右邊空白處練習：

0	0	10	20	30	40
1	1	11	21	31	41
2	2	12	22	32	42
3	3	13	23	33	43
4	4	14	24	34	44
	0	1	2	3	4

學生演練

13-3 二維陣列的函數參數傳遞

二維陣列的「函數參數傳遞」基本上與一維陣列的參數傳遞類似。但是有一些細節必須注意。首先，我們必須確定二維陣列變數名稱的意義。事實上，它代表的是記憶體的起始區塊，可以用 %p 的格式列印出來。如果在範例 P13-1 中第 19 行的後面加入下面的程式碼：

```
printf("%p %p %p\n", arr, arr[0], &arr[0][0]);
```

輸出結果如圖 13-9：

```
D:\C_Codes\Unit13\P13_1\bin\Debug\P13_1.exe
00404060 00404060 00404060
 15 15 15 15 15
 15 15 15 15 15
 15 15 15 15 15
 15 15 15 15 15
 15 15 15 15 15
```

▶▶ 圖 13-9　執行結果

可以看到輸出了 3 個一模一樣的記憶體位址。這表示 arr, arr[0], &arr[0][0] 所描述的是一樣的位址。

13-3-1 二維陣列做為實際參數

二維陣列在做函數的參數傳遞的時候，實際參數使用的是 arr。也就是這一整塊記憶體的起始位址。而由上面的說明，其實使用 arr[0], &arr[0][0]，也是能得到一樣的效果。但是，為了提高程式的可讀性，建議讀者還是儘量使用 arr 當作實際參數。例如以如下的指令來做函數呼叫：

```
init(arr, m, n);
```

13-3-2 二維陣列做為形式參數

我們也需要修改 init() 函數與 print() 函數的定義，讓這兩個函數不只輸入 m, n 也輸入需要「設值」，或是「列印」的二維陣列。函數的原型可以依照如下的方式定義：

```
void init(int arr[MAX_SIZE][MAX_SIZE],int m,int n);
void print(int arr[MAX_SIZE][MAX_SIZE],int m,int n);
```

這樣一來就可以將陣列當成一個參數，將所需要「設值」，或是「列印」的二維陣列，直接傳給函數來處理。那麼，陣列變數也就沒有必要設成「全域變數」了。程式碼如下：

範例 ┤┴┤├─► P13-2

```
1    #define M_SIZE 128
2    void init(int arr[M_SIZE][M_SIZE],int m, int n){
3      int i, j;
```

```
4        for(i=0;i<m;i++)
5          for(j=0;j<n;j++)
6            arr[i][j]=15;
7    }
8    void print(int arr[M_SIZE][M_SIZE],int m,int n){
9      int i, j;
10     for(i=0;i<m;i++){
11       for(j=0;j<n;j++) printf("%3d",arr[i][j]);
12       printf("\n");
13     }
14   }
15   int main() {
16     int m=5, n=5,arr[M_SIZE][M_SIZE],
17              brr[M_SIZE][M_SIZE]={0};
18     init(arr,m,n);
19     print(arr,m,n);
20     print(brr,m,n);
21     return 0;
22   }
```

```
D:\C_Codes\Unit13\P13_2\bin\Debug\P13_2.exe
 15 15 15 15 15
 15 15 15 15 15
 15 15 15 15 15
 15 15 15 15 15
 15 15 15 15 15
  0  0  0  0  0
  0  0  0  0  0
  0  0  0  0  0
  0  0  0  0  0
  0  0  0  0  0
Process returned 0 (0x0)   execution time : 0.030 s
Press any key to continue.
```

▶▶ 圖 13-10　執行結果

　　由主程式的第 16~21 行，我們可以看到只有變數 arr 經過初始值的設定 init()。所以當我們使用 print() 函數列印陣列 arr 與 brr 的時候，會看到 brr 的內容全部都是 0。

13-4　二維陣列的應用範例

　　中國古代流傳的「河圖、洛書」中的「洛書」可以用「魔術方陣」(magic square) 的觀念來說明。而「魔術方陣」眾多「魔術圖形」之一。圖 13-11 左是一個二維的「魔術方陣」，而圖 13-11 右則是「楊輝算法」中的「魔術環」。

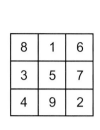

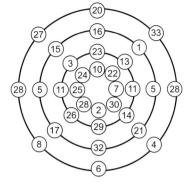

▶▶ 圖 13-11　魔術方陣及魔術環

在圖 13-11 左圖的 3x3「魔術方陣」中，其中的編號是從 1~3x3，而且不論是橫軸、縱軸，交叉的斜線，數字加起來都相同。同理，一個 4x4 的「魔術方陣」，其中的編號是從 1~4x4，而且不論是橫軸、縱軸，交叉的斜線，數字加起來都相同。滿足上述的條件，就稱「魔術方陣」。如果不考慮旋轉，翻轉方塊的話，只有一種 3x3 的「魔術方陣」。

而圖 13-11 右圖的「魔術循環」中，一共有 33 個位置，分別填寫 1~33。而且橫軸、縱軸，交叉的斜線（共四條）9 個數字加起來都是 147。例如：橫軸 28 + 5 + 11 + 25 + 9 + 7 + 19 + 31 + 12=147。而四個同心圓上的 8 個數字加上圓心的 9，也是 147。例如：最內圈 10 + 22 + 7 + 30 + 2 + 18 + 25 + 24 + 9=147。其他還有五角星、六角星，或是三維圖形的魔術圖形，定義都大同小異。我們在這裡介紹的是二維的「魔術方陣」。

13-4-1　二維魔術方陣的確認

給定一個二維的「魔術方陣」，最直接的儲存方式就是將它放在「二維陣列」之中。類似之前的說明，通常會宣告一個夠大的「二維陣列」，再用變數來說明目前處理的案例中，哪些是有效的資料。程式範例如下，因為「魔術方陣」一定是方陣，所以用一個變數 n 來描述「魔術方陣」的大小就足夠了，不需要第二個變數。

```
#define M_SIZE 128
void main() {
  int arr[M_SIZE][M_SIZE];
  int n; // n: 大小
```

給定一個「魔術方陣」，所需要檢查的是：橫軸、縱軸、交叉的斜線，數字加起來是否相同？而我們知道 $1+2+...+n^2 =n^2(n^2+1)/2$。當 n=3 的時候，連加的和是 45。那麼一個「方陣」若是「魔術方陣」，單列相加一定必須要等於 $[n^2(n^2+1)/2]/n$，也就是 $n(n^2+1)/2$。當 n=3 的時候，這個數字就是 15。當 n=4 的時候，這個數字就是 34。

```
int check(int arr [M_SIZE][M_SIZE], int n) {
  int m_no = n*(n*n+1)/2;
  // 迴圈檢查 n 條「橫軸和」，若不等於 m_no 回傳 0
```

```
        // 迴圈檢查 n 條「縱軸和」，若不等於 m_no 回傳 0
        // 檢查「左上－右下和」，若不等於 m_no 回傳 0
        // 檢查「右上－左下和」，若不等於 m_no 回傳 0
        return 1;
    }
```

　　一旦確定了需要檢查的數字之後，只需要對：橫軸、縱軸、交叉的斜線，一共 2n+2 行的資料分別加總，檢查數字是否正確就可以了。程式的框架如上。細節部分留給讀者來完成它。

13-4-2　製作奇數二維魔術方陣

　　依照方陣的特徵，有許多不同的方法來製作一個「魔術方陣」。假設「魔術方陣」的大小是奇數（3,5,7,…）的話，有一個很單純的方式可以建立一個「魔術方陣」。以 m=3 為例，首先在最上面一列的中間位置（[0][1] 的位置），填入 1，如圖 13-12 所示。

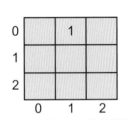

▶▶ 圖 13-12　在 [0][1] 的位置填入 1

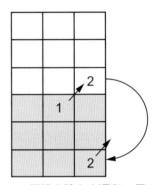

▶▶ 圖 13-13　假設方陣上方還有一個 3x3 的方陣

　　接下來朝「右上方」箭頭處移動。假設方陣上方還有一個 3x3 的方陣，將 2 填入該位置。並將這個位置（方陣最右下方 [2][2] 的位置）相對於原本方陣的位置一樣的填入 2，如圖 13-13 所示。

　　接下來向「右上方」箭頭處移動，假設方陣右邊還有一個 3x3 的方陣，將 3 填入該位置。並將這個位置（方陣 [1][0] 的位置）相對於原本方陣的位置一樣的填入 3，如圖 13-14 所示。

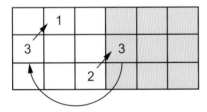

▶▶ 圖 13-14　假設方陣右邊還有一個 3x3 的方陣

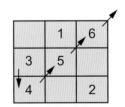

▶▶ 圖 13-15　發生「碰撞」時，向下移動

　　接下來繼續向「右上方」箭頭處移動。但是，這個位置並不是空白可以使用的位置（1 已經被填寫進去了）。這種狀況可以稱為「碰撞」。發生「碰撞」時，我們「向下移動」，將 4 填入下方的空白空間（方陣 [2][0] 的位置）。然後一路向「右上方」箭頭處移動，填入 5，6，如圖 13-15 所示。

數字 7 應該要填入 6 的「右上方」，也就是相對於原本方陣 [2][0] 的位置。可是這個位置已經填有數字 4，不能將 7 填進去，按照一樣的處理規則，「向下移動」，將 7 填入 6 下方的空白空間（方陣 [1][2] 的位置），如圖 13-16 所示。

接下來繼續向數字 7 的「右上方」前進，將數字 8 填入（方陣 [0][0] 的位置），如圖 13-17 所示。接下來繼續向「右上方」最後的空位，填入最後一個數字 9（方陣 [2][1] 的位置）。

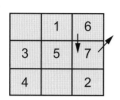

▶▶ 圖 13-16　向下移動，將 7 填入

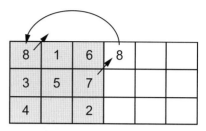

▶▶ 圖 13-17　將數字 8 填入

這樣就可以導出一個 3x3 的「魔術方陣」。

模擬實作

如果方陣的大小是 5，使用上面介紹的方法，導出一個 5x5 的「魔術方陣」，請在右邊空白處練習：

學生演練

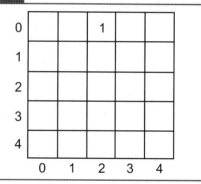

13-4-3　製作奇數二維魔術方陣的程式

上面說明的方法，簡單來說，就是適當的控制陣列的索引，將 1~9 的值，「放」到適當的地方去。而「右上方」移動，也就是移往上一列 row，下一行 column。上面的說明過程，可以用下頁表 13-1 的步驟來說明：

❖ 表 13-1　製作奇數二維魔術方陣步驟說明

值 (步驟)	row	col	說明
1	0	1	初始起點
2	2	2	row 超出邊界，需要調整
3	1	0	col 超出邊界，需要調整
4	2	0	發生「碰撞」，向下移動
5	1	1	
6	0	2	
7	1	2	發生「碰撞」，向下移動
8	0	0	col 超出邊界，需要調整
9	2	1	row 超出邊界，需要調整

步驟 4~6 是最基本的移動，row 從 2 遞減到 0；同時 col 從 0 遞增到 2。而步驟 1 到 2(步驟 8 到 9) 因為 row 的遞減，超出了邊界，0 減成 -1 之後，要再加上方陣大小 3，回到相對的位置。類似的狀況發也會發生在 col 遞增而超出邊界，如步驟 2 到 3(步驟 7 到 8)，2 加成 3 之後，要再減去方陣大小 3，回到相對的位置。而步驟 3 到 4(步驟 6 到 7) 的過程中，發生了「碰撞」，要向下移動，row 遞增，col 不變。整個過程，可以用圖 13-18 的流程圖來說明：

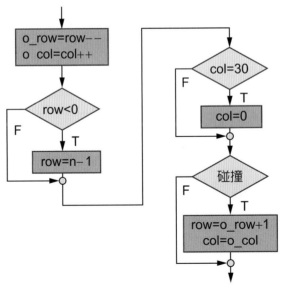

▶▶ 圖 13-18　製作奇數二維魔術方陣流程圖

可以正確的決定索引值之後，使用一個迴圈，處理步驟 2~9 就可以了（步驟 1 可以當作預設步驟）。整個設值的過程，可用如下的函數 process() 來完成：

 P13-3

```
1     void process(int arr[M_SIZE][M_SIZE],int n){
```

```
2        int row=0,col=n/2,o_row,o_col, i;
3        arr[row][col]=1;
4        for(i=2;i<=n*n;i++) {
5            o_row=row--;
6            o_col=col++;
7            if (row==-1)row=n-1;
8            if (col==n) col=0;
9            if ( arr[row][col] ) {
10               row=o_row+1;
11               col=o_col;
12           }
13           arr[row][col]=i;
14       }
15   }
```

範例 P13-3 的第 5~12 行實作了上面的流程圖。讀者可以看到，指令幾乎與流程圖的說明一模一樣。而第 4 行的迴圈與第 13 行的設值，基本上也只是處理步驟 2~9，將下一個數字放入正確的 [row][col] 之中而已。第 2,3 行設定初始值，起始的位置與第 1 個數字。因為陣列所有元素的初始值被設成 0，所以當 if (arr[row][col]) 為「眞」的時候，當然就表示之前已經有一個值被寫入了。也就是發生了「碰撞」。

我們可以重複使用之前的 print() 函數，只要將 print() 中的 m,n 都給一樣的值 n，列印陣列就不會有問題，主程式如下：

```
int main() {
    int n=3, arr[M_SIZE][M_SIZE]={0};
    process(arr,n);
    print(arr,n,n);
    return 0;
}
```

在主程式中，方陣的大小被寫定成 3。所以執行結果會輸出如下的「魔術方陣」：

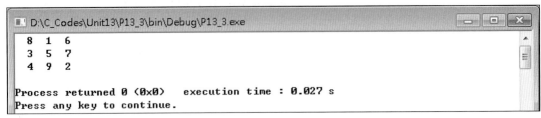

▶▶ 圖 13-19　執行結果

另外，範例 P13-3 的第 5~8 行在檢查這個朝「右上方」的移動有沒有超出邊界，row 變成 -1 或是 col 變成 3。這四行的指令固然沒錯，它們可以用如下的指令替代：

```
row--; col++; row+=n;
row%=n;col%=n;
```

前兩個指令 row--; col++; 就是「右上方」移動的索引變化。因為 row 有可能被減成 -1，第三個指令將它加一個 n。如果當時的 row 真的是 -1，加 n 之後 row 會是 2。接下來將 row 與 col 分別對 n 求餘數。如果 row 是 1，加 n 之後 row 會是 4，對 n 求餘數之後還是 1。如果 col++ 之後是 3，對 n 求餘數之後會是 0。執行結果 0 與原本第 5~8 行指令的執行結果一樣。這個加 n 求餘數的方法，是一個很常見的技巧。希望讀者要能將它消化吸收。

產生一個奇數大小的「魔術方陣」並沒有限定一定要向「右上方」的方式移動，也可以向「左上方」的方式移動。規則與上面的說明大同小異，留給讀者自行導出。另外第一個數字 1，也可以放在其他邊緣行，列的中間，然後開始移動。例如，可以將 1 放在最下面一列的中間位置，然後向「右下方」的方向移動。也可以產生出一個「魔術方陣」。這部分一樣放在練習中，由讀者自行導出規則，製作程式來完成。

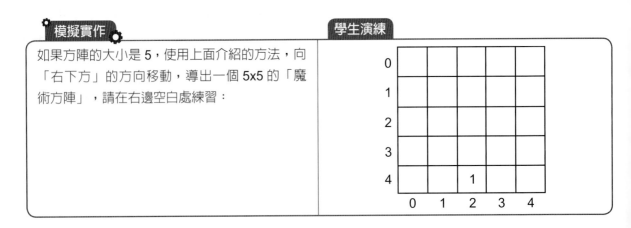

本章習題

1. 若有如範例 P13-1 的程式框架，請修改 P13-1 的 init() 函數，將陣列初始值必須以下方說明來定義。

	0	1	2	3	4
0	1	2	3	4	5
1	6	7	8	9	10
2	11	12	13	14	15
3	16	17	18	19	20
4	21	22	23	24	25

2. （承上題）製作程式，陣列初始值設定之後，由使用者輸入一個整數，搜尋該陣列中是否包含該值。若有包含，輸出列、行的值。

3. 若有如範例 P13-1 的程式框架，請修改 P13-1 的 init() 函數，將陣列初始值必須以下方說明來定義。

	0	1	2	3	4
0	25	24	23	22	21
1	20	19	18	17	16
2	15	14	13	12	11
3	10	9	8	7	6
4	5	4	3	2	1

4. 若有如範例 P13-1 的程式框架，請修改 P13-1 的 init() 函數，將陣列初始值必須以下方說明來定義。

	0	1	2	3	4
0	25	20	15	10	5
1	24	19	14	9	4
2	23	18	13	8	3
3	22	17	12	7	2
4	21	16	11	6	1

![本章習題]

5. 若有如範例 P13-1 的程式框架，請修改 P13-1 的 init() 函數，將陣列初始值必須以下方說明來定義。

0	1	2	3	4	5
1	16	17	18	19	6
2	15	24	25	20	7
3	14	23	22	21	8
4	13	12	11	10	9

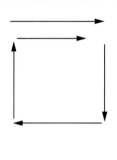

6. 宣告一個 20×20 的 2 維陣列，輸入 i(i<20)，陣列設成「巴斯卡三角形」，並列印出來

0	1				
1	1	1			
2	1	2	1		
3	1	3	3	1	
4	1	4	6	4	1

　　//印 i 列

7. 宣告一個 20×20 的 2 維陣列，輸入 i(i<20)，陣列設成「費氏數列三角形」，並列印出來

0	1				
1	1	1			
2	2	2	2		
3	3	4	4	3	
4	5	7	8	7	5

　　//印 i 列

8. 製作一個程式檢查輸入資料是否為「魔術方陣」。輸入的第一行是一個整數，代表方陣大小。接下來是方陣資料。如果資料是「魔術方陣」，則輸出 Yes，不然輸出 No。

輸入範例：　　　　　輸出範例：

3　　　　　　　　　　No

4 3 8

9 5 7

2 7 6

9. 完成範例 P13-3，由使用者輸入一個奇數，輸出「魔術方陣」。

10. 修改範例 P13-3 的作法，不要以「右上方」的方式移動，而是以「左上方」的方式移動。建立一個奇數大小的「魔術方陣」。

11. 修改範例 P13-3 的作法，將初始的 1 設在最下面一列的中間，不要以「右上方」的方式移動，而是以「左下方」的方式移動。建立一個奇數大小的「魔術方陣」。

12. 輸入兩個 m×n 的矩陣 a、b，製作 matrix_add()，矩陣相加的函數。函數原型，輸入範例如下：

```
void matrix_add(int a[M_SIZE][M_SIZE],
                int b[M_SIZE][M_SIZE],
                int res[M_SIZE][M_SIZE],
                int m, int n);
```

輸入範例：　　　　　輸出範例：

2 3　　　　　　　　　2 3 4

1 1 1　　　　　　　　3 4 5

2 2 2

2 3

1 2 3

1 2 3

13. 輸入 m×n 的矩陣 a，製作矩陣轉置的函數，matrix_T()。函數原型，輸入範例如下：

```
void matrix_T(int a[M_SIZE][M_SIZE],
              int res[M_SIZE][M_SIZE],
              int m, int n);
```

輸入範例：　　　　　輸出範例：

2 3　　　　　　　　　1 4

1 2 3　　　　　　　　2 5

4 5 6　　　　　　　　3 6

14. 輸入 m×n 的矩陣 a 與 n×o 的矩陣 b，製作矩陣相乘的函數，matrix_mul()。函數原型，輸入範例如下：

```
void matrix_mul(int a[M_SIZE][M_SIZE],
                int b[M_SIZE][M_SIZE],
                int res[M_SIZE][M_SIZE],
                int m, int n, int o);
```

輸入範例：　　　　輸出範例：

2 2　　　　　　　　3 6 9

1 2　　　　　　　　4 8 12

2 2

2 3

1 2 3

1 2 3

15. 機器人走迷宮：有一個小機器人在迷宮（如下圖）的入口處（左上方），想要走到迷宮的出口
（右下方）。迷宮中有許多障礙物（如下圖中的石頭）。小機器人一次只能移動一步，如果有
許多方向可以移動，小機器人會丟骰子來決定移動的方向。例如下圖中的案例，小機器人的第
1 步只能向東走，之後就有 2 個選擇，向東、向西。小機器人會亂數產生 0 ～ 3 表示東 E、西
W、南 S、北 N。來決定要往哪裡走。若是產生出不能前進的方向（例如：西、北，出界；南，
石頭），就再丟一次骰子。輸出小機器人走到出口的移動軌跡。例如：NEE…

左側的迷宮以如下的方式描述：6 表示
迷宮大小，1 表示障礙物。

```
6
0 0 0 0 1 0
1 1 0 0 1 0
0 1 0 0 0 0
0 1 0 1 0 1
0 0 0 1 1 1
0 1 0 0 0 0
```

Chapter **14**

問題討論－ III

本章綱要 📢

　　本單元詳細介紹 2 個應用問題：Tic-Tac-Toe「圈叉遊戲」與猜數字的第二個部分；同時列出 3 個讀者可以利用二維陣列來解決的問題。

◆ Tic-Tac-Toe
◆ 猜數字

14-1 ▍ Tic-Tac-Toe 遊戲

Tic-Tac-Toe 就是大家熟悉的「圈叉遊戲」。兩個玩家在 3×3 盤面上輪流下。哪一方先連成 3 個一條線的就算贏。

14-1-1 程式流程圖

假設玩家與電腦對局，（永遠是）玩家先下。程式可以用下面的流程圖來描述。

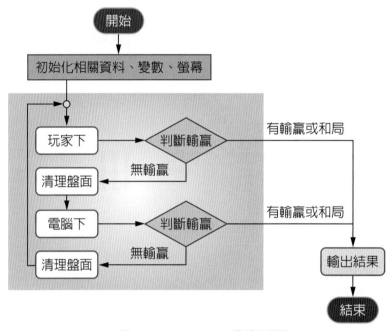

▶▶ 圖 14-1 Tic-Tac-Toe 遊戲流程圖

讀者可以發現，這個流程圖與「猜數字」遊戲的流程圖，除了多了「清理盤面」的工作以外，幾乎一模一樣。事實上，只要是 2 人對弈遊戲的流程圖，框架都非常類似。另外，這個程式只會讓玩家玩一次的遊戲，如果想要持續再玩多次，可以在「開始」與「結束」之間，加一個大迴圈，並且詢問玩家是否繼續再玩一次，如果不繼續玩，才 break 出來。為了方便說明起見，所有變數都以「全域變數」來定義。「主程式」的框架大概可以用如下的程式碼來說明。

```c
int main() {
  init(); // 設初始值
  while(1){
    user_play();// 玩家下
    if(checkBoard()) break;
    printBoard();
    comp_play();// 電腦下
    if(checkBoard()) break;
    printBoard();
  }
  printResult(); //印結果
  return 0;
}
```

分析一下問題，我們知道大概需要準備如下的變數：

14-1-2　初始值設定

分析一下問題，我們知道大概需要準備如下的變數：

盤面大小	#define M 3
盤面	int board[3][3];
贏家	int winner;
盤面上還能下的位置數目	int no;

用 winner 變數記錄誰是贏家編號，1 是玩家，2 是電腦，-1 是和局。因為盤面上只有 9 個位置可以選擇，雙方對最多也只會發生 9 次，而當沒有位置可以下，又沒有任何一方贏的時候，就是和局了。

觀察上面這個由流程圖直接導出的「主程式」框架，讀者應該可以立刻發現，除了 user_play() 與 comp_play() 不同以外，事實上是做了 2 次幾乎一樣的工作，一次處理玩家下，一次處理電腦下。那麼，我們就可以將上面的「主程式」框架，整理成下面更精簡的程式碼：

```c
int main() {
    init(); // 設初始值
    while(1){
        play(1); // 玩家下
        if(checkBoard()) break;
        printBoard();
        play(2); // 電腦下
        if(checkBoard()) break;
        printBoard();
    }
    printResult(); // 印結果
    return 0;
}
```

由上面「主程式」的框架中做了五種函數呼叫，讀者應該可以清楚了解本程式，應該會需要下面 5 個函數：

設初始值	void	init();
玩家／電腦下	int	play(int);
判斷輸贏	int	checkBoard();
清理列印盤面	void	printBoard();
列印結果	void	printResult();

這些函數與「猜數字」遊戲的中使用的函數也非常類似。函數 init() 設定初始值；函數 play() 處理下棋的過程，它需要傳送一個參數，由它來分辨目前是的玩家還是電腦下。其他則是「判斷輸贏」、「清理盤面」與「列印結果」的函數。這 5 個函數中，比較單純的是 init()、printBoard() 與 print_result()。下面提供一些實作的方式：

```c
void init() {
    int i,j;
    srand(time(NULL));
    for(i=0;i<M;i++)
        for(j=0;j<M;j++) board[i][j]=0;
    no=M*M;
    winner = -1;
    printBoard();
}
```

設初始函數 init() 只有 4 個指令，最重要的部分當然是把盤面所有位置設成 0。其他的指令是設 no、winner 成 -1。並初始化亂數起點。

```
void printResult(){
  if ( winner == -1 )
    printf("\n\tThere is no winner.\n");
  else
    printf("\n\tWinner is player %d.\n", winner);
}
```

列印結果函數 printResult() 也相當單純。只有一個指令，它檢查 winner 變數是否為 -1。若是，當然表示沒有輸、贏發生。不然的話，將贏得勝利的玩家編號列印出來。

```
void printBoard() {
  int i, j;
  system("cls");
  for (i=0;i<M;i++) printf("\t   %d",i+1);
  printf("\n    ");
  for (i=0;i<M;i++) printf("========");
  printf("\n");
  for (i=0;i<M;i++) {
    printf("%1d  |", i+1);
    for (j=0;j<M;j++) {
      printf("\t%3d", board[i][j]);
    }
    printf("\n");
  }
}
```

清理列印盤面函數 printBoard() 主要分成兩個部分：列印第一列（上面程式碼中灰底的部分），然後將盤面列印出來。當然在列印之前，需要呼叫 system("cls") 將螢幕清理乾淨。請注意，這個指令只在微軟的作業系統下有效。如果讀者使用 Linux 作業系統執行 Code::Blocks 的話，則要使用 system("clear")。

目前讀者應該只會在一個作業系統上學習 C 語言。當系統越來越大的時候，或是需要製作跨平台的程式的時候，我們當然會希望只要維護一份原始碼就好了，而不是為了某一種作業系統，就產生一個專案。至於如何製作一個程式，能夠讓它在不同的作業系統上編譯、執行，會在後面進階的單元中介紹。

函數 play() 處理下棋的過程，它的「形式參數」說明目前是玩家，還是電腦下這步。我們可以將這個代表哪一方的編號，紀錄在 board[][] 中，表示這個特定玩家，選了這個位置來下。函數的框架如下：

```
void play(int p) {
  int row, col;
```

```
    if (p==1) {
      // 玩家下
      // 輸出提示字串
      // 讀入選項
      // 紀錄在 board[][] 中
    } else {
      // 電腦下
      // 亂數選取 row, col(0~M-1)，直到該位置沒人下過
      // 紀錄在 board[][] 中
    }
    no--; // 空餘位置遞減
  }
```

　　讀者可以將上面的框架中所提示的指令寫入。目前可以假設玩家不會下到已經下過的位置。至於電腦下的部分，就一定要檢查是否下過，如果有，就再做一次亂數挑選。最後，要將空餘位置個數減1。最後一個函數是 checkBoard()，檢查盤面上是否有輸贏發生。函數的框架如下：

```
  int   checkBoard() {
    int i,j,key, flag;
    for(i=0;i<M;i++){
      // 檢查是否有列連成一線
      // 將 winner 設給連成一線的人
      // 回傳 1
    }
    for(i=0;i<M;i++){
      // 檢查是否有行連成一線
      // 將 winner 設給連成一線的人
      // 回傳 1
    }
    for(i=0;i<M;i++){
      // 檢查是否有左上到右下連成一線
      // 將 winner 設給連成一線的人
      // 回傳 1
    }
    for(i=0;i<M;i++){
      // 檢查是否有右上到左下連成一線
      // 將 winner 設給連成一線的人
      // 回傳 1
    }
    if ( no==0 ) return 1;
    return 0;
  }
```

函數 checkBoard() 其實相當單純，如果有輸贏發生，或是遊戲不能繼續進行（no==0）的時候，都要回傳 1。不然回傳 0，讓遊戲繼續進行。請讀者將上面的框架中所提示的指令寫入。如果一切順利，執行程式會像如圖 14-2 的畫面，玩家輸入 2 2。電腦下在 3 2 的位置，玩家輸入 1 1(如圖 14-3)。

```
D:\C_Codes\Unit14\P14_1\bin\Debug\P14_1
          1        2        3
      ========================
1 :       0        0        0
2 :       0        0        0
3 :       0        0        0
Enter  your  move  (Player 1): 2 2_
```
▶▶ 圖 14-2　玩家輸入 2 2

```
D:\C_Codes\Unit14\P14_1\bin\Debug\P14_1.
          1        2        3
      ========================
1 :       0        0        0
2 :       0        1        0
3 :       0        2        0
Enter  your  move  (Player 1): 1 1_
```
▶▶ 圖 14-3　玩家輸入 1 1

　　電腦下在 2 3 的位置，玩家輸入 2 3(如圖 14-4)。目前的範例沒有做防呆，所以 2 3 會將原來資料 "覆蓋"。電腦下在 3 3 的位置，玩家輸入 3 1(如圖 14-5)。

```
D:\C_Codes\Unit14\P14_1\bin\Debug\P14_1
          1        2        3
      ========================
1 :       1        0        0
2 :       0        1        2
3 :       0        2        0
Enter  your  move  (Player 1): 2 3_
```
▶▶ 圖 14-4　玩家輸入 2 3

```
D:\C_Codes\Unit14\P14_1\bin\Debug\P14_1
          1        2        3
      ========================
1 :       1        0        0
2 :       0        1        1
3 :       0        2        2
Enter  your  move  (Player 1): 3 1
```
▶▶ 圖 14-5　玩家輸入 3 1

　　電腦下在 1 3 的位置，玩家輸入 2 1(如圖 14-6)。

```
D:\C_Codes\Unit14\P14_1\bin\Debug\P14_1
          1        2        3
      ========================
1 :       1        0        2
2 :       0        1        1
3 :       1        2        2
Enter  your  move  (Player 1): 2 1
```
▶▶ 圖 14-6　玩家輸入 2 1

```
D:\C_Codes\Unit14\P14_1\bin\Debug\P14_1
          1        2        3
      ========================
1 :       1        0        2
2 :       1        1        1
3 :       1        2        2
       Winner is player 1.
```
▶▶ 圖 14-7　勝負已分

　　這裡介紹的程式框架，只要修改 #define M 3 為 4，就能產生 4×4 盤面的遊戲。請讀者在填入上述註解提示的指令之後，也順便測試其他大小盤面的執行，是否會正確。

```
D:\C_Codes\Unit14\P14_1\bin\Debug\P14_1.exe
               1        2        3        4
     ================================================
1    |        0        0        0        0
2    |        0        0        0        0
3    |        0        0        0        0
4    |        0        0        0        0
Enter your move (Player 1):
```

▶▶ 圖 14-8　4×4 的猜數字盤面

14-2　猜數字

在之前的單元中，使用下面的流程，製作了一個沒有「電腦下」那個部分的「猜數字」遊戲。

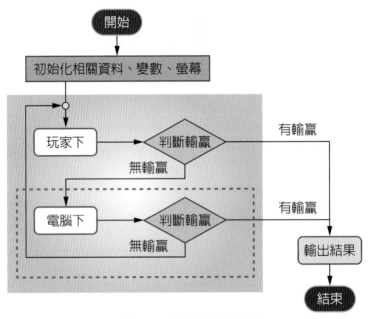

▶▶ 圖 14-9　猜數字遊戲流程圖

依照上面的程式流程圖，主程式框架如下：

```c
int main() {
  init(); // 設初始值
  while(1){
    // 玩家下
    if(user_play())   break;
    // 電腦下
    if( comp_play())  break;
  }
```

```
        print_result(); // 印結果
        return 0;
    }
```

這個單元，主要介紹如何製作電腦下的 comp_play() 函數，讓玩家與電腦可以對弈。

14-2-1 玩家可能的密碼

在之前單元中，我們準備了一個電腦的密碼給玩家來猜。玩家現在會按照同樣的規則，準備一個密碼給電腦來猜。那麼，玩家可能選用的密碼有那些呢？回顧介紹「巢狀迴圈」與 9×9 乘法表的單元，曾經利用下右的程式碼，建立如下左的序列：

```
1 1
1 2       for(i=1;i<10;i++)
1 3         for(j=1;j<10;j++)
 :             printf("%d %d\n",i,j);
1 9
2 1
 :
9 9
```

上面的程式碼，可以輕易地擴充，產生，列印出如下左的序列，一共有 10,000 個。

```
0 0 0 0          1 0 2 3
0 0 0 1          1 0 2 4
0 0 0 2          1 0 2 5
   :                :
0 0 0 9          9 8 7 5
0 0 1 0          9 8 7 6
   :
9 9 9 9
```

這 10,000 個列印出來的數字，其中有一些是有效的「猜數字」遊戲密碼，如上右的序列。有一些不是，例如 0 開始的數字，或是出現重複的數字。因此，只要從這 10,000 個數字，適當的將有效的密碼過濾出來，玩家的密碼，一定是其中之一。讀者可以在下面空白處，試著寫出產生左邊序列的程式碼。

```
1 0 2 3
1 0 2 4
1 0 2 5
   :
9 8 7 5
9 8 7 6
```

分析一下上面的序列，應該可以了解，有效的密碼一共有 4536 個（9×9×8×7）。如果要將它們全部儲存起來，只要宣告一個包含 4536 列的二維陣列就可以了。因爲之前是使用字元來製作「猜數字」遊戲的密碼，因此，可以用如下的方式宣告二維陣列，儲存全部有效的密碼。

```
#define MAX 4536
char list[MAX][4];
```

14-2-2　準備電腦的密碼

之前的實作在 init() 函數中，設定的一個電腦的密碼。然而，電腦的密碼，一定也是 4536 個有效密碼其中之一。因此，與其用許多程式碼產生一個特定密碼，事實上可以從這些有效密碼中，亂數選取一個就可以了。因此，init() 函數可以修改成：

```
void init() {
   // 設定所有可能的密碼 list[MAX][4]
   srand(time(NULL));
   // 設定電腦密碼爲 list[rand()%MAX]
}
```

14-2-3　過濾玩家的密碼

電腦下的函數 comp_play()，可以用如圖 14-10 的流程圖來描述。先從可能的密碼中，隨意挑選一個來問玩家，看看猜到幾個 A，幾個 B。如果玩家輸入 4A0B，表示電腦猜中玩家的答案，遊戲就分出勝負了。如果沒有猜中，那麼就需要將不可能的密碼過濾掉。下一輪的時候，從那些可能的密碼中選擇一個出來，猜它是玩家的密碼。

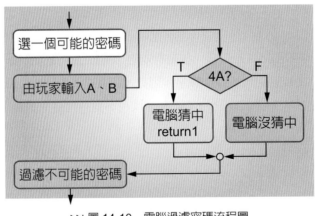

▶▶│圖 14-10　電腦過濾密碼流程圖

遊戲一開始的時候在 list[][] 中的 4536 個密碼當然都有可能是玩家的密碼。當我們確定某個密碼一定不是玩家的密碼的時候，我們可以將第 1 個字元改成 0，表示它是無效的密碼。下一輪在猜玩家密碼的時候，第 1 個字元是 0 的密碼就不能選用。那麼又如何知道那些密碼必須去除，那些必須保留？

▶▶| 圖 14-11　電腦猜 1023，玩家回答 2A1B

其實觀念非常簡單，可以用上圖來說明，假設玩家的密碼是 1042，電腦猜 1023。玩家回答 2A1B。10 位置對，數字也對。而 2 是正確密碼之一，但是位置不對。因為玩家不是回答 4A0B，表示 1023 絕對不是正確的密碼。

那麼 1024 會不會是正確的密碼呢？答案也不可能。因為如果它是正確密碼，玩家應該回答 3A0B，而不是 2A1B。那 1052 有可能是正確密碼嗎？答案是肯定的，因為如果它是玩家密碼，當電腦猜 1023 的時候，玩家也會回答 2A1B。

這樣分析之後，可以歸納一個結論，在可能的密碼中，跟 1023 相比對，如果是 2A 1B 的密碼，都有可能是玩家的真正密碼。如果比對結果不是 2A 1B 的密碼，就一定不可能是正確的密碼。就可以將它第 1 個字元改成 0，表示它是無效的密碼。函數 comp_play() 的框架如下：

```
int comp_play () {
  char cand[5]; int A, B;
  // 從可能的答案中選一個，存入 cand[]
  printf("I guess [%s] (A B)-> ", cand);
  scanf("%d%d", &A, &B);
  if ( A==4 ) { printf("I win!\n"); return 1;}
  // 過濾不可能的密碼
  return 0;
}
```

讀者只需要將上面說明，轉換成指令，替換上面程式碼框架中的註解，就可以完成完整「猜數字」的遊戲。程式執行的範例如圖 14-12：

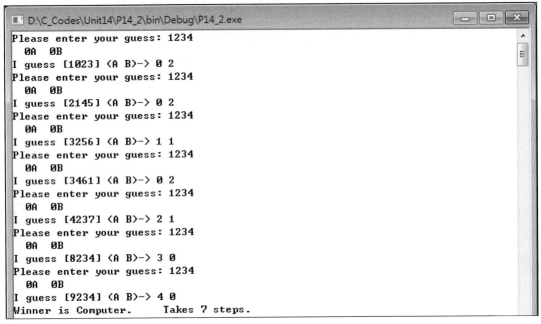

```
D:\C_Codes\Unit14\P14_2\bin\Debug\P14_2.exe

Please enter your guess: 1234
   0A   0B
I guess [1023] <A B>-> 0 2
Please enter your guess: 1234
   0A   0B
I guess [2145] <A B>-> 0 2
Please enter your guess: 1234
   0A   0B
I guess [3256] <A B>-> 1 1
Please enter your guess: 1234
   0A   0B
I guess [3461] <A B>-> 0 2
Please enter your guess: 1234
   0A   0B
I guess [4237] <A B>-> 2 1
Please enter your guess: 1234
   0A   0B
I guess [8234] <A B>-> 3 0
Please enter your guess: 1234
   0A   0B
I guess [9234] <A B>-> 4 0
Winner is Computer.      Takes 7 steps.
```

▶▶ 圖 14-12　執行結果

1. UVa 10855：給定一個大方陣，一個小方陣。你的工作是計算大方陣中出現這個小方陣幾次。將小方陣順時針轉 90 度，180 度，270 度之後，分別在檢查一遍。

   輸入：每個測試案例第一行包含 2 個正整數 N, n，分別代表大、小方陣的大小 (0 < n ≤ N)。接下來是大方陣，小方陣。最後一行是 0 0。代表輸入結束。

   輸出：4 個數字，代表小方陣，小方陣順時針轉 90 度，180 度，270 度之後分別在大方陣中出現的次數。

   輸入範例：   輸出範例：
   4 2   0 1 0 0
   ABBA   1 0 1 0
   ABBB
   BAAA
   BABB
   AB
   BB
   6 2
   ABCDCD
   BCDCBD
   BACDDC
   DCBDCA
   DCBABD
   ABCDBA
   BC
   CD
   0 0

   提示：讀者可以先假設 N<100 來解決問題。

2. UVa 10642：給定一個直角座標平面，整數的交點上有一個小圓圈。給定兩個座標點，你要計算從第一個座標點依照規則移動到第二個座標點中間經過多少步。步數的計算公式如下：

   步數 = 經過多少一個小圓圈 + 1

   而移動的方式如下頁圖：

![本章習題]

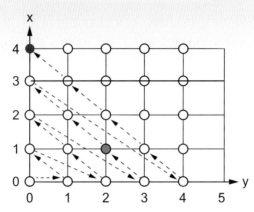

從 (0,0) 開始向右移動至 (0,1)；然後移動到 (1,0) 然後到 (0,2) 依圖類推。如果起始點是上圖的 (1,2) 終點是 (0,4)，那麼步數就是 7。

輸入：第一行包含測試案例的個數 n (0 < n ≤ 500)。接下 n 行中，每行包含四個整數。前兩個代表起點座標，後兩個代表終點座標。

輸出：測試案例編號，以及所需的步數。

輸入範例： 　　　　輸出範例：

```
3                Case 1: 1
0 0 0 1          Case 2: 2
0 0 1 0          Case 3: 3
0 0 0 2
```

解法 1：讀者可以用二維陣列模擬盤面，從起點座標，移動至終點的座標。

解法 2：從 (0,0) 到座標 (x,y) 一定會經過 (0,x+y)。而從 (0,0) 到 (0,1), (0,2), (0,3), (0,4) 的規則，讀者可以導出紀錄在陣列中，再計算偏移。

3. UVa 118：機器人學是一個熱門的話題。機器人的一個應用是探索地形地貌。本題是關於機器人探索正方形區塊的問題。

案例會提供機器人的起始位置 (x, y)，以及機器人面向何方 (E, W, S, N)。機器人可以接受的指令有 L, R, F。分別代表左轉，右轉，前進一步。

因此，如果目前機器人在 (x, y)，面向 N，接受到指令 F 的話，會移動到 (x, y+1)。如果機器人掉到區域之外，就會永遠失去聯繫。但是會在該位置，留下記號，告訴以後的機器人不能重複一樣的軌跡。那麼下一個機器人在同樣位置，收到一樣會掉到區域之外指令的時候，這個 F 的指令會被忽略不做。

輸入：第一行包含 2 個正整數 X, Y，代表測試區域的大小。座標 (0,0) 在左下方。每個測試案例包含 2 行資料。第 1 行包含機器人起始位置 (x, y) 與目前面向哪個方向。第 2 行包含一連串對機器人下的指令。每個機器人是依序動作。沒有多餘資料時 (EOF)，表示測試結束。你可以假設，機器人的起始位置一定落在有效的區域內，測試區域的大小 <50。而

本章習題

機器人的電池，只能允許它處理 100 個以內的指令。

輸出：對於每個測試案例，輸出機器人的最後位置與目前面向哪個方向。如果失去聯絡了，輸
出機器人的最後位置與目前面向哪個方向，最後加 LOST。

輸入範例：　　　輸出範例：

```
5 3              1 1 E
1 1 E            3 3 N LOST
RFRFRFRF        2 3 S
3 2 N
FRRFLLFFRRFLL
0 3 W
LLFFFLFLFL
```

提示：讀者請自行準備大小不是 5、3 的其他輸入範例來做測試。

4. UVa 401：「迴文」(palindrome) 是指那些前、後對稱的字串。例如字串 "ABCDEDCBA" 就是
一個「迴文」。

而「鏡像字串」(mirrored string) 則是指前、後反射相同的字串。例如字元 A，在鏡中反射還是
A；字元 E，在鏡中反射可以看成 3。當然不是每個字元都有反轉的字元。

這個問題只會處理 A~Z 與 0~9，反轉對應如下表：

字元	反轉	字元	反轉	字元	反轉	字元	反轉
A	A	M	M	W	W	3	E
E	3	O	O	X	X	5	Z
H	H	S	2	Y	Y	8	8
I	I	T	T	Z	5		
J	L	U	U	1	1		
L	J	V	V	2	S		

數字的 0 會被視為字母 O。

輸入：每行包含一個測試案例，長度在 1~20 之間。不會包含無效字元。輸入遇到 EOF 的時候
終止。

輸出：對於每一個測試案例，循序依照下頁表的條件檢查，若是滿足條件，輸出測試案例加上
左側的結果。

結果	條件
-- is not a palindrome.	案例不是迴文也不是鏡像字串
-- is a regularpalindrome.	案例是迴文但不是鏡像字串
-- is a mirrored string.	案例不是迴文但是鏡像字串
-- is a mirroredpalindrome.	案例是迴文也是鏡像字串

輸入範例：

```
NOTAPALINDROME NOTAPALINDROME
ISAPALINILAPASI ISAPALINILAPASI
2A3MEAS
ATOYOTA
```

輸出範例：

```
NOTAPALINDROME-- is not a palindrome.
ISAPALINILAPASI -- is a regular palindrome.
2A3MEAS-- is a mirrored string.
ATOYOTA-- is a mirrored palindrome.
```

5. UVa 10189：你有玩過踩地雷的遊戲嗎？它是一個隨著作業系統一起安裝免費的小遊戲。遊戲的目標是找出在 M×N 空間中所有的地雷。為了幫助你找出地雷，這個遊戲會顯示某一個位置的周邊有幾個地雷。例如下圖中 4×4 空間中有 2 個地雷，以如下的方式表示：

```
*...
....
.*..
....
```

如果以鄰接地雷數的方式表示相同的空間的話，輸出如下：

```
*100
2210
1*10
1110
```

每格至多鄰接 8 個地雷。

輸入：第一行包含 2 個正整數 n, m，代表空間的大小 (0 < n,m < 101)，n 是行數，m 是列數。接下來會有 n 列的資料，如果是 '.' 表示安全區域，如果是 '*' 表示有地雷。當 n=m=0 的時候，表示輸入終止。

輸出：對於每個測試案例，先輸出 Field # 與測試案例編號，然後將 n 列輸出。若是安全區域，

列印鄰接地雷的個數。

輸入範例：　　　　　輸出範例：

```
4 4            Field #1
*...           *100
....           2210
.*..           1*10
....           1110
3 5            Field #2
**...          **100
.....          33200
.*...          1*100
```

學習心得

Chapter **15**

指標變數與
動態記憶體配置

本章綱要

　　指標變數是一個 C 語言非常重要的語言機制。有了指標變數，就可以完成之前所介紹的函數「傳址呼叫」。本單元會清楚介紹指標變數與它的延伸用法。並介紹指標變數與「動態記憶體配置」的關係，最後介紹「函數指標變數」的觀念與用法。

◆ 指標變數
◆ 指標與陣列變數的使用方式
◆ 函數回傳指標
◆ 動態記憶體配置
◆ 函數指標

15-1　指標變數

在介紹函數參數傳遞的單元中，曾經簡單介紹了一下「指標變數」(pointer) 的「傳址呼叫」，以及「位址運算子」與「指標運算子」。讓我們先複習一下已經學習過的觀念。

15-1-1　指標變數的宣告與使用

指標變數也是變數，名稱也要遵守「識別字命名規則」。宣告的語法如下：

```
type * pointer_variable[= init_value];
```

指標變數在宣告的時候，一定要標明「指標運算子」以及這個指標是指向什麼型別的資料。

```
int a=1, b=2;  float m=3.5, n=4.5;
int *p1, *p2=&b; float *q1, *q2=&n;
```

上面的範例，宣告了兩個整數指標：p1、p2；兩個浮點數指標：q1、q2。其中 p2、q2 有設初始值 &b 與 &n。

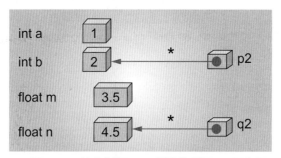

▶▶│圖 15-1　整數指標 p2、浮點數指標 q2 示意圖

有了這樣的宣告，就可以使用指標來修改變數內容。範例如下：

```
*p2=8;     // 等於 b=8;
*q2=1.2;   // 等於 n=1.2;
p2=&a;
*p2=8;     // 等於 a=8;
```

範例 P15-1 將變數 p2 指向 b，然後用 *p2=8 將 b 的內容改成 8。然後叫用函數 foo() 將 b 的位址傳進去，在 foo() 之中，將 *p 與 p 的內容列印出來。然後用第 11 行的指令。將 a、b、p2 的內容列印出來。因為 p2 指向 b，所以應該會看到與 b 一樣的位址。

範例 ╴╴╴╴ P15-1

```
1    #include <stdio.h>
2    #include <stdlib.h>
3    void foo(int *p) {
4      printf("%d, %p\n", *p, p);
```

```
5        }
6        int main() {
7           int a=1,  b=2;  float m=3.5,  n=4.5;
8           int *p1, *p2=&b; float *q1, *q2=&n;
9           printf("&a=%p,  &b=%p\n",&a,&b);
10          *p2=8;   foo(&b);
11          printf("a=%d,  b=%d,  p2=%p\n",a,b,p2);
12          p2=&a;
13          *p2=8;   foo(&a);
14          printf("a=%d,  b=%d,  p2=%p\n",a,b,p2);
15          return 0;
16       }
```

執行範例 P15-1 的結果如下。一如預期，b 的值被 p2 改成 8。程式中第 12 行將 p2 指向 a，然後用 p2 將 a 的內容也改成 8。

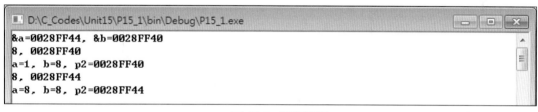

```
D:\C_Codes\Unit15\P15_1\bin\Debug\P15_1.exe
&a=0028FF44,  &b=0028FF40
8,  0028FF40
a=1,  b=8,  p2=0028FF40
8,  0028FF44
a=8,  b=8,  p2=0028FF44
```

▶▶ 圖 15-2　執行結果

15-1-2　指標變數與陣列

在之前介紹陣列變數的時候，曾經將陣列當成「實際參數」傳遞給函數，函數中的「形式參數」也是用陣列變數宣告。也說明了陣列變數事實上紀錄著陣列起始的記憶體位址。指標也可以指向陣列，如範例 P15-2 所示，其中第 3 行列印變數位址與內容；第 5、7、9 行列印出資料。

範例 P15-2

```
1        int main() {
2           int a=1,  b[3]={9,8,7},  *p=&a;
3           printf("&a=%p,  b=%p,  p=%p\n",&a,b,p);
4           p=b;  *p=10;
5           printf("b: %d %d %d\n",b[0],b[1],b[2]);
6           p++;  *p=11;
7           printf("b: %d %d %d\n",b[0],b[1],b[2]);
8           p++;  *p=12;
9           printf("b: %d %d %d\n",b[0],b[1],b[2]);
10          printf("b: %d %d %d\n",*(p-2),*(p-1),*p);
11          return 0;
12       }
```

要特別注一的是，第 6、8 行的 p++ 會將「指標的內容」加 1 個 sizeof(int) 的大小，而不是一個位元組的大小。同樣的道理，*(p-2) 會將「指標的值」減 2 個 sizeof(int) 的大小，在指向那個整數空間（也就是 b[0]）。因此，第 9、10 行應該要列印出一樣的內容。範例 P15-2 執行的結果如下：

```
D:\C_Codes\Unit15\P15_2\bin\Debug\P15_2.exe
&a=0028FF3C, b=0028FF20, p=0028FF3C
b: 10 8 7
b: 10 11 7
b: 10 11 12
b: 10 11 12

Process returned 0 (0x0)   execution time : 0.031 s
Press any key to continue.
```

▶▶ 圖 15-3　執行結果

指標變數的內容可以改變，指標也可以突破程式區塊的限制，更動到其他區塊中的「區域變數」，也就是之前介紹的「傳址呼叫」。使用起來非常方便，但是不小心的話，也容易產生嚴重的邏輯錯誤。

指標變數也是變數，所以它也會占用記憶體。一樣可以使用「位址運算子」來取得指標變數的位址。讀者可以測試如下的範例指令：

```
int a=5, b=6, *p, *q;
p=&a;
printf("&a=%p,p=%p,&p=%p\n",&a,p,&p);
```

要特別注意的是，p 是「整數指標變數」，只能裝「整數變數的位址」，例如 &a 或是 &b。而 &p 是「整數指標變數的位址」，雖然也是記憶體位址，向 q 這種「整數指標變數」是接不住，裝不下的。

```
// q=&p; 錯誤用法。
```

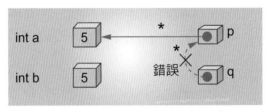

▶▶ 圖 15-4　指標變數的錯誤用法示意圖

15-2　指標與陣列變數的使用方式

15-2-1　指標變數的陣列用法

指標變數事實上可以使用 [ ]，以陣列變數的方式來使用。畢竟，陣列變數的使用方式，比搭配 * 的指標更容易接受。範例如下：

```
int a[3]={1,2,3}, *p;
p=a;  // 沒有 &
*(p+0)=10;  p[0]++;
*(p+1)=11;  p[1]++;
*(p+2)=12;  p[2]++;
```

　　指標變數 p 指向陣列變數的記憶體起點。請注意，因為 a 是陣列變數，在此處不需要使用 &。接下來 *(p+0)=10，*(p+1)=11，*(p+2)=12 的用法，與範例 P15-2 介紹的用法相同。會將陣列 a 的內容改為 {10,11,12}。而 p[0], p[1], p[2] 事實上與 *(p+0),*(p+1) 與 *(p+2) 意義完全相同。所以 p[0]++, p[1]++, p[2]++ 會將陣列 a 的內容改為 {11,12,13}。

問 題

假設整數資料儲存在 m×n 的二維陣列之中 (0 < m, n < 50)。你的工作是檢查每列的資料是否是「迴文」。

輸入範例：	輸出範例：
3 7	Yes
1123211	No
1234322	Yes
9879789	

　　資料輸入的處理過程與前面問題討論的單元類似，就不再贅述，下面的程式範例，暫時忽略資料的輸入部分，以預設值的方式將資料放入二維陣列 a[][] 之中，如範例 P15-3 第 12~15 行所示：

範例 • P15-3

```
1     #include <stdio.h>
2     #include <stdlib.h>
3     #define M 100
4     void foo(int *p, int n) {
5        int i, flag=1;
6        for(i=0;flag && i<n/2;i++)
7           if (p[i]!=p[n-1-i]) flag=0;
8        if ( flag ) printf("Yes\n");
9        else printf("No\n");
10    }
11    int main() {
12       int m=3,n=7,i;
13       int a[M][M]={{1,1,2,3,2,1,1},
14                    {1,2,3,4,3,2,2},
15                    {9,8,7,9,7,8,9}};
```

```
16      for(i=0;i<m;i++) foo(a[i],n);
17      return 0;
18   }
```

第 16 行的指令，呼叫 foo() 函數。將 a[i] 與每列有幾個元素 n 一起傳給 foo()。在二維陣列的單元中，有介紹 a[i] 所代表的，也是一個記憶體位址。將得更精準一點，它是一個一維陣列的起點。在函數 foo() 中，形式變數 int *p 則是一個可以指向整數的指標。

因為指標變數可以用陣列變數的方式來使用，所以在程式第 7 行 foo() 中，檢查 p[i] 是否等於 p[n-1-i]。換句話說，在 foo() 的迴圈中，第 6、7 行的指令，會如下圖所示，逐步檢查 p[0] 與 p[6]、p[1] 與 p[5]，…。只要任何一對比較不相等，那就不會是「迴文」，flag 就設成 0。而迴圈的判斷式會是「偽」，自然就不會繼續處理下去。

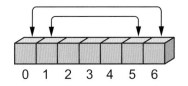

```
0  1  2  3  4  5  6
```

▶▶ 圖 15-5　比對前後字元來檢查是否迴文

範例 P15-3 的執行結果如下：

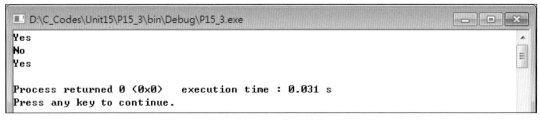

▶▶ 圖 15-6　執行結果

15-2-2　陣列變數的指標用法

陣列變數也可以指標變數的方式來使用。一維陣列的範例如下：

```
int a[3]={1,2,3};
*(a+0)=10;
*(a+1)=11;
*(a+2)=12;
```

因為陣列變數宣告的時候，也要明確指定元素型別。所以 a+1 的 1 當然也會解讀成 1 個 sizeof() 元素型別。所以 *(a+1) 就全等於 a[1]。所以上面三個指令會將陣列 a 的內容改為 {10,11,12}。高維陣列當然也可以這樣用，二維陣列的範例如下：

```
int a[2][3]={{1,2,3},{4,5,6}};
*(*(a+0)+0)=10; // a[0][0]
*(*(a+0)+1)=11; // a[0][1]
*(*(a+0)+2)=12; // a[0][2]
*(*(a+1)+0)=20; // a[1][0]
*(*(a+1)+1)=21; // a[1][1]
*(*(a+1)+2)=22; // a[1][2]
```

在二維陣列之中，*a 所代表的是 a 的第一列，*(a+1) 代表的是 a 的第二列的起始位址。因為宣告陣列的時候有明確的說明一列有 3 個元素。所以 *(a+1) 會偏移 3 個元素的大小。那麼 *(*(a+0)+1) 後面的 +1 自然是指第一列中的第 2 個元素。*(*(a+1)+2) 則是指第二列中的第 3 個元素。

系統內部對陣列的元素存取的時候，就是以上述的方式找到正確的元素位址，然後對它來存、取內容。但是將陣列變數以指標的方式來製作指令，其實是非常的不直觀。如果沒有有特殊的理由，建議讀者還是不要以這種方式製作程式。

15-3 函數回傳指標

15-3-1 回傳指標的函數

指標是一種有效的函數回傳型別。如果有需要，可以定義函數回傳記憶體位址。範例如下。

問 題

使用者的整數資料 (>0) 儲存在二維陣列中。每列資料個數不同，而且非零的資料都集中在前面，中間不會夾雜 0。製作函數，回傳資料個數最多那一列的位址。

要完成上述的工作有許多方法，其中一個做法如下。

```
int * findMax(int a[M][N]) {
  int max=0, idx=0, i, j;
  for(i=0;i<M;i++) {
    for(j=0; a[i][j]; j++);
    if ((j-1) > max ) {
      max = j;
      idx=i;
    }
  }
  return a[idx];
}
```

函數使用巢狀迴圈檢查每列有幾個非零元素，目前最多的列，紀錄在變數 idx 中，而元素個數紀錄在變數 max 中。最後，在將元素個數最多列 a[idx] 回傳給函數的呼叫模組。這個記憶體位址，可以用一個整數指標變數來接著使用。

15-3-2 檔案指標

其實，之前介紹檔案處理的單元中，我們已經使用過很多次「回傳指標的函數」。以檔案處理的四個基本函數來說明：

```
FILE *fopen(const char *fname, const char *mode)
int fclose(FILE *stream)
int fprintf(FILE *stream, const char *format, ...)
int fscanf(FILE *stream, const char *format, ...)
```

第一個函數 fopen() 的回傳值，型別就是一個 FILE * 的指標變數。因此，使用它的方式，也是先宣告一個指標變數，然後再呼叫 fopen() 得到一個記憶體位址。範例如下：

```
FILE * fpt1=fopen("data.txt","r");
```

讀者可能注意到上面四個函數中，所有的「形式參數」其實都是指標變數。運用指標，可以讓系統直接指向原始的變數、更動它的內容。

如果開檔失敗，系統會回傳一個非常特殊的值：NULL。它可以理解成 \0，或是「偽」。它也可以理解成位址為 0 的值。當然，系統不會允許程式去存取記憶體為 0 的地方。通常，NULL 是用來區分記憶體相關的處理是否成功。如果成功，回傳記憶體位址，如果失敗，就回傳 NULL（一個無效的記憶體位址）。

15-4 動態記憶體配置

15-4-1 靜態記憶體配置

一個變數宣告之後，會依照它的類別，在不同的時間配置記憶體，並設定初始值。對於一個定義在函數之中的「區域變數」，例如範例 P15-3 第 5 行的變數 i 與 flag，系統會在進入函數的時候，配置記憶體，離開函數的時候回收。而第 14 單元介紹的變數，則多半是「全域變數」，在程式啟動的時候，配置記憶體，程式結束的時候回收。

不論是「區域變數」或是「全域變數」，當系統要做記憶體配置的時候，已經知道這些變數需要多少空間，而這類的記憶體配置通稱為「靜態記憶體配置」(static memory allocation)。

「靜態記憶體」是從一個稱為「堆疊」(stack) 的記憶體區塊所分配而來。這個「堆疊區塊」記憶體的配置是從高位址向低位址延伸。範例 P15-4 中宣告了 5 個變數：i、j、m、n 與陣列 a[2]。陣列 a[2] 宣告的順序在 j 與 m 中間。執行如果範例 P15-4，可以看到 i 的位址是 0028FF44，而 j 的位

址是 0028FF40。也就是說，後宣告的 j 位址反而在 i 的前面。同理，a 的起始位址，也就是 &a[0] 在 0028FF38，在 j 的前面。但是 a[1] 的位址則在 a[0] 的後面，偏移一個整數大小的 0028FF3C。

範例 ——/\—• P15-4

```
1    int main() {
2      int i=1,j=2,a[2],m=3,n=4;
3      printf("&i=%p, &j=%p\n",&i,&j);
4      printf("&a[0]=%p,&a[1]=%p\n",&a[0],&a[1]);
5      printf("&m=%p, &n=%p\n",&m,&n);
6      printf("&a[2]=%p, a[2]=%d\n",&a[2],a[2]);
7      return 0;
8    }
```

```
D:\C_Codes\Unit15\P15_4\bin\Debug\P15_4.exe
&i=0028FF44, &j=0028FF40
&a[0]=0028FF38,&a[1]=0028FF3C
&m=0028FF34, &n=0028FF30
&a[2]=0028FF40, a[2]=2

Process returned 0 (0x0)   execution time : 0.031 s
Press any key to continue.
```

▶▶ 圖 15-7　執行結果

讀者要特別注意的是範例 P15-4 第 6 行指令，列印 &a[2] 與 a[2]。這行指令並不會有任何編譯錯誤，執行起來 a[2] 所參考的位址，事實上是 j 的位址 0028FF40。所以列印 a[2] 也會印出 j 目前的值：2。這種超出陣列索引的使用，並不會有任何的編譯錯誤，只是會參考到不應該使用的記憶體空間，執行結果會變得不可預期。製作程式的時候，應該要特別小心，避免這種狀況的發生。

15-4-2　函數 malloc()

除了上述的「靜態記憶體配置」，另外一種記憶體配置的方法稱為：「動態記憶體配置」(dynamic memory allocation)。它是指當程式已經在執行的狀態下，向系統要求配置一塊記憶體。甚至可以由使用者在程式執行的時候，輸入這塊記憶體的大小。

這樣一來，程式在編譯的時候，系統也就不可能知道，到底需要多少記憶體，才能順利執行這個程式。同一個程式，在特定的執行過程，有可能可以順利執行，也有可能會因為沒有足夠的記憶體可以配置給程式，而導致執行失敗。與「動態記憶體配置」的相關函數有許多個，最重要的兩個是：

```
void* malloc(size_t size);
void free(void * ptr);
```

函數 malloc() 需要傳入一個整數大小，告訴系統配置多少記憶體（size_t 可以視為 unsigned int）。如果沒有足夠的記憶體可以分配，malloc() 會回傳 NULL。如果有足夠的記憶體可以分配，malloc() 則會保留將這塊記憶體，標記它在使用中，並回傳這塊記憶體的起始位址。這種藉由「動態記

憶體配置」所取得的記憶體，稱為「無名記憶體」(anonymousmemory)；它不像一般的變數宣告，配置記憶體時，有一個變數名稱存在。因此，malloc() 回傳的記憶體位址需要指標變數來接住，並在之後依據它來使用這塊記憶體。使用範例如下：

```
int i=5, *p=&i;
p=(int *)malloc(sizeof(int));
*p=15;
free(p);
```

如果系統有足夠的記憶體，那麼在上面的範例，malloc() 函數會配置一個 int 大小的記憶體，回傳給 p。因為 p 是「整數指標」，我們必須將 void * 強制轉型成 int *，也就是整數的記憶體位址（類似於 &i），這樣型別才會正確。那麼之後就可以用 *p 的方式來使用這塊整數空間。最後，當成是不需要這塊「動態配置的記憶體」的時候，記得要將它「釋放」(free) 給系統，讓後面的指令可以運用這塊記憶體。

動態取得的記憶體如果沒有「釋放」，那系統會認為，它還是在使用中，那麼可用的記憶體就會越來越少，當程式很大、很複雜的時候，就有可能因為沒有足夠的記憶體可以使用，而要被迫中止程式的執行。這種沒有「釋放」動態取得的記憶體，而讓可用的記憶體愈來愈少的狀況，稱為：「記憶體流失」(memory leak)。讀者剛開始製作「動態記憶體配置」的程式時，一定要特別注意要「釋放」這些記憶體。

15-4-3 動態配置大塊記憶體

函數 malloc() 也可以配置一大塊的記憶體，通常是某個型別的整數倍數，使用範例如下：

```
float i, a[3]={5.2, 6, -3.5}, *p;
p=(float *)malloc(sizeof(float)*3);
for(i=0;i<3;i++)  p[i]=a[i]*2;
free(p);
```

上面的範例，malloc() 配置了 3 個浮點數大小的記憶體。將它轉型成 float *，讓浮點數指標 p 指向這塊記憶體。這種配置一大塊記憶體的作法，甚至可以製作成「高維陣列」的應用。

例如範例 P15-5 中的第 10 行，p 指向（動態配置而來的）一塊 10 個整數大小的記憶體。第 11 行的指令將這 10 個整數空間，分別放入 1, 2^2, 3^2,…, 10^2。在程式第 12 行的地方，呼叫函數 foo()，並將 p 傳入函數。要注意的是，在第 1 行的函數定義，是將「形式參數」a 定義成 2×5 的「二維陣列」，並用第 3~6 行的指令，將「二維陣列」a 的內容列印出來。

範例 ╼╱╲╾● P15-5

```
1      void foo(int a[2][5]) {
2        int m, n;
```

```
3      for(m=0;m<2;m++) {
4        for(n=0;n<5;n++) printf("%3d ",a[m][n]);
5        printf("\n");
6      }
7    }
8    int main() {
9      int i, *p;
10     p=(int *)malloc(sizeof(int)*10);
11     for(i=0;i<10;i++) p[i]=(i+1)*(i+1);
12     foo(p);
13     free(p);
14     return 0;
15   }
```

範例執行結果如下：

```
D:\C_Codes\Unit15\P15_5\bin\Debug\P15_5.exe
  1    4    9   16   25
 36   49   64   81  100

Process returned 0 (0x0)   execution time : 0.019 s
Press any key to continue.
```

▶▶ 圖 15-8　執行結果

新版的 C 語言規範（C99）對陣列的「形式參數」定義了一種更方便的做法如下範例。

範例 ├─∿─• P15-6

```
1    void foo(int m, int n, int a[m][n]) {
2      int i, j;
3      for(i=0;i<m;i++) {
4        for(j=0;j<n;j++) printf("%3d",a[i][j]);
5        printf("\n");
6      }
7    }
8    int main() {
9      int i, m=5, n=6, *a;
10     a=(int *)malloc(sizeof(int)*30);
11     for(i=0;i<m*n;i++) a[i]=i+1;
12     foo(m,n,a);
13     free(a);
14     return 0;
15   }
```

在範例 P15-6 的第 1 行先宣告了兩個變數 m、n，在宣告陣列參數，並給定大小為 m、n，而不是整數常數。這樣一來，在主程式中，可以配置一大塊記憶體（第 10 行），至於要怎麼解釋這一大塊的記憶體，一維、5×6 的二維，或是 3×10 的二維陣列，就可以隨傳入的參數 m、n 來決定。

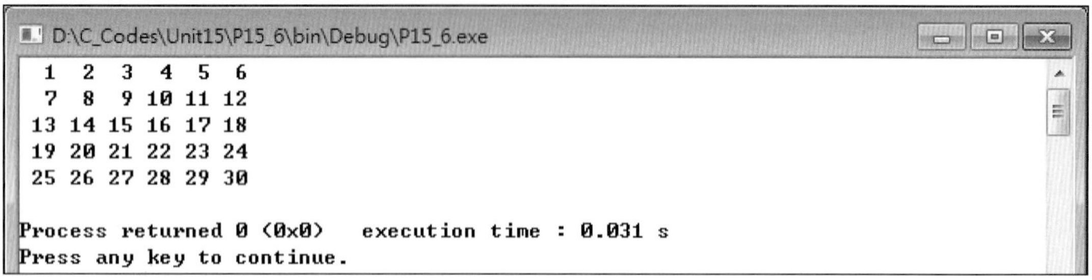

```
 D:\C_Codes\Unit15\P15_6\bin\Debug\P15_6.exe
  1  2  3  4  5  6
  7  8  9 10 11 12
 13 14 15 16 17 18
 19 20 21 22 23 24
 25 26 27 28 29 30

Process returned 0 (0x0)   execution time : 0.031 s
Press any key to continue.
```

▶▶ 圖 15-9　執行結果

15-4-4　動態配置所用的記憶體

「動態記憶體」是從一個稱為「堆積」(heap) 的記憶體區塊所分配而來。這個「堆積區塊」記憶體的配置是從低位址向高位址延伸。範例 P15-7 宣告 4 個指標變數，每個都配置 64 個整數的大小，然後在第 8、9 行的地方將它們的位址列印出來。

範例 ─/\─● P15-7

```
1      int main() {
2      int *i,*j,*m,*n;
3        i=(int *)malloc(sizeof(int)*64);
4        j=(int *)malloc(sizeof(int)*64);
5        m=(int *)malloc(sizeof(int)*64);
6        n=(int *)malloc(sizeof(int)*64);
7        printf("sizeof(int)=%d\n",sizeof(int));
8        printf("i=%p\nj=%p\n",i,j);
9        printf("m=%p\nn=%p\n",m,n);
10       free(i);free(j);free(m);free(n);
11       return 0;
12     }
```

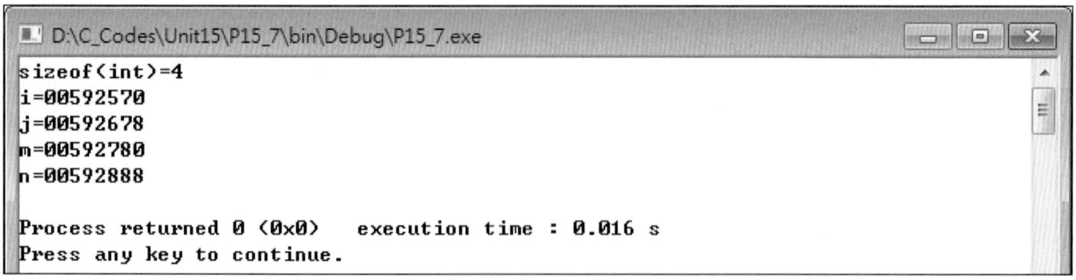

```
 D:\C_Codes\Unit15\P15_7\bin\Debug\P15_7.exe
sizeof(int)=4
i=00592570
j=00592678
m=00592780
n=00592888

Process returned 0 (0x0)   execution time : 0.016 s
Press any key to continue.
```

▶▶ 圖 15-10　執行結果

範例 P15-7 的執行結果如上。我們可以看到，變數 i、j、m、n 的位址是不斷的增加上去的。「堆積區塊」的配置與「堆疊區塊」由上往下的配置剛好相反。

雖然說這個記憶體配置的方向，對我們並沒有特別的影響，但是讀者必須知道的是，一般來說，作業系統保留給「堆積區塊」的空間會比「堆疊區塊」大很多很多。以 64 位元的 MS Windows 10 環境，int a[1000000] 這樣的宣告就會失敗，無法配置這麼大的靜態變數，但是如下的動態配置就是有效的：

```
int *a=(int *)malloc(sizeof(int)*1000000);
```

當我們要處理問題的時候，需要一個占用大量記憶體空間變數的話，就必須使用如上的「動態記憶體配置」才有可能完成。

15-5 函數指標

15-5-1 指向函數的指標

一個指標變數若是指向整數，就稱為整數指標；若是指向浮點數，就稱為浮點數指標。指標除了可以指向「系統提供的資料型別」（primative data types）以外，也可以指向在「進階篇」中會介紹的使用者「自定型別」。指標甚至可以指向函數，這種指標就稱為「函數指標」(function pointer)。

「函數指標」就如同一般指標變數一樣，它的內容是可以變更的。因此，就可以依照我們的需要，隨時指向需要的函數。範例 P15-8 示範一個簡單的用法：

範例 P15-8

```
1    int sum(int x, int y) { return x+y;}
2    int dif(int x, int y) { return x-y;}
3    int main() {
4      int (* fptr) (int, int);
5      fptr = sum;
6      printf("fptr of (10, 5)=%d\n", fptr(10,5));
7      fptr = dif;
8      printf("fptr of (10, 5)=%d\n", fptr(10,5));
9      return 0;
10   }
```

範例 P15-8 的第 4 行，宣告了一個包含兩個整數參數的「函數指標」：fptr。如果「函數指標」不需要任何參數，也要寫明 ()。第 6、8 行的指令使用「函數指標」還呼叫函數。它的使用方式其實與一般函數呼叫一模一樣。至於「函數指標」當下會執行哪一個函數的呼叫，就要看目前「函數指標」到底是指向哪一個函數。第 5、7 行的指令讓 fptr 分別指向 sum() 與 dif()，因此，第 6、8 行的輸出會看到加總 sum() 與差 dif() 的計算結果。程式執行如下：

```
D:\C_Codes\Unit15\P15_8\bin\Debug\P15_8.exe
fptr of (10, 5)=15
fptr of (10, 5)=5

Process returned 0 (0x0)    execution time : 0.031 s
Press any key to continue.
```

▶▶| 圖 15-11　執行結果

15-5-2　使用系統排序函數

了解了上述的基本觀念之後，可以來學習使用系統提供的排序函數 qsort()。這個函數的原型定義在 stdlib.h 之中，所以讀者不需要額外載入其他的標頭檔。

函數 qsort() 內部實作一種稱為 quicksort 的「內部排序法」。一般來說，這個方法的效能還不差，所以如果沒有特殊需要，並不建議讀者自行製作排序函數，最好是直接呼叫系統提供的函數。「內部排序法」的先決條件是，所有資料必須要能載入到主記憶體中，如果資料大到不能載入，就需要使用「外部排序法」。這個部分超出了本書的範圍，有需要的讀者可以參考「資料結構」的書籍。函數 qsort() 的格式如下：

```
void qsort(void* base, size_t num, size_t size,
int (*comp)(const void*,const void*);
```

- base：指向一維陣列的起始記憶體。
- num：一維陣列的元素個數。
- size：一維陣列的元素大小。
- comp：一個包含兩個 void * 參數的「函數指標」。

函數 qsort() 會用第 1 個參數當作起點，依照第 2、3 個參數來決定後面元素個數與元素大小。最後一個參數則是決定排序規則的「函數指標」。畢竟由小到大是一種排序規則，由大到小也可以是一種規則。系統並沒有辦法預測對於一個特定的問題，該用什麼方法來當作先後順序的依據。因此，當然只能由我們自行製作函數來決定這個規則。另外，因為系統不知道在這個陣列中，元素的型別，所以 comp 兩個參數的型別定義成 void *，它與 malloc() 函數回傳的型別一樣，使用方法也類似，都需要讀者自行將它「強制轉型」成需要的型別，例如 char、int 或是 float。函數 comp 的比較規則如下：

- 回傳 <0 的值：如果第 1 個參數所指的元素應該排在第 2 個參數「前面」。
- 回傳 0：如果兩個參數所指的元素順序相同。
- 回傳 >0 的值：如果第 1 個參數所指的元素應該排在第 2 個參數「後面」。

下面程式範例實作一個 comp() 函數，並假設元素的資料型別是 int，因此必須先將型別是 void * 的 p1 與 p2「強制轉型」成 int 的位址：(int *) p1 與 (int *) p2。然後再用這兩個位址去取得要比較的元素內容：*(int *)p1 與 *(int *)p2。

```
int comp(const void *p1, const void *p2){
    if( *(int*)p1< *(int*)p2 ) return -1;
    if( *(int*)p1> *(int*)p2 ) return 1;
    return 0;
}
```

參數 p1 所指元素內容若是小於 p2 所指元素內容，回傳 -1。這表示小的值應該出現在「前面」。p1 所指元素內容若是

大於 p2 所指元素內容，回傳 1。這表示大的值應該出現在「後面」。不然就回傳 0。也就是說，這個 comp() 是實作一個由小排到大的排序規則。

範例 P15-9 演練如何使用上述的 comp() 排序規則函數。第 7 行宣告了一個大小 5 個元素的整數陣列，在第 8 行的指令呼叫系統提供的 qsort() 函數，傳入 a、元素個數 5、int 大小與排序規則函數 comp。

範例 ┤~• P15-9

```
1     int comp(const void *p1, const void *p2){
2       if( *(int*)p1 < *(int*)p2 ) return -1;
3       if( *(int*)p1 > *(int*)p2 ) return 1;
4       return 0;
5     }
6     int main() {
7       int i, a[5]={8, 4, 2, 6, 1};
8       qsort(a, 5, sizeof(int), comp);
9       for(i=0; i<5; i++)
10         printf("a[%d]=%d\n", i, a[i]);
11      return 0;
12    }
```

執行範例 P15-9 的輸出如下。可以清楚看到，陣列的內容已經被依照 comp() 所定義的方法，由小到大排好了。

```
D:\C_Codes\Unit15\P15_9\bin\Debug\P15_9.exe
a[0]=1
a[1]=2
a[2]=4
a[3]=6
a[4]=8

Process returned 0 (0x0)   execution time : 0.034 s
Press any key to continue.
```

▶▶ 圖 15-12　執行結果

1. 若有**動態配置記憶體**的 n×n 方陣，製作程式由使用者輸入 n，(n < 2000)，製作 init() 函數，將陣列初始值必須以下方說明 (n=5) 來定義。

	0	1	2	3	4
0	1	2	3	4	5
1	6	7	8	9	10
2	11	12	13	14	15
3	16	17	18	19	20
4	21	22	23	24	25

2. **動態配置記憶體**一個 1000×1000 的 2 維陣列，輸入 i(i<1000)，陣列設成「巴斯卡三角形」，並列印出來。

	0	1	2	3	4
0	1				
1	1	1			
2	1	2	1		
3	1	3	3	1	
4	1	4	6	4	1

//印 i 列

3. **動態配置記憶體**一個 1000×1000 的 2 維陣列，輸入 i(i<1000)，陣列設成「費氏數列三角形」，並列印出來。

	0	1	2	3	4
0	1				
1	1	1			
2	2	2	2		
3	3	4	4	3	
4	5	7	8	7	5

//印 i 列

4. 修改範例 P15-9，製作一個由大排到小的 comp() 函數，利用範例 P15-9 的主程式框架，驗證排序是否正確。

5. 宣告一個 20×20 的 2 維陣列，其中元素為 -200~+200 之間的亂數。呼叫 qsort() 將每列元素由小到大排序。輸出原始陣列資料並輸排序完成後的陣列資料。

6. 宣告一個 20×20 的 2 維陣列，其中元素為 'A'~'Z' 之間的亂數字元。呼叫 qsort() 將每列元素由小 'A' 到大 'Z' 排序。輸出原始陣列資料並輸排序完成後的陣列資料。

7. 以「動態記憶體配置」的方式，實作「猜數字」遊戲。

學習心得

Chapter **16**

問題討論 — IV

本章綱要

本單元詳細介紹 3 個應用問題：UVa 10533, UVa 946, UVa 10235。
詳細說明這三個問題如何運用前一個單元介紹的「動態記憶體配置」與
「函數指標」來解決。另外再提供第 4 個問題 UVa 10041 與提示，由讀
者運用所學，自行來構思解決的方法。

◆ UVa 10533
◆ UVa 496
◆ UVa 10235
◆ UVa 10041

案例

　　UVa 10533：所謂的質數 (prime number) 是一個正整數，它只能被 1 與他自己整除。而數位質數 (digit prime) 是那些數位和也是質數的質數。例如：41 是數位質數，因為 41 是質數而且 4+1=5，5 也是質數。

　　輸入：第一行包含測試案例的個數 N，(0 <N ≤ 500000)，接下來的 N 行中，每行包含兩個數字 t_1 與 t_2，(0 < t_1 ≤ t_2< 1000000)。

　　輸出：對於每個測試案例，輸出 t_1 與 t_2 之間數位質數的個數 (包含 t_1 與 t_2)。

輸入範例：　　　　　　　　　　輸出範例：

```
3
10 20
10 100
100 10000
```

```
1
10
576
```

　　分析這個問題，我們可以讀入案例個數 (第 11 行)，然後迴圈讀入個案來處理。可以逐步計算 t_1~t_2 中間每一個數字是否是數位質數，若為真，計數器就加 1。最後輸出這個計數器就可以了。但是，觀察前兩個範例輸入：10、20 與 10、 100。可以清楚發現，如果運用剛剛的作法來處理，那麼 10~20 之間的檢查，在做第二個案例的時候，就是在做重複的工作，效能一定會很差。所以說，解決這個問題，一定要做整體考量，而不能針對個別案例去思考。

　　因為 0 < t_1 ≤ t_2 ≤ 1000000，表示所有測試案例都介於 0~1000000 之間。那麼，如果我們先對 0~1000000 之間的所有數字去檢查它是不是數位質數，並宣告一個陣列 a[1000000]，將這些資料儲存起來。這樣一來，不論有多少個測試案例 (最多 50 萬個)，數位質數的計算只會處理 1 次，絕對不會重複檢查。整體效能自然會提升許多。程式框架如範例 P16-1：

範例 P16-1

```
1     int *p;
2     void init() {
3       p=(int *)malloc(sizeof(int)*1000000);
4     }
5     void process_case(long d1, long d2){
6       printf("Process (%ld,%ld)\n", d1, d2);
7     }
8     int main() {
9       long n, d1, d2;
10      init();
11      scanf("%ld ", &n);
12      while(n--) {
13        scanf("%ld %ld",&d1,&d2);
14        process_case(d1, d2);
```

```
15        }
16        free(p);
17        return 0;
18    }
```

可是，正如前一單元所示，1000000 對於一個靜態配置的變數來說，實在太大了。所以在範例 P16-1 第 1、3 行中，是以「動態記憶體配置」的方式完成「全域變數」p 的宣告與記憶體配置。

因為數位質數是質數，首先我們要解決的是：如何判斷質數。然後從中過濾掉不是數位質數的質數，剩下來的質數，當然就是數位質數。而這個處理過程，都與個案無關，所以都會在 init() 函數之中來完成。

質數的判斷有許多方法，其中有一個效能相當不錯，由古希臘數學家 Eratosthenes 所發明，稱為「過篩法」的方法。它並不是檢查某個數字是否是質數，而是將不是質數的數字篩選掉。以下表 16-1 為例：

❖ 表 16-1　準備篩去不是質數的數字

2	3	4	5	6	7	8	9	10	11	12	13	14	15

第 1 個數字 (2) 的整數倍數 (偶數)，當然不是質數，可以篩去：

❖ 表 16-2　篩去 2 的倍數

第 2 個數字 (3) 的整數倍數，也不是質數，可以篩去：

❖ 表 16-3　篩去 3 的倍數

第 3 個可用的數字 5 的整數倍數，也不是質數，可以篩去：

❖ 表 16-4　篩去 5 的倍數

第 4、5 個可用的數字 11、13 的整數倍數，也不是質數，可以篩去，因為超出 15，所以省略不顯示。經過篩選之後，質數如下表中的 2、3、5、7、11、13。

❖ 表 16-5　剩餘數字為質數

2	3	4	5	6	7	8	9	10	11	12	13	14	15

雖然說，不少數字被重複過篩，但是因為現代的高效能可以非常快速、有效率地完成上述工作。因此 init() 可以做如下的改寫：

```c
#define M 1000000
void init() {
  long i, j;
  p=(int *)malloc(sizeof(int)*M);
  for(i=0;i<M;i++)p[i]=1;
  p[0]=p[1]=0;
  for(i=2; i<=M/2; i++) {
    if ( p[i]==0 ) continue;
    for(j=i+i;j<M;j+=i) p[j]=0;
  }
}
```

首先定義 M 為 1000000，並且使用 M 來製作程式。因為質數的定義是大於 1 的數字，所以先將 p[0] 與 p[1] 都設成 0(非質數)。然後從 2 開始檢查可用的數字，如果該數已經被篩過了 (p[i]==0)，當然 continue。不然的話，就將它的整數倍數索引一路設成 0(p[j]=0)。此處我們是使用連加法，來完成整數倍數的處理。另外，外層迴圈的上限是小於等於 1000000/2，因為之後所有數字的 2 倍，就會超過處理範圍了。處理完成之後，p[] 若是 1 就是質數。在 1000000 以內，一共有 78498 個質數。

接下來的工作是確認這些質數，到底是不是數位質數。可以另外宣告一個「動態記憶體配置」的數位質數表「全域變數」dp，來記錄某質數，是否是數位質數。

依照數位質數的定義，製作一個函數 digitPrime() 要檢查的質數 d。函數中利用一個迴圈，將某質數 d 的每個數位加總至 total，然後用它當作索引，檢查質數表 p[total] 中是否 total 也是質數。若為真，表示該質數 d 確實為數位質數，就可以把數位質數表中的 dp[d] 設成 1。在 2~1000000 之間，一共有 30123 個數位質數。

```c
void digitPrime(long d){
  int total, i=d;
  for(total=0;i!=0;i=i/10)
    total+= i%10;
  if(p[total]) dp[d]=1;
}
```

另外在範例 P16-1 第 1 行中，需要定義 dp 變數，修改方式如下：

```c
int *p,*dp;
```

在 init() 函數中，也必須做一些修正。首先要為 dp 做「動態記憶體配置」；接下來要將 dp 的每個元素設初始值 0。最後，針對每個質數，呼叫 digitPrime() 檢查，並設定數位質數表 dp。

```
void init() {
  long i, j;
  p=(int *)malloc(sizeof(int)*M);
  dp=(int *)malloc(sizeof(int)*M);
  for(i=0;i<M;i++) {p[i]=1; dp[i]=0;}
  p[0]=p[1]=0;
  for(i=2; i<=M/2; i++) {
    if ( p[i]==0 ) continue;
    for(j=i+i;j<M;j+=i) p[j]=0;
  }
  for(i=2;i<M;i++)
    if(p[i]) digitPrime(i);
}
```

有了數位質數表 dp，在處理每個個案的上界 d1、下界 d2，就可以簡單的掃瞄 dp[d1]~dp[d2] 到底有幾個數位質數。將他們加總起來就是答案了。函數 process_case() 範例如下：

```
void process_case(long d1,long d2){
  long i, count=0;
  for(i=d1;i<=d2;i++) if(dp[i]) count++;
  printf("%ld\n", count);
}
```

我們可以發現，整個問題的處理關鍵在於 init() 中的預處理，也就是數位質數表的建立，而不是對於個案，個別地處理。程式執行結果如下：

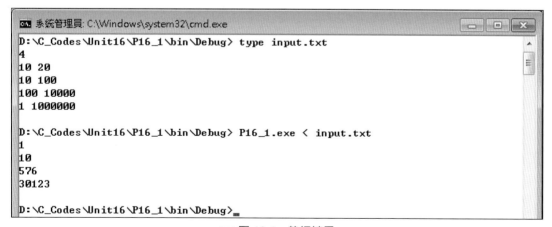

▶▶| 圖 16-1　執行結果

16-6 | 簡明 C 程式設計－使用 Code::Blocks

案例

UVa 496：給定兩個集合的元素。你的工作是計算出這兩個集合的關係。[本題輸入格式稍有修正，原題目的處理方式在下一單元中介紹。]

輸入：每個測試案例有兩行正整數，表示測試集合 A 與 B，第一個數字代表 n，代表集合中元素的個數，接下來是元素的值。[假設集合中不會超過 1000000 個元素，元素型別是 long。]

輸出：若 B 包含 A，則輸出 A is a proper subset of B
　　　若 A 包含 B，則輸出 B is a proper subset of A
　　　若 A 等於 B，則輸出 A equals B
　　　若 A,B 互斥，則輸出 A and B are disjoint
　　　其他狀況，則輸出 I'm confused!

輸入範例：　　　　　　輸出範例：

```
2 55 27              A equals B
2 27 55              B is a proper subset of A
3 9  1995 24         A is a proper subset of B
2 9  24              A and B are disjoint
3 1  2    3          I'm confused!
4 13 4    2
3 1  2    3
3 4  5    6
2 1  2
2 3  2
```

這個問題基本上在處理兩個集合的交集關係，因為集合中的元素不會重複，所以我們可以假設輸入資料中，沒有重複的值。如果有如下圖的兩個集合 A 與 B，若 A 的元素個數是 m，B 的元素個數是 n，A 交集 B(A ∩ B) 的個數是 p。

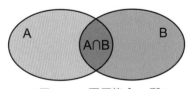

▶▶ 圖 16-2　兩個集合 A 與 B

那麼，需要處理的規則就可以簡化成如下的條件判斷式：

1. 當 p=0 的時候，A 與 B 互斥。

2. 當 (m-p)=0 且 (n-p)=0 的時候，A 等於 B。

3. 當 (m-p)=0 的時候，A 是 B 的子集合。

4. 當 (n-p)=0 的時候，B 是 A 的子集合。

5. 輸出 I'm confused!

因為我們的檢查有先後順序，所以當在做條件 3 的時候，若 (m-p)=0 的時候，(n-p) 一定不會是 0；同理，在條件 4 的時候，若 (n-p)=0 的時候，(m-p) 也一定不會是 0。因為 (m-p)=0 且 (n-p)=0 的狀況，已經在條件 2 的地方先處理了。那麼，解決這個問題的程式框架如範例 P16-2 所示：

範例 P16-2

```
1     #define M 1000000
2     long *A, *B;
3     void init() {
4       A=(long *)malloc(sizeof(long)*M);
5       B=(long *)malloc(sizeof(long)*M);
6     }
7     void process_case(int m, int n) {
8       long i, p;
9       for(i=0;i<m;i++)printf("%d ",A[i]);
10      printf("\n");
11      for(i=0;i<n;i++)printf("%d ",B[i]);
12      printf("\n\n");
13    }
14    int main() {
15      long m, n, i;
16      init();
17      while(scanf("%ld ", &m)!=EOF) {
18        for(i=0; i<m;i++)scanf("%ld ",&A[i]);
19        scanf("%ld ", &n);
20        for(i=0; i<n;i++)scanf("%ld ",&B[i]);
21        process_case(m, n);
22      }
23      free(A);
24      free(B);
25      return 0;
26    }
```

　　因為需要處理的元素太大，我們宣告兩個「全域指標變數」：long *A 與 *B。並且在函數 init() 中做「動態記憶體配置」，在範例 P16-2 第 23、24 行釋放記憶體。在主程式第 17~22 行中讀入資料，在 process_case() 中將這些資料列印出來。執行上述的程式框架於測試資料上面，會得到如下的輸出：

```
系統管理員: C:\Windows\system32\cmd.exe

D:\C_Codes\Unit16\P16_2\bin\Debug> P16_2.exe < input.txt
55 27
27 55

9 1995 24
9 24

1 2 3
1 3 4 2

1 2 3
4 5 6

1 2
3 2

D:\C_Codes\Unit16\P16_2\bin\Debug>_
```

▶▶ 圖 16-3　執行結果

　　在讀入資料的過程中，A 集合與 B 集合的元素個數 m、n 已經被正確的設定完畢。接下來只要檢查 A 與 B 交集的元素，計算出 p 就可以了。

　　因為輸入的資料沒有順序，因此，我們被迫只能使用巢狀迴圈，逐一比對 A 集合與 B 集合的元素，如下圖所示。以第一個測試案例來說，A 集合的元素 55 有出現在 B 集合中，p 就加 1；A 集合的元素 27 有出現在 B 集合中，p 就再加 1。所以在這個案例中 m 為 2、n 為 2、p 也為 2，這個狀況滿足上面說明的條件 2，所以當然是輸出 A equals B。

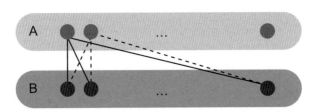

▶▶ 圖 16-4　使用巢狀迴圈逐一比對 A、B 集合的元素

　　這樣的逐對檢查，其實非常沒有效率。以上圖為例，每對元素都要比對的話，那麼一共會需要做 m×n 次的比對。如果兩個集合元素個數都很多的話，程式執行起來會非常慢，非常沒有效率。

　　要提升解題的速率，有一個很簡單的方法，就是先將 A 集合與 B 集合中的元素排序。因為一旦兩個集合都排序完畢，我們就不需要逐對比較。以下圖為例，如果兩個集合都排序完成，那就只需要準備兩個變數 x、y 分別指向集合中最小的元素。因為 x 所指的元素值 (1) 比 y 所指的元素值 (2) 小，所以將 x 移向下一個 (指向 3)，這時候 y 所指的元素值 (2) 卻又比 x 所指的元素值 (3) 小，所以將 y 移向下一個 (指向 3)。這個時候發現 x、y 指向的資料相同，就可以把交集元素的個數加 1(p 加 1)，然後 x、y 都向後移一個元素。不斷重複上述工作，值到 x 或 y 掃描完集合中的所有元素。例如，當 x 指向 27，y 指向其中一個小於 27 的元素，那麼迴圈會移動 y，值到 y 指向大於或是等於 27 的元素。若是 B 集合中有等於 27 的元素，那麼在 p 加之後，A 集合就沒有其他元素可以處理了。如果 B 集合中沒有等於 27 的元素，那麼 x 應該繼續往後移動，可是 A 集合在 27 之後就沒有其他元素需要處理。迴圈當然就可以終止了。

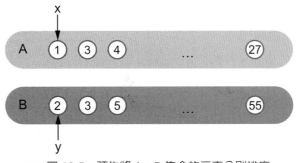

▶▶ 圖 16-5　預先將 A、B 集合的元素分別排序

　　要能夠以上述的方式來解決問題，有一個重要的關鍵，就是 A、B 兩個集合都需要排序完成。那麼，一個理想的排序方式，當然是像上一個單元中所學到的，叫用系統排序函數 qsort()。並改寫上一個單元所定義的 comp() 函數，將元素型別從 int 改成 long，如下所示：

```
int comp(const void *p1, const void *p2){
    if( *(long*)p1 < *(long*)p2 ) return -1;
    if( *(long*)p1 > *(long*)p2 ) return 1;
    return 0;
}
```

　　那麼，我們只要在叫用 process_case() 之前，增加下面兩個指令，就可以將這兩個集合中的元素排序完成。

```
qsort(A, m, sizeof(long),comp);
qsort(B, n, sizeof(long),comp);
```

　　增加這些修改，並執行這個程式，會得到如下的輸出：

```
系統管理員: C:\Windows\system32\cmd.exe
D:\C_Codes\Unit16\P16_2\bin\Debug> P16_2.exe < input.txt
27 55
27 55

9 24 1995
9 24

1 2 3
1 2 3 4

1 2 3
4 5 6

1 2
2 3

D:\C_Codes\Unit16\P16_2\bin\Debug>
```

▶▶ 圖 16-6　執行結果

有了這些排序完成的集合 A 與 B。接下來只要適當的修改 process_case() 函數，整個問題就可以處理完畢了。函數 process_case() 可以分成兩個部分：計算交集個數 p，輸出結果。輸出結果的部分比較單純，只要算出 p，將它與 m、n 搭配檢查條件 1~5，就完成了。

交集元素個數的計算，其實也不複雜，只要宣告變數 x=0, y=0。再利用一個無窮迴圈，檢查 x、y 所指的元素是否相等 (A[x]==B[y])，若是，交集元素個數加 1(p++)，並且移動 x 與 y。若 x 所指的元素比較小，就移動 x。不然的話，表示 x 所指的元素比較大，那就移動 y。當 x 或是 y 其中之一超出範圍 (x=m 或是 y=n) 的時候，就跳出這個無窮迴圈，因為此時 p 的個數也絕對不可能再增加了。程式碼如下：

```c
void process_case(int m, int n) {
  long x=0, y=0, p=0;
  while(1) {
    if (A[x]==B[y]) { p++; x++; y++; }
    else if (A[x]<B[y]) x++;
    else y++;
    if(x==m || y==n) break;
  }
  if (p==0)
    printf("A and B are disjoint\n");
  else if (m-p==0 && n-p==0)
    printf("A equals B\n");
  else if (m-p==0)
    printf("A is a proper subset of B\n");
  else if (n-p==0)
    printf("B is a proper subset of A\n");
  else
    printf("I'm confused!\n");
}
```

執行上述的 process_case()，可以得到如下的輸出結果：

▶▶│ 圖 16-7　執行結果

案例

　　UVa 10235：所謂的質數 (prime number) 是一個正整數，它只能被 1 與他自己整除。在密碼學與編碼理論中常會用到質數。數學家研究質數已經有一段歷史了。

　　你曾經將質數「反轉」過嗎？例如：23「反轉」之後是 32。如果一個質數 p，「反轉」之後得到另外一個不一樣的質數，我們就稱 p 為 *Emirp*。例如：17 就是一個 *Emirp*，因為 17 與 71 都是質數。

　　給定一個整數 N，(0 < N < 1000000)，你的工作是決定這個 N 是：非質數，質數，或是 *Emirp*。

　　輸入：每行代表一個測試案例，包含一個整數，輸入直到 EOF 結束。

　　輸出：對於每個輸入 N，若 N 不是質數 (Non-prime) 則輸出 'N is not prime.'；若 N 是質數但不是 *Emirp* 則輸出 'N is prime.'；若 N 是 *Emirp* 則輸出 'N is emirp.'。

輸入範例：
```
17
18
19
179
199
```

輸出範例：
```
17 is emirp.
18 is not prime.
19 is prime.
179 is emirp.
199 is emirp.
```

　　分析這個問題，我們可以發現需要處理很多個質數問題，顯然與本單元第一個討論的 UVa 10533 非常類似。如果不製作質數表，就一定會浪費大量的時間。在處理 UVa 10533 的時候，我們是先建立一個質數表 p[]，紀錄那些數字是質數，那些不是。然後用另外一個變數 dp[]，紀錄那些數字是數位質數。因為 UVa 10533 只關心數位質數，所以最後在列印結果時，並沒有在用到 p[]。

　　這個問題則需要 3 個狀態：Non-prime、prime、emirp。而且處理的個案需要到 10^6，使用「動態記憶體配置」的「全域變數」p 來製作質數表會比較理想。質數表的製作，一樣使用 Eratosthenes 的「過篩法」的方法。那麼「過篩」之後，p 所指的內容會如下圖所示：

▶▶ 圖 16-8　P 所指的內容

程式框架如範例 P16-3 所示：

範例 ─⋀⌵─● P16-3

```
1    #define M 1000000
2    int *p;
3    void init() {
4      int i, j;
5      p=(int *)malloc(sizeof(int)*M);
6      for(i=0;i<M;i++) p[i]=1;
```

```
7        p[1]=1;
8        for(i=2; i<1+M/2; i++) {
9           if ( p[i]==0 ) continue;
10          for(j=i+i;j<M;j+=i) p[j]=0;
11       }
12    }
13    void process_case (int d){
14       printf("Porcess: %d\n", d);
15    }
16    int main() {
17       int d;
18       init();
19       while(scanf("%d ", &d)!=EOF) {
20          process_case(d);
21       }
22       free(p);
23       return 0;
24    }
```

範例 P16-3 第 19~21 行單純的讀入測試案例，呼叫函數 process_case() 來處理個別案例。第 3~12 行的 init() 函數則配置足夠的記憶體給「全域變數」p，並使用「過篩法」，將索引是質數的元素內容設成 1，如上圖所示。這樣的 p，已經說明了這個問題的 2 個狀態，我們只需要檢查這些質數（索引），是不是 emirp 就可以了。若是，就將索引是 emirp 的元素內容設成 2，如下圖所示。處理這個問題，甚至不需要配置第二個變數 dp。

▶▶ 圖 16-9　將索引是 emirp 的元素內容設成 2

小於 10 的質數，很明顯地一定是 emirp。因為個數不多，可以當作特例處理：

```
p[2]=p[3]=p[5]=p[7]=2;
```

然後對於大於 10 的質數 (p[i]==1)，逐一檢查它 (索引) 是不是 emirp。可以製作函數 checkEmirp() 來處理，程式範例如下：

```
for(i=10;i<M;i++)
    if(p[i]==1)checkEmirp(i);
```

而當我們確定某質數 p 是 emirp 的話，它的「反轉」質數，當然也是 emirp。例如，17 是 emirp，我們可以將 p[17] 設成 2，同時也可以將 p[71] 設成 2。所以，當上述程式的 i 掃描到 71 的時候，就不會再檢查 emirp，因為此時的 p[71] 已經是 2 了。函數 checkEmirp() 的實作如下：

```
void checkEmirp(int i) {
  int reverse, j=i;
  for(reverse=0;j!=0;j=j/10)
    reverse = reverse*10 + j%10;
  if(p[reverse]) p[i]=p[reverse]=2;
}
```

除了變數宣告以外，函數 checkEmirp() 只有兩個指令：一個迴圈計算出形式參數的「反轉」數字。第 2 個指令檢查反轉後是否是質數，if(p[reverse])，若是，則將 p[i] 與 p[reverse] 都設成 2。

一但有了這個 emirp 表格，函數 process_case() 就變得非常容易製作，只要檢查輸入參數 d，在 p[d] 的值是什麼就可以了。程式碼如下：

```
void process_case(int d){
  if(p[d]==0)
    printf("%d is not prime.\n", d);
  else if (p[d]==1)
    printf("%d is prime.\n", d);
  else printf("%d is emirp.\n", d);
}
```

程式執行的結果如下圖所示：

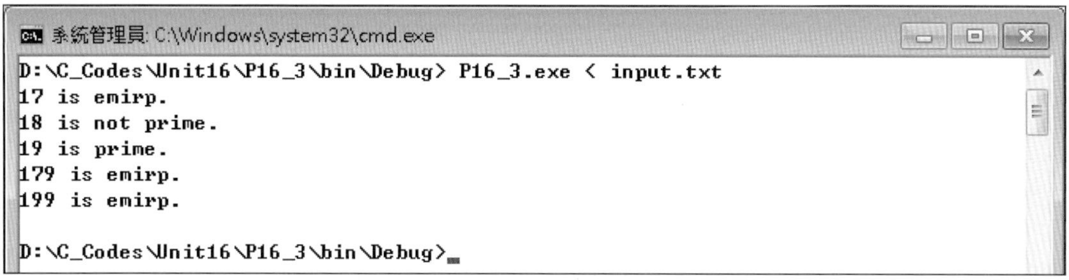

▶▶ 圖 16-10　執行結果

案例

UVa 10041：世界級的大流氓 Vito Deadstone 搬到紐約來了。他有一個非常大的家族都住在 Lamafia 大道。因為他常常會去拜訪他的親戚，他想在 Lamafia 大道上找一間房子可以就近拜訪親戚。而他想讓往返的距離最短，但是又不知道要怎麼做，所以他就威脅你幫他寫一個程式，來決定應該要在 Lamafia 大道中哪一條街上買房子，才能讓他拜訪親戚的距離最短。

輸入：輸入的第一行代表測試案例的個數。接下來每一行代表一個測試案例。每行第一個代表 Vito 親戚的個數 r $(0 < r < 500)$，接下來的 r 個數字 $s_1, s_2, \cdots, s_i, \cdots, s_r$ 表示這些親戚住在 Lamafia 大道中哪一條街上 $(0 < s_i < 30000)$。Vito 的親戚有可能住在同一條街上。

輸出：對於每個測試案例，輸出 Vito(理想的) 家到他所有親戚的距離和。例如街道 s_i 與 s_j 的距離 $d_{ij} = |s_i - s_j|$。

輸入範例：   輸出範例：

```
2                    2
2 2 4                4
3 2 6 4
```

提示：由於 s_i 並沒有說一定是排序排好的，處理這個問題的第一個工作當然是將 Vito 親戚所住的街號，先做排序。

考慮一個極端單純的狀況：就是 Vito 只有兩個親戚，分別住在 :2、4。那麼 Vito 不論是住在第 2 街，第 3 街，第 4 街，去拜訪親戚距離的和都是 2：

```
2 4, 若 Vito 住在 4, |2-4|+|4-4|=>2
2 4, 若 Vito 住在 3, |2-3|+|4-3|=>2
2 4, 若 Vito 住在 2, |2-2|+|4-2|=>2
```

當然，如果 Vito 住在第 1 街或是第 5 街，拜訪的距離和就會超過 2：

```
2 4, 若 Vito 住在 5, |2-5|+|4-5|=>4
2 4, 若 Vito 住在 1, |2-1|+|4-1|=>4
```

從這個簡單的案例，我們可以知道，如果 Vito 只有 2 個親戚，這兩個親戚所住的街道差，就是答案。而且一般來，Vito 還有許多買房子街道的選擇。

如果 Vito 有 3 個親戚，分別住在第 2 街，第 2 街，第 6 街，那麼分析起來，Vito 應該要住在第 2 街，此測試案例的輸出應該是 4。

```
2 2 6, 若 Vito 住在 6, |2-6|+|2-6|+|6-6|=>8
2 2 6, 若 Vito 住在 5, |2-5|+|2-5|+|6-5|=>7
2 2 6, 若 Vito 住在 4, |2-4|+|2-4|+|6-4|=>6
2 2 6, 若 Vito 住在 3, |2-3|+|2-3|+|6-3|=>5
2 2 6, 若 Vito 住在 2, |2-2|+|2-2|+|6-2|=>4
2 2 6, 若 Vito 住在 1, |2-1|+|2-1|+|6-1|=>7
```

由以上兩個案例分析，讀者是否能推導出公式（請複習「中位數」的意義），在資料輸入，排序完成之後（使用 qsort() 函數），直接導出 Vito 應該要住在哪裡，然後計算出距離和，並輸出？

Chapter 17

字串處理

本章綱要

    C 語言並沒有提共字串這種資料型別,而是以字元的一維陣列來處理字串。本單元會詳細介紹如何以字元陣列來處理字串相關的問題,也會介紹許多很方便的字串相關函數,並且以許多 UVa 的實際問題來說明這些函數的使用方式。

◆ 字元陣列做為字串
◆ 基本字串函數
◆ 切分字串中的元素

17-1　字元陣列做爲字串

大多數近代的程式語言都支援「字串」這個資料型別。但是 C 語言原始設計的目的在：製作一個可以編寫作業系統的工具。相對於近代的如 Java, C# 等等的程式語言，C 與先是相對低階的工具。

C 語言並沒有支援「字串」這個資料型別，而是以一維的字元陣列來表示字串。讀者在做字串處理的時候，基本上還是必須以字元陣列來理解它。

17-1-1　字串終止符

既然「字串」是以一維的字元陣列來表示，那系統如何能知道在這個陣列空間之中，那些是字串資料，那些不是？這個判斷的關鍵就是：「字串終止符」('\0')。系統會從頭開始解析，直到遇到了第一個「字串終止符」爲止。將這整個內容，當作是一個字串。

因爲「字串」是以字元一維陣列來表示，因此宣告上與之前介紹的字元一維陣列宣告、設初始值都完全一樣。例如：

```c
char s1[4];
char s2[4] = "is";
char s3[] = "fun!";
s1[0]='H';
s1[1]='e';
s1[2]='\0';
```

上面指令宣告了三個字元陣列變數：s1、s2、s3。其中 s2、s3 設定了初始值，s3 甚至是使用初始值的「字串定字」來當作宣告陣列的大小。需要特別注意的是，「字串定字」（"is" 或是 "fun!"）本身包含了一個額外的「字串終止符」。所以 s3 陣列的長度，事實上是 5，而不是 4。變數 s1 沒有設初始值，而是使用字元設定的方式，連續設定了三個字元（包含「字串終止符」）。

這個「字串終止符」非常重要，在後面介紹的許多函數都是靠它才能正確地完成工作。之前介紹的「猜數字」遊戲，也是因爲「字串終止符」，所以才宣告成 5 個字元的陣列。

另外一個要特別小心的地方是，我們只能在宣告的時候，使用「字串定字」來初始值。如下的指令是錯誤的用法。原因也很單純，就是「陣列變數」不像「指標變數」可以修改。它不能出現在「設值運算子」的左邊。

```c
s1="ABC";        // 錯誤用法
```

「字串」的格式化輸出當然可以用 printf() 函數。「字串」的相對應格式是：%s。範例 P17-1 第 2~6 行顯示剛剛介紹的宣告與設值。

範例 ┤┤┤┤┤├─● P17-1

```
1     int main() {
2        char s1[4];
3        char s2[4] = "is";
4        char s3[] = "fun!";
5        s1[0]='H'; s1[1]='e'; s1[2]='\0';
6        printf("%s %s %s\n\n", s1, s2, s3);
7        s2[2]='A';s2[3]='B';
8        printf("%s %s %s\n", s1, s2, s3);
9        return 0;
10    }
```

範例 P17-1 的執行結果如下，程式第 6 行的輸出，也如預期的輸出：He is fun!。

▶▶ 圖 17-1　執行結果

範例 P17-1 中，比較讓人感興趣的是第 7 行的指令。第 7 行的指令，將 s2 陣列的「字串終止符」覆蓋成 'A'。並且將 s2 陣列最後一個字元空間設成 'B'。如此一來，第 8 行的輸出如下的結果：

　　He isABHe fun!。

除了剛剛設定的 "AB" 以外，居然看到一個額外的 He 接在的後面。會輸出這樣的結果，原因也很單純。第一個關鍵是「區域陣列變數」的記憶體配置是從「堆疊區塊」取得。而「堆疊區塊」是從上往下配置變數空間。也就是說，s2 後面跟著 s1 陣列。一旦覆蓋 s2 的「字串終止符」之後，printf()的 %s 格式，會從 s2 這個「記憶體位址」當作起點，開始往後去列印，直到遇見第一個「字串終止符」。在這個例子中，是 s1 的「字串終止符」。因此，自然會把 s1 的內容 "He"，再列印一次。由這個範例讀者可以看到，在做字串處理的時候，一定要小心處理「字串終止符」。

17-1-2　字串的格式化輸入

「字串」的格式化輸入可以使用 scanf() 函數完成，對應格式也是：%s。唯一需要注意的地方是，若輸入資料中含有「白字元」的話，輸入會停在「白字元」的地方，不會整行讀入。以下面指令為例：

```
char s4[10];
scanf("%s", s4);
printf("%s", s4);
```

因為 s4 代表陣列起始記憶體位址，前面不需要再加 &。使用者若是輸入：He is fun!。那麼只會輸出 He，並不會看到後面的 is fun!。稍後會介紹如何做整行資料的讀取。如果問題本身的輸入，並沒有包含「白字元」的話，以 scanf() 函數做格式化輸入也就足夠解決問題了。

案例

UVa 10921：西方世界，許多人喜歡用電話上的英文字母，來說明電話號碼。例如："My Love"
代表 69 5683。這個「英文字母 - 數字」之間的對應如下表。0 與 1 沒有對應的字母。

字母	ABC	DEF	GHI	JKL	MNO	PQRS	TUV	WXYZ
數字	2	3	4	5	6	7	8	9

你的工作是製作一個程式，將英文字母依照上表，轉成數字。

輸入：每行代表一個測試案例，包含 C 個字元 ($1 \leq C \leq 30$)。輸入以 EOF 結束。

輸出：對應於輸入的數字表示。

輸入範例：　　　　　　　　　輸出範例：

1-HOME-SWEET-HOME　　　　1-4663-79338-4663

MY-MISERABLE-JOB　　　　　69-647372253-562

解決這個問題的程式框架如範例 P17-2，執行結果如後。資料讀入之後，可以使用迴圈檢查每個
字元直到「字串終止符」，利用之前介紹的 **if-else-if** 或是 **switch** 的語法來完成對應的工作。

範例 ├─◇─• P17-2

```
1    void process_case(char data[]) {
2        printf("Process..[%s]\n",data);
3    }
4    int main() {
5        char data[31];
6        while(scanf("%s",data)!=EOF) {
7            process_case(data);
8        }
9        return 0;
10   }
```

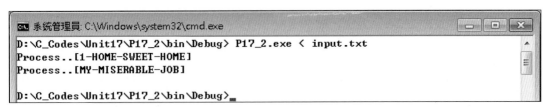

▶▶│ 圖 17-2　執行結果

17-1-3　字元的輸入

既然「字串」是以字元一維陣列，在處理問題時，當然也可以 getchar() 直接用字元來輸入。

案例

　　UVa 272：TEX 是由 Knuth 發明的排版語言。在 TEX 的定義中，" 是以 `` 或是 '' 來表示。你的工作是製作一個程式，將輸入的英文，奇數 " 以 `` 表示，偶數 " 是以 '' 來表示。

輸入：多行的字串，以 EOF 結束。

輸出：替換字串中奇數 " 以 `` 表示，偶數 " 是以 '' 來表示。

輸入範例：

"To be or not to be," quoth the Bard, "that is the question". The programming contestant replied: "I must disagree. To `C' or not to `C', that is The Question!"

輸出範例：

``To be or not to be,'' quoth the Bard, ``that is the question''. The programming contestant replied: ``I must disagree. To `C' or not to `C', that is The Question!''

　　解決這個問題的程式框架如範例 P17-3，我們甚至可以不儲存輸入的字串，直接用 getchar() 函數，將字元讀入，經過判斷之後，輸出適當的輸出。本範例框架單純的將「雙引號」換成 * 來輸出。讀者可以自行完成這個範例程式。

範例　P17-3

```
1    int main() {
2      char c;
3      while((c=getchar())!=EOF) {
4        if(c=='\"') putchar('*');
5        else putchar(c);
6      }
7      return 0;
8    }
```

```
系統管理員: C:\Windows\system32\cmd.exe
D:\C_Codes\Unit17\P17_3\bin\Debug> type input.txt
"To be or not to be," quoth the Bard, "that
is the question".
The programming contestant replied: "I must disagree.
To `C' or not to `C', that is The Question!"
D:\C_Codes\Unit17\P17_3\bin\Debug> P17_3.exe < input.txt
*To be or not to be,* quoth the Bard, *that
is the question*.
The programming contestant replied: *I must disagree.
To `C' or not to `C', that is The Question!*
D:\C_Codes\Unit17\P17_3\bin\Debug>
```

▶▶ 圖 17-3　執行結果

17-1-4　讀入整行資料

整行包含「白字元」的字串資料可以使用 gets() 函數來讀入，函數規格如下：

```
char * gets ( char * str );
```

函數的「形式參數」str 是一個指標，指向一個可以使用的記憶體空間。也就是說，我們必須事先配置一個足夠的「緩衝空間」(buffer)，將讀入的字串記錄起來。如果輸入成功的話，那麼函數的回傳值，其實就是 str；如果不成功，例如讀到檔案終止，沒有資料的狀況，它就會回傳 NULL。使用範例如下：

```
char buf[2048];
while( gets(buf) ) {
  process_case(buf);
}
```

案例

UVa 490：這個問題要求你將輸入的句子，轉 90 度列印出來。

輸入：至多 100 個句子，每句不會超過 100 個字元。輸入不會包含 tab，並以 EOF 結束。

輸出：轉 90 度將鋸子輸出，第一句在最右邊。

輸入範例：
```
Rene Decartes once said,
"I think, therefore I am."
```

輸出範例：
```
"R
Ie
n
te
h
iD  (以下省略）
```

因為這個問題的資料量不大，100 個至多 100 個字元的句子，可以使用一個二維陣列來儲存資料，然後依照問題需求，列印出來就可以了。程式框架如範例 P17-4。

範例 P17-4

```
1    int main(){
2      int i, n=0;
3      char strs[100][101]={'\0'};
4      while(gets(strs[n])) n++;
5      for(i=0;i<n;i++) puts(strs[i]);
6      return 0;
7    }
```

範例 P17-4 第 5 行使用了相對於 gets() 的 puts() 函數來輸出，執行結果如下，程式將資料讀入二維陣列 strs[][] 中。第 5 行將它們列出來，目前的列印並不滿足題意需求，讀者可以自行開發解法，完成這個範例程式。

```
CMD 系統管理員: C:\Windows\system32\cmd.exe                          _  □  ✕

D:\C_Codes\Unit17\P17_4\bin\Debug> P17_4.exe < input.txt
Rene Decartes once said,
"I think, therefore I am."

D:\C_Codes\Unit17\P17_4\bin\Debug>_
```

▶▶ 圖 17-4　執行結果

17-2　基本字串函數

如果每個字串相關問題，都用一維字元陣列來處理的話，實在是會太過瑣碎。C 語言標準函數庫裡面有提供許多字串相關函數，其中比較常用的函數多半定義在：string.h、stdlib.h、ctype.h 等標頭檔中。使用這些函數來解決問題會讓程式的製作更有效率。使用函數前，需要載入這些標頭檔。

```
#include <string.h>
#include <stdlib.h>
#include <ctype.h>
```

首先來介紹 string.h 中定義的函數：

17-2-1　計算字串長度

計算字串長度的函數：

```
size_t strlen( const char * str );
```

函數 strlen() 計算輸入的字串不包含「字串終止符」的長度。下面的指令會輸出 10。

```
printf("%d\n", strlen("He is fun!"));
```

17-2-2　比較字串

比較兩個以 '\0' 結束的字串 (str1, str2) 的內容：

```
int strcmp(const char*str1, const char*str2);
```

如果這兩個字串相同，回傳 0。讀者要特別注意這個地方，因為在 C 語言中，0 為「偽」。如果這兩個字串不相同，函數會回傳非 0 值。當第一個字串的個別 ASCII 碼比較小的時候會回傳負的值；比較大的時候會回傳正的值。下面的指令會輸出 0。

```
printf("%d\n", strcmp("A","A"));
```

17-2-3　比較字串部分字元

比較兩個字串 (s1, s2) 的前 n 個字元：

```
int strncmp(const char*s1, const char*s2, size_t n);
```

如果這兩個字串的前 n 個字元相同，回傳 0。若第一個字串前 n 個字元的個別 ASCII 碼比較小的時候會回傳負的值；比較大的時候會回傳正的值。下面的指令會輸出 0。

```
printf("%d\n", strncmp("ABC","A",1));
```

17-2-4　拷貝字串

拷貝 src 字串到 dest 字串：

```
char* strcpy(char*dest, const char*src);
```

指標 str 指向原始字串資料而指標 dest 指向一個可以使用的記憶體空間。我們必須事先配置一個足夠的「緩衝空間」，才能拷貝字串。這個函數會將 dest 回傳回來。使用範例如下：

```
char buf[1024];
strcpy(buf, "C is fun!");
```

17-2-5　拷貝字串部分字元

拷貝 s 字串的前 n 個字元到 d 字串：

```
char* strncpy(char*d, const char*s, size_t n);
```

指標 s 指向原始字串資料，指標 d 指向一個可以使用的記憶體空間。與 strcpy() 相同，strncpy() 也必須事先配置一個足夠的「緩衝空間」，才能拷貝字串。這個函數會將 d 回傳回來。使用範例如下：

```
char buf[1024];
strcpy(buf, "C is fun!", 4); /* buf 為 "C is" */
```

17-2-6　複製字串

複製 src 字串：

```
char* strdup(const char*src);
```

複製字串 strdup() 與拷貝字串 strcpy() 最大的不同點在，複製字串會做「動態記憶體配置」，拷貝字串則不會。因此，複製字串所回傳的是動態配置取得的記憶體位址。如果配置失敗，回傳 NULL。因為這是動態配置的記憶體，所以使用完畢之後，需要明確的釋放回去給系統。使用範例如下：

```
char *p;
p=strdup("C is fun!");
free(p);
```

17-2-7　將字元填滿記憶體區塊

將 p 字串的前 n 個字元，設成 value：

```
void * memset(void * p, int value, size_t n);
```

指標 p 指向字串資料，將 n 個字元設成 value，value 的型別是 int，但是會以 ASCII 的值來解釋。使用範例如下：

```
char a[20]="C is fun!";
memset(a, '*', 4);
printf("%s\n", a); // 輸出 **** fun!
```

函數 memset 的效率會比適用迴圈設值快非常多。如果有大量的區塊要設初始值，使用 memset() 絕對是最好的方法。例如上一個單元在處理 UVa10533 的問題時，曾經宣告 dp[]，並依照如下方式設定：

```
dp=(int *)malloc(sizeof(int)*M);
for(i=0;i<M;i++) dp[i]=0;
```

使用迴圈的效率就不如使用如下的 memset() 指令：

```
memset(dp, '\0', sizeof(int)*M);
memset(dp, 0, sizeof(int)*M);
```

那麼，指標 dp 所指向的一大塊記憶體，都會被設成 0。上面這兩個指令意義相同，但是對於一個整數陣列，如果使用下面這個指令，意義就完全不一樣了，因為 0 的 ASCII 是 48 或是二進位的 00110000，並不是我們想要的 00000000。

```
memset(dp, '0', sizeof(int)*M);
```

標頭檔 string.h 中定義了 20 多個函數，限於篇幅，不能一一介紹。有需要的讀者可以在熟悉本書介紹的內容之後，自行延伸學習其他的函數。

我們之前使用過許多定義在標頭檔 stdlib.h 中的函數，如 srand(), rand(), malloc(), free() 等等。這個標頭檔中也有定義一些字串相關函數，這裡介紹其中一個：

17-2-8　轉換字串為整數

將字串 str 轉換成整數：

```
int atoi(const char*str);
```

指標 str 指向字串資料，函數回傳該字串所代表的整數。如果原始資料包含非數字字元或是無法解析，函數的回傳值就會是不可預期的。使用範例如下：

```
char buf[1024]="1357";
int i = atoi( buf );
```

上面的指令就會把存在 buf 中的字元資料，轉成整數的 1357，並設給整數變數 i。在 stdlib.h 中含有許多轉換函數，如 atof()，就是將字串轉成 float 的值。其餘的函數留給讀者自行延伸學習。最後，在標頭檔 ctype.h 中，也提供了許多有用的字元相關函數，常常會與前面介紹的函數，一起搭配解決問題：

17-2-9　檢查字元是否為數字

```
int isdigit (int c);
```

函數回傳 0 如果輸入的字元不是數字：'0'~'9'。使用範例如下：

```
char buf[5]="4321";
for (i=0;i<5;i++)
  if ( isdigit(buf[i]) ) putchar(buf[i]);
```

類似的檢查函數還有許多，例如：

- int isalpha (int c)：檢查字元是否為英文字母。

- int isalnum (int c)：檢查字元是否為英文字母或是數字。

- int islower (int c)：檢查字元是否為小寫字母。

- int isupper (int c)：檢查字元是否為大寫字母。

- int *tolower* (int c)：轉換字元為小寫字母。

- int *toupper* (int c)：轉換字元為大寫字母。

上面列舉的函數都相當直觀，請讀者自行練習使用。

17-3 切分字串中的元素

如果每行字串中包含許多不定個數的元素，或是「標記符」(token)，那麼將字串讀入之後，就需要將字串中的元素拆分出來。尤其是在處理文字資料的時候，常常要把英文字切分出來。切分元素有許多種做法，本單元簡單地介紹其中最重要的兩種。

17-3-1 以分隔符切分

標頭檔 string.h 中有提供函數 strtok()，它可以將字串 (string) 拆分成「標記符」(token)，規格如下：

```
char * strtok( char * s, const char * d);
```

第一個參數是：欲拆分的資料，第二個參數是：分隔符 (delimiters)。如果依照分隔符，能拆分出元素的話，函數就會回傳一個指向第一個元素的指標；不然的話，回傳 NULL。使用範例如下：

```
char *p, buf[]="C is fun!";
p = strtol(buf, " !");
while(p!=NULL) {
  printf ("%s\n",p);
  p = strtok (NULL, " !");
}
```

第一次呼叫函數的時候，需要將 buf 傳入。之後的呼叫就會從上一次切分的地方，繼續往下掃描。所以第二次的呼叫，只要傳入 NULL 就可以了，不能再傳入 buf。上面範例的分隔符定義成 " !"，所以 buf 中的三個字：C、is、fun，就會被分別拆分、列印出來。

案例

UVa 496：給定兩個集合的元素。你的工作是計算出這兩個集合的關係。

輸入：每個測試案例有兩行正整數，表示測試集合 A 與 B 的元素值。

輸出：若 B 包含 A，則輸出 A is a proper subset of B

　　　若 A 包含 B，則輸出 B is a proper subset of A

　　　若 A 等於 B，則輸出 A equals B

　　　若 A,B 互斥，則輸出 A and B are disjoint

　　　其他狀況，則輸出 I'm confused!

輸入範例：　　　　　　　輸出範例：

```
55 27                 A equals B
27 55                 B is a proper subset of A
9  1995 24            A is a proper subset of B
9  24                 A and B are disjoint
1  2 3                I'm confused!
13 4 2
1  2 3
4  5 6
1  2
3  2
```

　　使用 strtok() 函數有幾個要特別注意的地方。首先，因為系統會記住上次掃描的字串位址。所以不能同時、交互使用 strtok() 於許多個字串。這樣系統記憶的字串位址會錯亂。另外，分隔符號並沒有規定在每一次的 strtok() 使用都要一樣。可以依據資料格式的不同，在每次使用的時候，做適當的調整。以上一個單元中的 UVa 496 為例，原始題目並沒有說明每行資料中有幾個資料元素，如下：

　　要將上述的資料讀入程式，可以先將整行的資料以 gets() 讀入，然後再用 strtok() 拆分出來。因為拆分出來的是字串資料，我們還需要用 atoi() 將字串資料轉成整數型別的資料，範例 16-2 的主程式可以修改成如下：

```c
int main() {
    long m, n, i;
    char *p, buf[2048];
    init();
    while(gets(buf)) {
        m=n=0;
        p = strtok(buf, " ");
        while(p) {
            A[m++]=atoi(p);
            p = strtok(NULL, " ");
        }
        gets(buf);
```

```
        p = strtok(buf, " ");
        while(p) {
            B[n++]=atoi(p);
            p = strtok(NULL, " ");
        }
        process_case(m, n);
    }
    free(A);
    free(B);
    return 0;
}
```

案例

　　UVa 12439：如果一年之中有 2 月有 29 日，該年就稱為閏年。給定兩個日期。你的工作是計算出這兩個時間之內有幾個閏年。

　　輸入：第一行包含測試案例個數 T，(T ≤ 500)。接下來每兩行表示一個案例，(必須包含這兩個日期)。

　　輸出：輸出這兩個日期之間有幾個閏年。

輸入範例：　　　　　　　　　　輸出範例：

```
4                             Case 1: 1
January 12, 2012              Case 2: 0
March 19, 2012                Case 3: 1
August 12, 2899               Case 4: 3
August 12, 2901
August 12, 2000
August 12, 2005
February 29, 2004
February 29, 2012
```

　　分析這個問題，可以由輸入規格中發現，元素的分隔符號是：空白與逗點。每個案例有兩個日期，因此年份、日期可以宣告成整數陣列：int year[2], day[2]。月份就以二維字元陣列紀錄：char month[2][20]。可以先將整行的資料以 gets() 讀入，然後再用 strtok() 拆分出來。再呼叫 atoi() 將字串資料轉成整數型別的資料，主程式框架如下：

```c
int main() {
  long n, day[2], year[2];
  char *p, buf[2048], month[2][20];
  init();
  scanf("%d", &n);
  while(n--) {
    gets(buf);
    p = strtok(buf, " ,");
    strcpy(month[0], p);p=strtok(buf, " ,");
    day[0] = atoi(p); p=strtok(buf, " ,");
    year[0]= atoi(p);
    gets(buf);
    p = strtok(buf, " ,");
    strcpy(month[1], p);p=strtok(buf, " ,");
    day[1] = atoi(p); p=strtok(buf, " ,");
    year[1]= atoi(p);
    process_case(year, month, day);
  }
  return 0;
}
```

17-3-2　從字串中讀入格式化的元素

如果資料字串中元素的個數固定，只是格式不同的話，使用另一個函數 sscanf() 會更加方便。這個函數定義在 stdio.h 中，規格如下：

```c
int sscanf(const char* s,const char* format,...);
```

函數 sscanf() 與 scanf() 在參數上唯一的不同是：sscanf() 是從參數 s 中讀入資料，而不是從標準輸入裝置中讀入資料。因此，在使用上，除了要提供一個額外資料的來源字串以外，後面的格式 (format) 與承接的參數，都與 scanf() 相同。如果函數成功執行，則會回傳成功填入的欄位個數，如果失敗，則回傳 EOF。一個簡單的使用範例如下：

```c
char buf[]="Martin is 19.";
char name[10], tmp[10];
int age;
sscanf(buf, "%s %s %d.", name, tmp, &age);
```

上面的 sscanf() 函數就會將 Martin，is 讀入字串 name 與 tmp 中，將整數 19 讀入 age 中。

UVa 150：在西元 1582 年之前，因為閏年的定義不夠精確，在曆法上常常造成不準的困擾。因此當時的教皇對西方曆法做了重大的改變。1582/10/4 星期四的後一天定為 1582/10/15 星期五。閏年的規則則沿用至今：每四年一閏，如果可以被 100 整除的年份，也要能被 400 整除，才是閏年。提供一個不知道是新曆或是舊曆的日期，你的工作是計算這個時間的相對應新曆或是舊曆的日期。

　　輸入：每一行包含一個測試案例，時間由 1600/1/1 ~ 2099/12/13。輸入以 # 終止。

　　輸出：若該日期是新曆輸出它的舊曆日期，並在日後面加 '*'。若是舊曆，則輸出該日期的新曆日期。

輸入範例：

```
Saturday 29 August 1992
Saturday 16 August 1992
Wednesday 19 December 1991
Monday 1 January 1900
#
```

輸出範例：

```
Saturday 16* August 1992
Saturday 29 August 1992
Wednesday 1 January 1992
Monday 20* December 1899
```

　　這個問題的資料格式有字串與整數，但是數量不大，只要用四個變數就可以儲存。因此可以先用 gets() 將整行資料讀入，然後再用 sscanf() 來將這些不同格式的資料讀入。程式框架如範例 P17-5。

範例 P17-5

```
1    define M 2048
2    void process_case(char w[],int d,char m[],int y) {
3      printf("Process [%s,%d,%s,%d]\n",w,d,m,y);
4    }
5    int main() {
6      char buf[M], week[20], month[20];
7      int day, year;
8      while(gets(buf)) {
9        if( buf[0]=='#' ) break;
10       sscanf(buf,"%s %d %s %d",week,&day,month &year);
11       process_case(week,day,month, year);
12     }
13     return 0;
14   }
```

　　範例 P17-5 的執行結果如下，日期資料可以精簡的讀入到程式之中。至於問題的處理部分，讀者可以自行開發解法，完成這個範例程式。

▶▶ 圖 17-5　執行結果

17-3-3　將格式化的資料寫入到字串中

類似於 sscanf()，如果需要將資料寫入到字串中，而不是輸出到螢幕上，可以使用 sprintf() 函數。它與 printf() 函數非常類似，只是多了一個輸出的目的字串，sprintf() 的規格如下：

```
int sprintf(char* s,const char* format,...);
```

函數 sprintf () 與 printf () 在參數上唯一的不同是：多了一個輸出的目的字串 s。在使用上，除了要提供一個額外資料的目的字串空間以外，後面的格式 (format) 與承接的參數，都與 printf() 相同。如果函數成功執行，則會回傳成功寫入的字元個數，如果失敗則回傳一個負數的值。一個簡單的使用範例如下：

```
char buf[1024];
char name[10]= "Martin", tmp[10]="is";
int age=19;
sprintf(buf, "%s %s %d.", name, tmp, age);
```

執行上面的指令之後，buf 的內容就會是："Martin is 19."

1. 完成範例 P17-2(UVa 10921)。
2. 完成範例 P17-3(UVa 272)。
3. 完成範例 P17-4(UVa 490)。
4. 以正確的輸入資料格式,完成 UVa 496。
5. 完成範例 UVa 12439。
6. 完成範例 P17-5(UVa 150)。

學習心得

Chapter **18**

問題討論－V

本章綱要

本單元運用前面介紹的字串處理觀念來解決 5 個 UVa 問題。

- ◆ UVa 11192
- ◆ UVa 10260
- ◆ UVa 483
- ◆ UVa 482
- ◆ UVa 10815

案例

UVa 11192：給定一個沒有包含 \<space> 的「連續字元」如下：

"TOBENUMBERONEWEMEETAGAINANDAGAINUNDERBLUEI"

它的長度是 42。若我們將每 6 個字元分成一組的話，可以分成 7 組，將每組中的字元反轉，可以得到如下結果：

"UNEBOTNOREBMEEMEWENIAGATAGADNAEDNUNIIEULBR"

你的工作是製作一個程式，完成上述的工作。

輸入：每行包含 1 個測試案例，至多 101 行。每行包含兩個資料：一個整數 G(G < 10)，一個沒有包含 \<space> 的「連續字元」(長度≤ 100)。第一個整數，代表字串的群數。最後一行是 0。

輸出：對於每個測試案例，將每組中的字元，依照說明的方式反轉，並輸出。

輸入範例：

```
3   ABCEHSHSH
5   FA0ETASINAHGRI0NATWON0QA0NARI0
0
```

輸出範例：

```
CBASHEHSH
ATE0AFGHANISTAN0IRAQ0NOW0IRAN0
```

　　範例 P11-5 曾經處理過這個問題，當時沒有使用任何的字串函數，使用的指令與解決方式，相對來說比較瑣碎。範例 P18-1 使用 gets() 將整行字串讀入，再使用 sscanf() 將組數與資料，一次讀進不同的變數之中。在 process_case() 函數中，呼叫 strlen() 可以輕易地計算出字串長度，再計算出每組的字元個數。其餘的列印邏輯，則與範例 P11-5 介紹的方法類似，使用一個巢狀迴圈，直接將結果列印出來。程式範例如下：

範例 ─∿─● P18-1

```
1    #include <stdio.h>
2    #include <stdlib.h>
3    #include <string.h>
4    void process_case(int p, char a[]) {
5      int len=strlen(a), plen=len/p, m, n, cnt;
6      for(m=0;m<p;m++)
7        for(n=(m+1)*plen-1,cnt=0;
8            cnt<plen;cnt++,n--) putchar(a[n]);
9      printf("\n");
10   }
11   int main() {
12     int p; char a[105], buf[105];
13     while ( gets(buf) ) {
14       if ( buf[0]=='0' ) break;
```

```
15          sscanf(buf, "%d %s",&p, a);
16          process_case(p, a);
17      }
18      return 0;
19  }
```

執行結果如下：

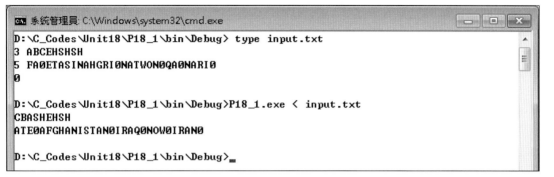

系統管理員: C:\Windows\system32\cmd.exe

```
D:\C_Codes\Unit18\P18_1\bin\Debug> type input.txt
3 ABCEHSHSH
5 FAØETASINAHGRIØNATWONØQAØNARIØ
Ø

D:\C_Codes\Unit18\P18_1\bin\Debug>P18_1.exe < input.txt
CBASHEHSH
ATEØAFGHANISTANØIRAQØNOWØIRANØ

D:\C_Codes\Unit18\P18_1\bin\Debug>
```

▶▶ 圖 18-1　執行結果

案例

UVa 10260：Soundex 編碼會依照英文的拼法，將聲音類似的字群組起來。例如："can" 與 "khawn", "con" 與 "gone" 在這個系統下會有相同的編碼。Soundex 編碼會將字母轉成數字，轉換的規則如下：

1 表示	B, F, P, V
2 表示	C, G, J, K, Q, S, X, or Z
3 表示	D, T
4 表示	L
5 表示	M, N
6 表示	R

字母 A, E, I, O, U, H, W, Y 在這個編碼系統中忽略不編碼。如果出現連續的數字，只需要保留一個就好。

你的工作是製作一個程式，完成上述的編碼工作。

輸入：每行包含 1 個測試案例 (1 個字)，至多 20 個字元。輸入以 EOF 結束。

輸出：對於每個測試案例，輸出相對應的 Soundex 編碼。

輸入範例：	輸出範例：
KHAWN	25
PFISTER	1236
BOBBY	11

要特別注意的是，問題中所謂的：如果出現連續的數字，只需要保留一個就好。並不是說不會出現連續數字。例如：範例字串 BOBBY，因為 O 間隔開了 3 個 B。後面 2 個 B 都會轉成 1，而且只會保留一個。這個 1 與 O 面的 1 並不會合併在一起討論，所以正確的輸出是：11。

分析一下這個問題，可以發現就算是 64 位元的整數，也沒有辦法處理到 20 位數字。因此，不論是輸入資料，或是輸出結果，都必須以字串來處理。我們可以用 gets() 函數，將資料讀入，呼叫 process_case() 函數來處理，程式框架如範例 P18-2：

範例 P18-2

```c
1    #include <stdio.h>
2    #include <stdlib.h>
3    #include <string.h>
4    void process_case(char data[]) {
5      printf("Process..%s\n", data);
6    }
7    int main() {
8      char data[30];
9      while( gets(data) ) {
10       process_case(data);
11     }
12     return 0;
13   }
```

因此，在 process_case() 中，可以宣告另外一個字元陣列 buf[] 來儲存轉換結果。先將字母依照規則做轉換，將沒有對應的字母，先轉換成 '9'。改寫後的 process_case() 函數與執行結果如下：

```c
void process_case(char data[]) {
  int i,j; char buf[30], res[30];
  memset(buf, '\0', sizeof(buf));
  for(i=j=0;i<strlen(data);i++) {
    switch(data[i]) {
      case 'B': case 'F': case 'P': case 'V':
        buf[j++]='1'; break;
      case 'C': case 'G': case 'J': case 'K':
      case 'Q': case 'S': case 'X': case 'Z':
        buf[j++]='2'; break;
      case 'D': case 'T':
        buf[j++]='3'; break;
      case 'L':
        buf[j++]='4'; break;
      case 'M': case 'N':
        buf[j++]='5'; break;
      case 'R':
        buf[j++]='6'; break;
```

```
        default:
            buf[j++]='9';
        }
    }
    printf("Process..%s\n", buf);
}
```

```
系統管理員: C:\Windows\system32\cmd.exe
D:\C_Codes\Unit18\P18_2\bin\Debug> P18_2.exe < input.txt
Process..29995
Process..1192396
Process..19119
```

▶▶ 圖 18-2　執行結果

　　接下來的工作，當然是將重複的資料移除。爲了避免複製部分的陣列，可以宣告另一個陣列 res[30] 儲存移除重複的結果。當然也只以直接輸出結果，但是爲了能夠清楚說明處理的流程，以下的範例還是額外地宣告了 res[] 陣列，如下：

```
int i,j; char buf[30], res[30];
memset(buf, '\0', sizeof(buf));
memset(res, '\0', sizeof(res));
```

　　移除重複的資料的程式碼如下。只要有資料，不是空字串，第一個字元一定需要複製，接下來迴圈從第 2 個字元開始檢查，看看它是否有與之前的一樣，若有，就「續做迴圈」；若不一樣，就將這個字元複製到 res[] 中。並將 res 的索引 j 加 1。

```
if( strlen(buf) ) {
  res[0]=buf[0];
  for(i=1,j=1;i<strlen(buf);i++) {
    if(buf[i]==buf[i-1]) continue;
    res[j++]=buf[i];
  }
}
```

　　完成移除重複的字元之後，只要跳過 '9' 的字元，就是需要的結果，程式碼如下：

```
for(i=0;i<strlen(res);i++)
  if( res[i]!='9' ) putchar(res[i]);
printf("\n");
```

完整的 process_case() 函數如下：

```c
void process_case(char data[]) {
  int i,j; char buf[30], res[30];
  memset(buf, '\0', sizeof(buf));
  memset(res, '\0', sizeof(res));
  for(i=j=0;i<strlen(data);i++) {
    switch(data[i]) {
      case 'B': case 'F': case 'P': case 'V':
        buf[j++]='1'; break;
      case 'C': case 'G': case 'J': case 'K':
      case 'Q': case 'S': case 'X': case 'Z':
        buf[j++]='2'; break;
      case 'D': case 'T':
        buf[j++]='3'; break;
      case 'L':
        buf[j++]='4'; break;
      case 'M': case 'N':
        buf[j++]='5'; break;
      case 'R':
        buf[j++]='6'; break;
      default:
        buf[j++]='9';
    }
  }
  if( strlen(buf) ) {
    res[0]=buf[0];
    for(i=1,j=1;i<strlen(buf);i++) {
      if(buf[i]==buf[i-1]) continue;
      res[j++]=buf[i];
    }
  }
  for(i=0;i<strlen(res);i++)
    if( res[i]!='9' ) putchar(res[i]);
  printf("\n");
}
```

執行結果如圖 18-3：

```
系統管理員: C:\Windows\system32\cmd.exe
D:\C_Codes\Unit18\P18_2\bin\Debug> P18_2.exe < input.txt
25
1236
11

D:\C_Codes\Unit18\P18_2\bin\Debug>_
```

▶▶ 圖 18-3　執行結果

案例

UVa 483：製作一個程式，將字串中每個字反轉。

輸入：每行包含 1 個測試案例 (1 個字)。輸入以 EOF 結束。

輸出：對於每個測試案例，輸出相對應的字反轉結果。

輸入範例：	輸出範例：
I love you.	I evol .uoy
You love me.	uoY evol .em
We're a happy family.	er'eW a yppah .ylimaf

這個問題與上一個問題非常類似。能否適當的切分字串中的元素，會是解決問題關鍵。在這個問題中，元素的「分隔符」是空格，並不包含句點。可以利用函數 strtok() 來拆分元素。程式框架如範例 P18-3：

範例 P18-3

```c
1    #include <stdio.h>
2    #include <stdlib.h>
3    #include <string.h>
4    void process_word(char *p) {
5      printf("process [%s]\n", p);
6    }
7    int main() {
8      char *p, buf[2048];
9      while( gets(buf) ) {
10       p = strtok(buf, " ");
11       while( p ) {
12         process_word(p);
13         p = strtok(NULL, " ");
14       }
15       printf("\n");
16     }
17     return 0;
18   }
```

執行上述測試資料的結果如圖 18-4：

▶▶ 圖 18-4　執行結果

　　只要能夠正確的切分元素，反轉列印字串可以使用範例 P18-1 中使用的方法：從字串最後，往前列印字元。函數 process_word() 可以用如下的方式實作：

```
void process_case(char * p) {
  int len =strlen(p);
  while(len) putchar(p[--len]);
  putchar(' ');
}
```

　　首先利用 strlen() 計算出字串長度, len。變數 len 就是需要列印的字元數目。只是因為索引從 0 開始，所以在輸出的時候，要先將 len 減 1：putchar(p[--len])，才會列印到正確的字元。程式結果如圖 18-5：

▶▶ 圖 18-5　執行結果

案例

　　UVa 482：在許多計算機科學領域中，對陣列內容做「排列」 (permute)，可以說是一個重要又常見的工作。一個對資料做「排列」的方法是利用陣列的索引，來指定元素在新陣列中的位置。令 x 為原始陣列，x' 為某種排列處理後的陣列，他們之間的關係是：$x_i = x'_{pi}$。你的工作是製作一個程式，完成上述的「排列」工作。

　　輸入：第一行標明測試案例的個數。每個測試案例的第一行為空白行，接下來是「排列」的索引陣列，下一行則是浮點數的資料。

　　輸出：對於每個測試案例，依照與輸入相同的格式，輸出相對應「排列」的索引陣列順序，由小到大輸出。

輸入範例：

```
2

3 1 2
32.0 54.7 -2

4 3 2 1
1.1 2. 3 -4
```

輸出範例：

```
54.7 -2 32.0
-4 3 2. 1.1
```

　　觀察這個問題，可以發現雖然題目說是輸出浮點數，但是如果沒有小數部分的資料，卻要用整數格式輸出。與其檢查是否有小數部分，還不如將資料部分直接用字串來處理。程式框架如範例 P18-4。

　　範例 P18-4 第 10 行輸入案例個數 n。讀者要留意輸入格式 "%d " 後面的空格會將第一個空行處理掉。接下來使用兩個 gets() 將「索引陣列」與「資料陣列」讀入，並在第 14 行將案例與案例之間的空行處理掉。因為這裡純粹只是處理掉空行，所以不需要宣告額外的變數，可以重複利用變數 idx[]。函數 process_case() 目前只是單純地將資料列印出來，輸出結果如後：

範例 ── P18-4

```
1    #include <stdio.h>
2    #include <stdlib.h>
3    #include <string.h>
4    void process_case(char *idx, char *data) {
5      printf("Process..(%s, %s)\n", idx, data);
6    }
7    int main() {
8      int n;
9      char idx[2048], data[2048];
10     scanf("%d ", &n);
11     while( n-- ) {
12       gets(idx);  gets(data);
13       process_case(idx, data);
```

```
14           gets(idx);
15       }
16       return 0;
17   }
```

▶▶ 圖 18-6　執行結果

在函數 process_case() 中，則可以使用 sscanf() 拆分元素，程式範例如下：

```
void process_case(char *idx, char *data) {
  int i=0, m, k, pi[512];
  char pdata[512][256];
  for(i=0; idx[0] != '\0'; idx+=k )
    sscanf(idx," %d%n",&pi[i++], &k);
  m=i; // m elements in array
  for(i=0; i < m; data+=k, i++ )
    sscanf(data,"%s%n", pdata[i] ,&k);
  for(i=0;i<m;i++) printf("%d ", pi[i]);
  putchar('\n');
  for(i=0;i<m;i++) printf("%s ", pdata[i]);
  putchar('\n');
}
```

上述程式碼假設最多 512 個元素，所以宣告整數陣列 pi，大小是 512。然後使用 sscanf("%d%n",&pi[i++], &k) 來讀入索引資料。變數 k 則會記錄被掃描的字元。儲存整數索引值之後，將 idx 向後移動 k 個字元 (idx+=k)，直到整個輸入字串數理完畢。

要注意的是，索引陣列元素個數，就是後面資料值的元素個數。因此，程式先宣告一個二維陣列 pdata[512][256]；因為剛剛的 pi[] 陣列假設只有 512 個元素，256 假設浮點數資料最長 256 位。然後利用迴圈與 sscanf() 函數，將資料讀入 sscanf(data,"%s%n", pdata[i] ,&k) 儲存資料值之後，將 data 指標向後移動 k 個字元。然後用兩個迴圈，將 pi[] 與 pdata[][] 的內容列印出來，程式執行結果如圖 18-7。

▶▶ 圖 18-7　執行結果

以第一個案例為例，資料讀入之後，變數 pi[] 與 pdata[][] 的內容如圖 18-8：

pi

0	3
1	1
2	2

pdata

0	3	2	.	0
1	5	4	.	7
2	-	2		

▶▶ 圖 18-8　變數 pi[] 與 pdata[][]

陣列 pdata[][] 的內容當初是循序從 0 存入的。但是如果可以利用 pi[] 的內容，直接將 32.0、54.7、-2 直接存到正確的位置，如圖 18-9，之後處理起來就更方便了。

pdata

0	5	4	.	7
1	-	2		
2	3	2	.	0

▶▶ 圖 18-9　理想的資料擺放方式

也就是說，當讀到第 1 個值 32.0 的時候，讀取 pi[] 的第 1 個值 (3) 將 32.0 放到 pdata[][] 中的第 3 列中，也就是 pdata[2] 的位置；讀到第 2 個值 54.7 的時候，讀取 pi[] 的第 2 個值 (1) 將 54.7 放到 pdata[][] 中的第 1 列中，也就是 pdata[0] 的位置；讀到第 3 個值 -2 的時候，讀取 pi[] 的第 3 個值 (2) 將 -2 放到 pdata[][] 中的第 2 列中，也就是 pdata[1] 的位置。如圖 18-10 的說明：

pdata

pi[2]–1	5	4	.	7
pi[1]–1	-	2		
pi[0]–1	3	2	.	0

▶▶ 圖 18-10　利用 p[] 將資料放入理想位置

依照這個邏輯來改寫的 process_case() 如下：

```
void process_case(char *idx, char *data) {
  int i=0, m, k, pi[512];
  char pdata[512][256];
  for(i=0; idx[0] != '\0'; idx+=k )
    sscanf(idx," %d%n",&pi[i++], &k);
  m=i; // m elements in array
  for(i=0; i < m; data+=k, i++ )
    sscanf(data,"%s%n", pdata[pi[i]-1] ,&k);
  for(i=0;i<m;i++) printf("%s ", pdata[i]);
  putchar('\n')
}
```

讀者可以發現，需要修改的地方只有一個：將 pdata[i] 改成 pdata[pi[i]-1]。程式執行結果如圖 18-11：

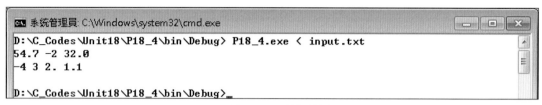

▶▶ 圖 18-11　執行結果

案例

　　UVa 10815：8 歲的 Andy 有一個夢想：他想編一本他自己的字典。對 Andy 來說，這真不是一件容易的事，但是他想出一個非常聰明的方法。他將書架上的故事書一本一本的取下，將書中字逐一依照順序抄錄下來。這當然是一件非常耗時的工作，也是電腦能幫我們處理的工作。你的工作是製作一個程式，輸入完成上述工作。

　　輸入是一行行的字串，而字則是連續的字母，Andy 的字典大小寫視為同一個字。例如：Apple、apple、APPLE 會被當做同一個字。

　　輸入：輸入是一個文字檔案，不超過 5000 行。每行至多 200 個字元。輸入以 EOF 終止。

　　輸出：以字典順序、全小寫的方式輸出輸入檔案中的字。重複出現的字只需列印一次。檔案中
　　　　　唯一的字至多 5000 個

　　輸入範例：

Adventures in Disneyland

Two blondes were going to Disneyland when they came to a fork in theroad. The sign read: "Disneyland Left."

So they went home.

　　輸出範例：

a	sign
adventures	so
blondes	the
came	they
disneyland	to
fork	two
going	went
home	were
in	when
left	
read	
road	

　　這個問題與 P18-3 所說明的問題非常類似。只是它不處理標點符號。因此，可以使用 gets() 將每行資料輸入，然後叫用函數 strtok()，用標點符號來拆分。

這個做法有一個風險：如果沒有提供所有「分隔符」，所有可能出現的標點符號，拆分就會失敗。比較安全的做法是，gets() 讀入資料之後，將所有不是字母的字元，全部替換成空白字元，然後用空白字元拆分，這樣就不會有問題了。程式框架如範例：

範例 ─ΛΛ─● P18-5

```
1    #include <stdio.h>
2    #include <stdlib.h>
3    #include <string.h>
4    void process_word(char *p) {
5      printf("process [%s]\n", p);
6    }
7    int main() {
8      int i;
9      char *p, b[201];
10     while( gets(b) ) {
11       for(i=0; i< strlen(b); i++)
12         b[i]=isalpha(b[i])?tolower(b[i]):' ';
13       p = strtok(b, " ");
14       while( p ) {
15         process_word(p);
16         p = strtok(NULL, " ");
17       }
18     }
19     return 0;
20   }
```

　　另外，因為輸出要求全部小寫的字，所以程式第 12 行，檢查這個字母是不是字母 isalpha()，如果不是，將它替換成空格；若是，將其轉成小寫 tolower()。然後使用函數 strtok()，以空格當做「分隔符」來拆分個別的單字。以範例輸入的資料執行框架程式的輸出結果如圖 18-12：

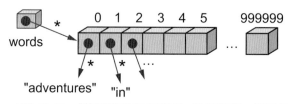

```
系統管理員: C:\Windows\system32\cmd.exe

D:\C_Codes\Unit18\P18_5\bin\Debug> P18_5.exe < input.txt
process [adventures]
process [in]
process [disneyland]
process [two]
process [blondes]
process [were]
process [going]
process [to]
process [disneyland]
process [when]
process [they]
process [came]
process [to]
process [a]
process [fork]
process [in]
process [the]
process [road]
process [the]
process [sign]
process [read]
process [disneyland]
process [left]
process [so]
```

▶▶ 圖 18-12　執行結果

　　處理這個問題，理論上需要使用到進階的資料結構，才能得到比較好的效能，可是不用這些資料結構，也不是不能解決。因為資料至多 5000 行，每行至多 200 個字元，所以理論上至多只有 500000 個字（字以空格分開，每行至多 100 個字）。為了簡單起見，可以宣告一個字元指標的指標變數 words，以動態配置 1000000 個字元指標的大小。然後對切分出來的每個字（上面執行的輸出），動態配置一個字串，如圖 18-13 所示。

```
                    *        0  1  2  3  4  5      999999
                 ●───────→ [●][●][●][  ][  ][  ] ... [  ]
                words        *  *  ...
                             ↓  ↓  ↓
                   "adventures"  "in"
```

▶▶ 圖 18-13　對切分出來的每個字，動態配置一個字串

　　我們還需要另一個變數 wc 來記錄到底有多少個字，被紀錄在 words 之中。為了簡單起見，這兩個變數可以宣告成「全域變數」，如下面範例 P18-6 程式框架的第 4~6 行，並在第 17 行，呼叫 init() 函數，將這兩個變數設初值。

範例 ⊣√→ P18-6

```
1     #include <stdio.h>
2     #include <stdlib.h>
3     #include <string.h>
4     #define M 1000000
```

```
5      char **words;
6      int wc;
7    void init() {
8      words = (char **) malloc (sizeof(char*)*M);
9      wc=0;
10   }
11   void process_word(char *p) {
12     words[wc] = strdup(p);
13     wc++;
14   }
15   void process_case() {}
16   int main() {
17     int i;  char *p, buf[201];
18     init();
19     while( gets(buf) ) {
20       for(i=0; i< strlen(b); i++)
21         b[i]=isalpha(buf[i])?tolower(b[i]):' ';
22       p = strtok(buf, " ");
23       while( p ) {
24         process_word(p);
25         p = strtok(NULL, " ");
26       }
27     }
28     process_case();
29     for(i=0;i<wc;i++) {
30       printf("%d: [%s]\n", i+1, words[i]);
31       free(words[i]);
32     }
33     free(words);
34     return 0;
35   }
```

這樣一來，在函數 process_word() 中，就可以使用 strdup() 函數 (第 12 行)，動態配置複製一個字串，將字串位址指定給 words[wc]。那麼當程式執行到第 28 行的時候，words 的狀態，就會如圖 18-13 所示。範例 P18-6 的執行結果如圖 18-14。目前 process_case() 函數是一個空函數，完全沒有做任何處理。程式第 29~33 行則會在釋放記憶體之前，將 words 中所有的字，列印出來。讀者要注意這個程式在第 8 行的地方，配置了 1000000 個 char * 大小的空間，並在第 33 行釋放這塊記憶體。另外，對於每個讀入的字，在第 12 行用 strdup() 所配置的記憶體，則是在第 31 行的地方釋放記憶體。程式執行的結果如圖 18-14：

```
D:\C_Codes\Unit18\P18_6\bin\Debug> P18_6.exe < input.txt
1: [adventures]
2: [in]
3: [disneyland]
4: [two]
5: [blondes]
6: [were]
7: [going]
8: [to]
9: [disneyland]
10: [when]
11: [they]
12: [came]
13: [to]
14: [a]
15: [fork]
16: [in]
17: [the]
18: [road]
19: [the]
20: [sign]
21: [read]
22: [disneyland]
23: [left]
24: [so]
25: [they]
26: [went]
27: [home]

D:\C_Codes\Unit18\P18_6\bin\Debug>_
```

▶▶ 圖 18-14　執行結果

接下來只需要對 words[] 排序，然後跳過重複的字，不要列印，工作就完成了。排序工作最理想的方式，當然是利用如範例 P15-9 中所使用的函數 qsort() 來完成。範例 P18-6 第 28 行的函數 process_case()，就可以用如下的實作來替換：

```
void process_case() {
    qsort(words, wc, sizeof(char *), comp);
}
```

需要排序的資料，儲存在 words 陣列中，元素個數是 wc，元素大小是 sizeof(char *)，比較函數則是一個需要我們自己來實作的比較函數的函數指標。這裡我們一樣將這個比較函數命名為 comp()，它的定義如下：

```
void comp(const void *p1, const void *p2){
    return strcmp(*(char **)p1, *(char **)p2 );
}
```

函數 comp() 只有一個指令，它呼叫 strcmp() 函數，因為 strcmp() 函數所回傳的值，與本題所需要的先後順序完全一致。比較令人困擾的應該是 strcmp() 所使用的參數 p1 與 p2。假設我們要比較 words[0] 與 words[1]，因為 p1 與 p2 所指向的是 words 中，需要比較的元素（如圖圖 18-15 所示），

所以 p1 與 p2 的型別，其實與 words 相同，都是 char **，所以必須先將它們強制轉型成 (char **)，再做一次參考：*(char **)。程式執行結果如圖 18-16：

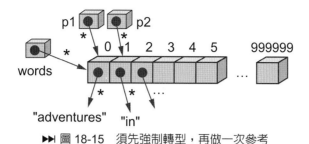

▶▶ 圖 18-15　須先強制轉型，再做一次參考

```
系統管理員: C:\Windows\system32\cmd.exe
D:\C_Codes\Unit18\P18_6\bin\Debug> P18_6.exe < input.txt
1: [adventures]
2: [in]
3: [disneyland]
4: [two]
5: [blondes]
6: [were]
7: [going]
8: [to]
9: [disneyland]
10: [when]
11: [they]
12: [came]
13: [to]
14: [a]
15: [fork]
16: [in]
17: [the]
18: [road]
19: [the]
20: [sign]
21: [read]
22: [disneyland]
23: [left]
24: [so]
25: [they]
26: [went]
27: [home]

D:\C_Codes\Unit18\P18_6\bin\Debug>_
```

▶▶ 圖 18-16　執行結果

接下來可以參考範例 P18-2 所解決的問題，如只要掃瞄 words，跳過將重複出現的字串不要列印，如範例 P18-7 所示，因為輸出現在是在函數 process_case() 中完成，所以第 43 行的指令就不需要在輸出任何資料，只要單純的釋放記憶體空間就可以了。

範例 P18-7

```
1    #include <stdio.h>
2    #include <stdlib.h>
3    #include <string.h>
```

```
4    #define M 1000000
5    char **words;
6    int wc;
7    void init() {
8      words = (char **) malloc (sizeof(char*)*M);
9      wc=0;
10   }
11   void process_word(char *p) {
12     words[wc] = strdup(p);
13     wc++;
14   }
15   int comp(const void *p1, const void *p2){
16     return strcmp(*(char **)p1, *(char **)p2 );
17   }
18   void process_case() {
19     int i, p=0, prev=0;
20     qsort(words, wc, sizeof(char *), comp);
21     if ( wc > 0 ) {
22       printf("%s\n", words[0]);
23       for(i=1;i<wc;i++) {
24         if(strcmp(words[i],words[p])==0)continue;
25         printf("%s\n", words[i]);
26         prev=i;
27       }
28     }
29   }
30   int main() {
31     int i;  char *p, b[201];
32     init();
33     while( gets(b) ) {
34       for(i=0; i< strlen(b); i++)
35         b[i]=isalpha(b[i])?tolower(b[i]):' ';
36       p = strtok(b, " ");
37       while( p ) {
38         process_word(p);
39         p = strtok(NULL, " ");
40       }
41     }
42     process_case();
43     for(i=0;i<wc;i++) free(words[i]);
44     free(words);
45     return 0;
46   }
```

範例 P18-7 的執行結果如圖 18-17：

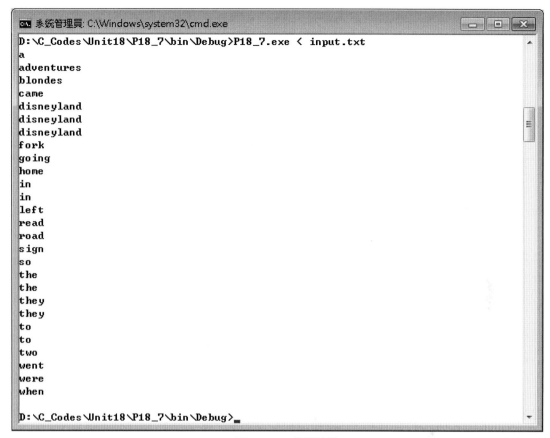

▶▶ 圖 18-17　執行結果

學習心得

第三部分

進階篇

Chapter 19

自定結構

本章綱要

實務問題的資料常常會以某種結構出現，例如學生資料有姓名、學號；一張租屋合約上會有：屋主、承租人、起租日期、押金等等的資料。這些分量雖然有不同型別，但是實際上卻是描述同一筆紀錄的資料。本單元介紹 C 語言如何使用自定結構的機制，整合這些分散的分量，成為一個包含不同型別分量的資料單元。

◆ 自定結構
◆ 結構的使用
◆ 結構的應用

19-1 自定結構

眞實問題的資料常常會以包含許多分量的結構出現。例如一個平面點座標 (x, y) 就有 x、y 軸的值；三度空間的點座標 (x, y, z) 就有 x、y、z 軸的值。又例如一個學生的紀錄，可能包含：姓名、學號、身高、體重等不同型別的分量。或許解決問題的時候，不會在同一個時間使用一筆紀錄中的所有分量，但是這些描述相同紀錄的分量需要使用某種語言機制將它們組織起來，這個機制就是本單元要介紹的：結構。

19-1-1 定義結構

自己定義結構需要使用 struct 保留字，語法如下：

```
struct [tag_name] {
        member_definition;
        member_definition;
              :
}[struct_variables];
```

- *tag_name*：結構的標籤名稱 (可有可無)
- *member_definition*：分量定義
- *struct_variables*：結構變數宣告 (可有可無)

結構定義並不會做記憶體配置，所以不能稱爲宣告結構。定義結構的時候，需要提供分量的定義，包含型別與分量的名稱，一個結構中當然可以定義許多不同型別的分量。分量的定義與變數宣告非常的類似。下面範例定義一個具有 2 個浮點數分量 x, y 的結構，名稱爲 point2D：

```
struct point2D {
  float x, y;
};
```

因爲結構可以定義在任何地方，某個函數裡面，某個函數外面。如果結構定義在主程式之中，那麼這個結構可以使用的範圍 (scope) 只有在主程式區塊中。這個觀念與區域變數的使用範圍類似。如果我們需要定義一個所有函數都可以使用的結構，那麼自然就要像宣告全域變數一樣，寫在主程式之外了。

```
struct global_str {
    float x, y;
};
int main() {
    struct local_str {int x, y; };
          :
    return 0;
}
```

19-1-2　宣告結構變數

定義結構的同時，也可以宣告變數。下面的範例宣告 point2D 型別的變數 p1, p2 與 point2D 的一維陣列 pnts[10]：

```
struct point2D {
    float x, y;
} p1, p2, pnts[10];
```

至於這些變數 p1、p2、pnts[10] 是區域變數還是全域變數，就要看 struct point2D 是定義在哪裡。如果是在某個函數之中，那這些變數自然就是區域變數；如果 struct point2D 以全域的方式定義，這些變數自然就是全域變數。

結構變數也可以單獨宣告，不一定要在結構定義的時候完成宣告。宣告結構變數的時候，只提供結構名稱是不夠的，必須搭配 struct 保留字一起使用。使用方式如下：

```
struct point2D p3, p4[2];
```

結構變數初始值的設定與一維陣列設初始值非常類似，它也是使用大括號搭配逗點來完成。至於結構的陣列變數，則會變成像高維陣列設初始值的方式，範例如下：

```
Struct point2D p3={1.0, 4.5},
    p4[2] = { {-2, 5},
              {13, 9} };
```

19-2　結構的使用

19-2-1　使用結構變數

結構變數的使用，可以分成兩個層次：使用分量，使用整個結構。結構分量的使用必須搭配句點 (.)，範例如下：

```
p3.x = 5.5;
p3.y = p3.x + 1.1;
```

如果需要複製整個結構，可以直接使用「設值運算子」來完成，範例如下：

```
p3 = p4[0];
p4[1] = p3;
```

實務上比較少在定義結構的時候宣告一般變數，但是會宣告特定值的變數，例如初始值結構。之後在宣告一般變數的時候，使用「設值運算子」來將整個結構設初始值。範例如下：

```
struct student {
    int age;
    char name[10];
} empty = {0, ""};
int main() {
    struct student s1, s2;
    s1 = s2 = empty;
        :
}
```

19-2-2 結構變數的參數傳遞

結構可以當成變數型態來使用，自然也可以當成呼叫函數時的參數型態。但是要注意的是，參數間的傳遞是使用「傳值呼叫」的方式來完成。

範例 P19-1

```
1     struct student {
2       int age;
3       char name[10];
4     } empty =  {0, ""};
5     void f1(struct student s) {
6       s.age = 15;
7       printf("[%d,%s]\n",s.age, s.name);
8     }
9     int main() {
10      struct student s1;
11      s1 = empty;
12      f1(s1);
13      printf("[%d,%s]\n",s1.age, s1.name);
14      return 0;
15    }
```

在範例 P19-1 的第 1~4 行定義了結構 struct student，第 5~8 行定義函數 f1()，形式參數是 struct student s，第 10、11 行宣告結構變數 s1，並設定為 empty。第 12 行呼叫函數 f1()，並將主程式中的 s1 傳給函數。然後在第 7、13 行列印 age 分量。程式執行結果如圖 19-1：

```
D:\C_Codes\Unit19\P19_1\bin\Debug\P19_1.exe
[15,]
[0,]

Process returned 0 (0x0)    execution time : 0.083 s
Press any key to continue.
```

▶▶| 圖 19-1　執行結果

因為結構是使用「傳值呼叫」，所以函數中修改的 age，在主程式中的 s1 並不會被影響到。如果需要在函數中更改主程式裡面定義的 s1，那麼就必須使用「傳址呼叫」來傳遞參數，如範例 P19-2：

範例 ┤◠╱┝● P19-2

```
1      struct student {
2        int age;
3        char name[10];
4      } empty =  {0, ""};
5      void f1(struct student * s) {
6        (*s).age = 15;
7        printf("[%d,%s]\n",(*s).age,(*s).name);
8      }
9      int main() {
10       struct student s1;
11       s1 = empty;
12       f1(&s1);
13       printf("[%d,%s]\n",s1.age, s1.name);
14       return 0;
15     }
```

因為是使用「傳址呼叫」，所以範例 P19-2 第 12 行就必須使用 & 運算子來取得結構變數 s1 的位址。在第 6、7 行的指令就比需先使用 * 運算子 (*s) 來指向這個結構變數，然後才能用句點 (.) 來參考結構之中的分量。讀者要注意句點 (.) 是「優先權」第 1 級的運算子；* 運算子則是第 2 級的運算子。所以一定要用小括號來先處理 *，之後才能使用句點 (.) 來參考分量，如 (*s).age。

19-2-3　結構指標變數

使用「傳址呼叫」的時候，函數中的形式參數，事實上就是一個「結構的指標變數」。在程式中，也可以直接宣告「結構指標變數」，如下程式碼中的變數 p 就是一個「結構指標變數」，並且指向 s1：

```
struct student s1;
struct student *p = &s1;
```

其實這樣的用法，除了資料型態是自定結構之外，其他並沒有任何特殊的地方。但是，因為結構
分量在使用上需要多一個句點 (.)，程式製作變得複雜許多。因此，C 語言提供一個額外的操作方式，
使用 -> 運算子：

```
struct student s1;
struct student *p = &s1;
p->age= 18;      // 等同於 (*p).age = 18;
```

使用 -> 運算子比較方便程式製作，讀者剛開始學習使用，常會混淆，可以先用 (*p).age 的作法來
製作程式，程式執行正確之後，在改寫成 p->age 的作法。一旦熟悉 -> 這個操作方式，讀者一定會習
慣，喜歡上這樣的用法。

因此範例 P19-2 中第 5~8 行的函數，可以使用 -> 運算子來改寫，範例如下：

```
void f1(struct student * s) {
  s->age = 15;
  printf("[%d,%s]\n",s->age,s->name);
}
```

如果問題本身不需要大量的結構變數，那麼可以使用「靜態陣列」變數，搭配 1、2 個指標變數來
處理，範例如下：

```
struct student stds[10], * p;
p = stds;    // p = &stds[0]
p->age = 15; // stds[0].age = 15;
p++;             // p = &stds[1]
p->age = 25; // stds[1].age = 25;
```

變數 p 是結構 struct student 的指標變數，因此 p++ 會向後移動一整個結構大小的記憶體空間。
當然這樣的作法，也可以運用在參數傳遞，例如上面的 f1() 函數中，也可以包含如下指令：

```
void f1(struct student * s) {
  s->age = 15;
  s++;
  s->age = 25;
}
```

如果主程式中，宣告了一個結構陣列，並將它的位址傳給函數 f1()，那麼上面的程式碼當然可以
成功執行問題，如下面的範例：

```
int main() {
  struct student s[2], t;
  f1(s);   // or f1(&s[0]);
  // f1(&t); error!
  return 0;
}
```

　　但是，若是程式傳送單一結構變數 t 的位址給 f1() 函數，f1() 中的 s++ 就會使用到不應該使用到的記憶體空間。因此，一個比較理想的參數傳遞方式如下：

```
void f1(struct student s[], int size) {
  int i;
  for(i=0; i<size; i++)
    s[i].age = s[i].age + 25;
}
int main() {
  struct student s[20];
  f1(s, 20);
  return 0;
}
```

　　在「形式參數」中，使用陣列變數，而不是指標變數，清楚說明使用該函數的時候，應該要傳遞的是一個結構陣列的記憶體位址；第二個變數則是說明該陣列有效的元素大小。在函數中利用這第二個變數來使用有效的結構元素。

　　結構變數、結構陣列變數、結構指標變數有許多搭配的混用方式。基本上與基本資料型別的用法相同，讀者應該先孰悉、掌握基本資料型別的用法（例如：整數變數、整數陣列變數、整數指標變數。還有本書沒有介紹的「指標的指標」，「陣列的指標」等），再來鑽研結構的相關使用方法，不宜本末倒置。

19-3　結構的應用

　　只要問題的資料在本質上是以某種形式的結構存在，就應該要自行定義結構來處理它。這個單元介紹一些應該使用結構來處理的問題。

案例

　　UVa 482：在許多計算機科學領域中，對陣列內容做「排列」(permute)，可以說是一個重要又常見的工作。一個對資料做「排列」的方法是利用陣列的索引，來指定元素在新陣列中的位置。令 x 為原始陣列，x' 為某種排列處理後的陣列，他們之間的關係是：$x_i = x'_{pi}$。你的工作是製作一個程式，完上述的「排列」工作。

　　輸入：第一行標明測試案例的個數。每個測試案例的第一行為空白行，接下來是浮點數的資料，下一行則是「排列」的索引陣列。

　　輸出：對於每個測試案例，依照與輸入相同的格式，輸出相對應「排列」的索引陣列順序，由小到大輸出。

輸入範例：

```
2

32.0 54.7 -2
3 1 2

1.1 2. 3 -4
4 3 2 1
```

輸出範例：

```
54.7 -2 32.0
-4 3 2. 1.1
```

　　這個問題之前有介紹過如何處理。此處稍微修改了一下輸入的格式，先輸入資料，後輸入索引。因為先取得的是資料，不是索引，就不能利用之前介紹的技巧，在讀入資料時，直接放到正確的索引位置。因此，可以自定一個結構，包含兩個分量：資料與索引。然後再對結構中的索引來排序。之後循序列印資料就可以了。此處假設資料長度不會超過 30 個字元，而每個測試案例不會超過 4096 個元素。主程式框架與結構定義如下，針對每個測試案例，會呼叫一次處理函數 process_case()：

```c
struct node {
    int idx;
    char data[30];
};
void process_case() { }
int main() {
  int n;
  scanf("%d ", &n);
  while( n-- ) process_case();
  return 0;
}
```

　　函數 process_case() 首先需要正確的將資料讀入。在這個函數中，宣告一個元素個數為 4096 的 struct node 陣列。利用之前介紹叫用 gets() 搭配 sscanf() 的方式，將資料直接讀入陣列結構的分量之中。程式碼如下：

```
void process_case() {
  struct node data[4096];
  char buf[4096], buf2[1024], *idx;
  int i, no, k;
  gets(buf); idx=buf;
  for(i=0; idx[0] != '\0'; i++, idx+=k) {
    sscanf(idx," %s%n",buf2, &k);
    strcpy(data[i].data, buf2);
  }
  no=i;
  gets(buf); idx=buf;
  for(i=0; i<no; idx+=k )
    sscanf(idx," %d%n]",&data[i++].idx, &k);
  gets(buf);
}
```

接下來，我們只要對一維陣列中元素分量 idx 來排序就可以了。排序的工作，當然可以使用系統提供，之前介紹過的 qsort() 函數來完成。

```
qsort(data, no, sizeof(struct node), comp);
```

因為這個陣列的元素是 struct node，qsort() 的第三個參數，必須要用 sizeof(struct node)。整個 qsort() 的函數呼叫，可以用圖 19-2 來說明。函數 process_case() 中宣告結構一維陣列 data，有效個數記錄在整數 no 之中。叫用 qsort() 的時候，要將比較函數 comp() 的名稱傳入 qsort()。這樣一來，在執行 qsort() 的時候，它就能叫用這個 comp() 函數。而 comp() 函數，則有兩個 const void * 的形式參數（p1, p2），指向陣列的元素。因為 data 陣列的元素是 struct node，所以

p1、p2 都代表的是 struct node 的記憶體位址，在函數 comp() 必須自行轉型。

下面的程式碼實作了 comp() 函數。其中必須先將 p1、p2 從 const void * 轉型成 (struct ndoe *)。以 p1 為例，語法是 ((struct node *)p1)。這裡要特別注意，一定要用兩層的小括號之後，才能使用 -> 運算子。因為題目要求由小到大地輸出，所以 p1 的 idx，若是比較小，就回傳 -1；若是比較大，就回傳 1；相等的時候回傳 0。

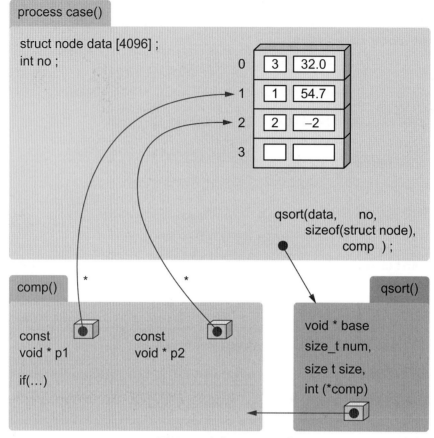

▶▶ 圖 19-2　實作 comp() 函數

程式碼如範例 P19-3，程式執行結果與之前的相同，這裡就不再重複顯示：

範例 ———● P19-3

```
1    #include <stdio.h>
2    #include <stdlib.h>
3    #include <string.h>
4    struct node {
5        int idx;
6        char data[30];
7    };
8    int comp(const void *p1, const void *p2){
9      if (((struct node *)p1)->idx <
10        ((struct node *)p2)->idx) return -1;
11     if (((struct node *)p1)->idx >
12        ((struct node *)p2)->idx) return 1;
13     return 0;
14   }
15   void process_case() {
```

```
16        struct node data[4096];
17        char buf[4096], buf2[1024], *idx;
18        int i, no, k;
19        gets(buf); idx=buf;
20        for(i=0; idx[0] != '\0'; i++, idx+=k) {
21          sscanf(idx," %s%n",buf2, &k);
22          strcpy(data[i].data, buf2);
23        }
24        no=i;
25        gets(buf); idx=buf;
26        for(i=0; i<no; idx+=k )
27          sscanf(idx," %d%n]",&data[i++].idx, &k);
28        qsort(data, no, sizeof(struct node), comp);
29        for(i=0; i<no; i++) printf("%s ",data[i].data);
30        printf("\n");
31        gets(buf);
32      }
33      int main() {
34        int n;
35        scanf("%d ", &n);
36        while( n-- ) process_case();
37        return 0;
38      }
```

案例

　　UVa 10420：在虛構的小說中，Leporello 告訴 Donna Elvira 他的主人唐璜在世界各地獵豔的故事。因為這些故事實在太多了 Leporello 非常困擾，所以記錄了國名，唐璜交往的女人名字。你的工作是製作程式，將這個紀錄作整理輸出。（這裡介紹的題目與原題目稍有不同。）

輸入：第一行 *n* 描述後面有幾行資料 (*n* ≤ 2000)。每行至多 75 個字元，第一個字代表國家名稱，其餘的字代表唐璜交往的女人名字。

輸出：先國家名稱 (字典順序由小到大) 與該國女子人數列印。依照國家名稱 (字典順序由小到大)，唐璜交往的女人名字 (由大到小) 將資料排序輸出。

輸入範例：	輸出範例：
3	England 1
Spain Donna Elvira	Spain 2
England Jane Doe	England Jane Doe
Spain Donna Anna	Spain Donna Elvira
	Spain Donna Anna

　　分析這個問題，可以由輸入規格中發現，每行的資料其實是一個包含：國名、姓名。針對這樣的資料結構，可以用如下的 struct lover 來表示：

```
struct lover {
  char   country[75];
  char   name[75];
}data[2000];
  int n;
```

因為至多 2000 人，所以可以直接宣告 2000 個元素的一維陣列 data 與一個整數 n，紀錄有效的行數。

主程式主要就是將每行的資料，讀入陣列 data 之中。程式首先將記錄個數 n 讀入，然後運用另一個整數 i，來做為 data 的索引，以 gets() 搭配 sscanf() 來將國家名稱與唐瑋交往女人的名字以 strcpy() 函數，儲存至 data 之中。主程式框架如下，這個框架簡單的將所讀入的資料，不作任何處理地從結構中將分量列印出來，所以若是使用題目的範例輸入測試，輸出結果如圖 19-3：

```
int main() {
  int i=0, k;
  char line[80]={0}, buf[80]={0}, *idx;
  scanf("%d ", &n);
  while( i < n ) {
    gets(line);
    idx = line;
    sscanf(line, " %s %n", buf, &k);
    strcpy(data[i].country, buf);
    idx+=k;
    strcpy(data[i].name, idx);
    i++;
  }
  for(i=0;i<n;i++)
      printf("[%s,%s]\n", data[i].country, data[i].name);
  return 0;
}
```

```
系統管理員: C:\Windows\system32\cmd.exe
D:\eBookCode\TestT\bin\Debug> TestT.exe < input.txt
[Spain,Donna Elvira]
[Spain,Donna Anna]
[England,Jane Doe]
[Spain,Jane Anna]
[Spain,Jane Elvira]

D:\eBookCode\TestT\bin\Debug> TestT.exe < input.txt
[Spain,Donna Elvira]
[Spain,Donna Anna]
[England,Jane Doe]
[Spain,Jane Anna]
[Spain,Jane Elvira]

D:\eBookCode\TestT\bin\Debug>_
```

▶▶ 圖 19-3　執行結果

一旦確認資料已經正確地讀入 data 之中，接下來就可以使用排序函數，依照國家名稱 (字典順序由小到大)，唐璜交往的女人名字 (由大到小) 將資料排序輸出。這兩個排序的原則不同，使用的結構分量也不一樣，所以當然要準備兩個比較函數，才能正確地完成排序工作。首先來製作國家名稱 (字典順序由小到大) 的排序函數，而這個排序可以結合範例 18-7 與範例 19-3 中的 comp() 函數來完成，如下 comp_c() 所示：

```
int comp_c(const void *p1, const void *p2){
  return strcmp( ((struct lover *)p1)->country,
                 ((struct lover *)p2)->country);
}
```

有了 comp_c() 函數，就可以用 qsort() 對 data 陣列，依照國家名稱分量，以 strcmp() 由小到大排序，使用方式與輸出結果如下：

```
qsort(data, n, sizeof(struct lover), comp_c);
```

```
系統管理員: C:\Windows\system32\cmd.exe
D:\eBookCode\TestT\bin\Debug> TestT.exe < input.txt
[England,Jane Doe]
[Spain,Donna Anna]
[Spain,Jane Anna]
[Spain,Jane Elvira]
[Spain,Donna Elvira]

D:\eBookCode\TestT\bin\Debug>_
```

▶▶ 圖 19-4　執行結果

以這個 5 筆資料的輸入資料測試，可以清楚看到，data 陣列中已經依照國家名稱，正確地由小到大排序完成。可是同樣的國家 Spain，女子姓名則沒有排序。針對這個排序工作，可以使用如下的 comp_n() 來完成：

```
int comp_n(const void *p1, const void *p2){
  return strcmp( ((struct lover *)p2)->name,
                 ((struct lover *)p1)->name);
}
```

　　另外題目也要求對女子姓名 name 分量由小到大排序，那麼只要修改函數 comp_c() 中的結構分量為 name，並將 p1 與 p2 對調就可以了，如下面程式範例 19-4 中第 10~13 行。

範例 ──∿─• P19-4

```
1    struct lover {
2         char  country[75];
3         char  name[75];
4    } data[2000], *p1=data, *p2=&data[1];
5    int n;
6    int comp_c(const void *p1, const void *p2){
7      return strcmp(((struct lover *)p1)->country,
8                  ((struct lover *)p2)->country );
9    }
10   int comp_n(const void *p1, const void *p2){
11     return strcmp(((struct lover *)p2)->name,
12                 ((struct lover *)p1)->name );
13   }
14   int main() {
15     int i=0, k;
16     char line[80]={0}, buf[80]={0}, *idx;
17     scanf("%d ", &n);
18     while( i < n ) {
19       gets(line); idx = line;
20       sscanf(line, " %s %n", buf, &k);
21       strcpy(data[i].country, buf);idx+=k;
22       strcpy(data[i].name, idx);
23       i++;
24     }
25     qsort(data, n, sizeof(struct lover), comp_c);
26     k=1;
27     for(i=0;i<n;i++) {
28       while((i+k)<n &&
29         strcmp(p1->country,p2->country)==0 ) {
30         p2++; k++;}
31       printf("%s %d\n", p1->country, k);
```

```
32        i+=k;
33        qsort(p1,k,sizeof(struct lover), comp_n);
34        p1=p2;
35        p2++;
36        k=1;
37     }
38     for(i=0;i<n;i++) printf("%s %s\n",
39        data[i].country, data[i].name);
40     return 0;
41   }
```

範例 19-4 中第 26~37 行與第 4 行的額外變數宣告 (p1, p2) 在處理這個問題所要求的排序工作。我們目標是計算出同一個國家中，有多少位女子。處理過程可以用圖 19-5 來說明：

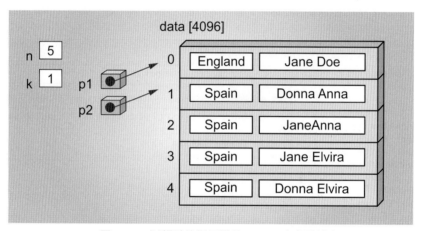

▶▶ 圖 19-5   以額外的指標變數 p1, p2 來處理排序

初始狀態 p1 指向 data[0]，p2 指向 data[1]，而變數 k 則紀錄該國家有多少位女子，初始值設成 1。因為 England 的女子只有一位，第 29 行的 strcmp() 不會相同，迴圈不會繼續，就可以使用 p1->country 與 k，先列印該國家有多少女子（第 31 行）。然後再呼叫 qsort() 如第 33 行對 England 的女子名稱排序，因為此時 k 為 1，所以沒有排序的需求。第 34~36 行會將 p1 指向 data[1]，p2 指向 data[2]，k 重設為 1。再利用第 28、29 行去計算有多少 Spain 的女子。當 p2 指向 data[5]（此處是超出有效元素個數）的時候會跳出這個迴圈，此時 k 的內容為 4。如圖 19-6 所示。

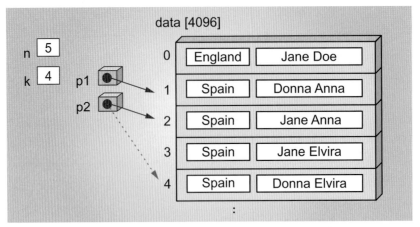

▶▶ 圖 19-6 指標變數 p2 會掃描 p1 之後的資料

　　而這時候第 33 行的 qsort() 就會以指向 data[1] 的 p1 為起點，以內容為 4 的變數 k，搭配 comp_n() 來對姓名分量倒列排序。執行範例 19-4，輸入 8 行的測試資料，輸出結果如圖 19-7：

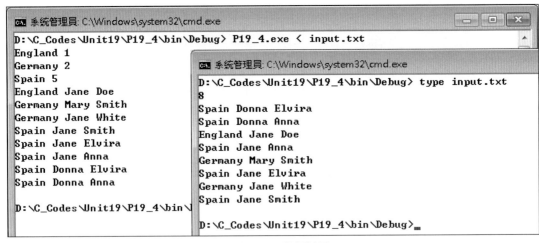

▶▶ 圖 19-7 執行結果

案例

UVa 12439：如果一年之中有 2 月有 29 日，該年就稱爲閏年。給定兩個日期。你的工作是計算出這兩個時間之內有幾個閏年。

輸入：第一行包含測試案例個數 T，$(T \leq 500)$。接下來每兩行表示一個案例，(必須包含這兩個日期)。

輸出：輸出這兩個日期之間有幾個閏年。

輸入範例：

```
4
January 12, 2012
March 19, 2012
August 12, 2899
August 12, 2901
August 12, 2000
August 12, 2005
February 29, 2004
February 29, 2012
```

輸出範例：

```
Case 1: 1
Case 2: 0
Case 3: 1
Case 4: 3
```

之前在討論 gets() 輸入方式的時候曾經討論過這個問題。進一步分析這個問題的資料，可以發現每行描述的其實是一個包含：年、月、日的日期。針對這樣的資料結構，可以用如下的 struct Day 來表示：

```
struct Day {
  int    year;
  char   month[20];
  int    day;
} sDay, eDay;
```

主程式中先讀入測試案例個數 n，然後使用格式化輸入函數 scanf() 來完成讀取資料，直接存入變數 sDay(開始日期)，eDay(結束日期) 之中：

```
int main() {
  long n;
  scanf("%d", &n);
  while(n--) {
    scanf("%s %d, %d ",
      sDay.month, &sDay.day, &sDay.year);
    scanf("%s %d, %d ",
      eDay.month, &eDay.day, &eDay.year);
   /*process_case(); */
  }
  return 0;
}
```

主程式中先讀入測試案例個數 n，然後使用格式化輸入函數 scanf() 來完成讀取資料，直接存入變數 sDay(開始日期)，eDay(結束日期) 之中。因為每個案例只有兩個日期 (開始、結束日期)，為了簡單起見，宣告 (sDay 與 eDay) 為全域變數。這樣一來，函數 process_case() 就完全不需要傳遞任何參數。至於處理案例的編號，可以在 process_case() 中宣告一個「靜態變數」no，初始值設為 1。每處理一個案例，就將它加 1 來表示案例的編號。程式如下：

範例 ─∿─• P19-5

```
1    #include <stdio.h>
2    #include <stdlib.h>
3    struct Day {
4        int   year;
5        char  month[20];
6        int   day;
7    } sDay, eDay;
8    void process_case() {
9      static int no=1;
10     printf("Case %d:\n%d %s %d\n", no++,
11             sDay.year, sDay.month, sDay.day);
12     printf("%d %s %d\n",
13             eDay.year, eDay.month, eDay.day);
14   }
15   int main() {
16     long n;
17     scanf("%d", &n);
18     while( n-- ) {
19       scanf("%s %d, %d ",
20         sDay.month, &sDay.day, &sDay.year);
21       scanf("%s %d, %d ",
22         eDay.month, &eDay.day, &eDay.year);
23       process_case();
24     }
25     return 0;
26   }
```

　　執行範例 P19-5，可以得到如圖 19-8 的輸出結果：

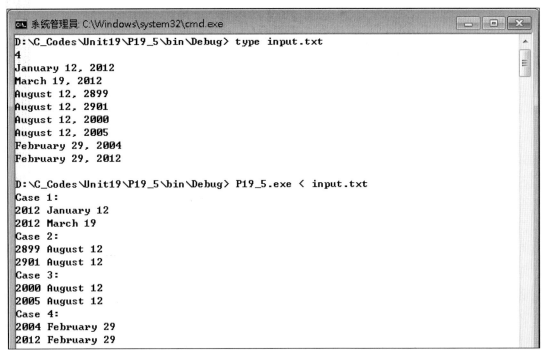

```
系統管理員: C:\Windows\system32\cmd.exe

D:\C_Codes\Unit19\P19_5\bin\Debug> type input.txt
4
January 12, 2012
March 19, 2012
August 12, 2899
August 12, 2901
August 12, 2000
August 12, 2005
February 29, 2004
February 29, 2012

D:\C_Codes\Unit19\P19_5\bin\Debug> P19_5.exe < input.txt
Case 1:
2012 January 12
2012 March 19
Case 2:
2899 August 12
2901 August 12
Case 3:
2000 August 12
2005 August 12
Case 4:
2004 February 29
2012 February 29
```

▶▶ 圖 19-8　執行結果

本章習題

1. 試定義一個名為 People 的結構，包含姓名 (長度小於 20 個字元)、身高 (公分 / 浮點數)、體重 (公斤 / 浮點數)。輸入至少 3 筆紀錄，輸出所有分量以及 BMI。

2. 試定義一個名為 Temp 的結構，包含年、月、日、溫度 (攝氏 / 浮點數)。輸入至少 3 筆紀錄，輸出所有分量以及華氏溫度。

3. 試定義一個名為 Tri 的結構，包含三角形的三個邊長 (公分 / 浮點數)。輸入至少 3 筆紀錄，輸出所有分量以及它是何種三角形。

正三角形	直角三角形	等腰直角三角形
鈍角三角形	等腰鈍角三角形	
銳角三角形	等腰銳角三角形	無法形成三角形

4. 試定義一個名為 Ellipse 的結構，包含橢球體 x、y、z 軸的<u>半徑</u> *a*、*b*、*c* (公分 / 浮點數)。輸入至少 3 筆紀錄，輸出所有分量以及橢球的體積。

橢球的體積 = (4/3)*a*b*c

5. 試定義一個名為 Dice 的結構，參考圖 19-9。結構需要包含骰子朝上的點數。(假設骰子只能向東、西、南、北方滾動)。滾動亂數次數後，輸出朝上，東、西、南、北方的點數。

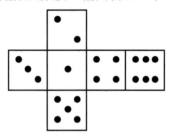

6. 承上題，假設有三顆骰子，滾動亂數次數後，輸出朝上的點數和。

7. 以結構完成範例 UVa 12439。

8. 以結構完成範例 P17-5(UVa 150)。

Chapter 20

型別定義，列舉與巨集應用

本章綱要

本單元詳細介紹 3 個進階的機制：使用者自定型別、列舉與巨集。除了介紹這些機制的標準用法，它們與前一單元介紹的結構一起使用的方法，最後還介紹一些需要整合這些機制來處理的應用問題。

◆ 型別定義
◆ 列舉
◆ 巨集

20-1 型別定義

嚴格的來說，前面一個單元介紹的結構定義，並不算是定義了一個資料型別。若是要真正定義一個「型別」，就需要使用本單元介紹的方式來完成。

20-1-1 定義型別

定義型別的語法如下：

```
typedef type_declaration;
```

- *typedef*：定義型別時，所用的保留字。
- *type_declaration*：給予某個已經存在的型別，或結構，一個「型別」別名。

最簡單的範例如下：

```
typedef int bool
#define    TRUE    1
#define    FALSE  0
```

這樣會定義一個名為 bool 的型別，其實它就是 int。另外使用 #define 來定義 TRUE 與 FALSE 為 1 與 0。使用範例如下：

```
bool foo(int i) {
    bool a = TRUE;
    if ( i < 10 && a ) return a;
    return FALSE;
}
```

函數的回傳值型別，就是 bool(int)，而在函數之中，宣告了變數 a，初始值設成 TRUE(整數 1)，若 if 為真，回傳 a 不然就會傳 FALSE(整數 0)。

20-1-2 定義結構型別

一般來說，定義型別不會只是單純的給一個存在的型別 (例如 int)，另外一個別名。比較常見的 typedef 使用方式是替一個結構定義一個型別。這樣一來，就不用每次重寫 struct 這個保留字了。範例如下：

```
typedef struct lover {
    char   country[75];
    char   name[75];
}lover;
struct lover l1, l2;
lover lovers[100];
```

這樣會定義一個名為 lover 的型別。這個型別的名字與結構標籤的名字相同，但是卻不會相衝突。原因是結構標籤無法單獨使用，一定要搭配 struct 保留字。所以上面的變數宣告中，l1、l2 是以 struct lover 來宣告，陣列 lovers[100] 則是使用型別 lover 來宣告。事實上，這兩種方法是同義、沒有差別的。但是，若是以型別來宣告當然，就不用寫 struct，當然簡單、清楚許多。

　　若是需要定義結構的指標變數，可以使用經由 typedef 定義的型別，或是直接使用 struct 來定義指標變數，範例如下：

```
struct lover * p1, *p2;
lover * p3, * p4;
```

　　上面的程式範例中，變數 p1、p2 是由 struct lover 結構所定義的指標變數；變數 p3、p4 則是由 lover 型別所定義的指標變數。這 4 個變數的型別其實是一樣的。當然也可以利用 typedef 來定義一個新的指標變數型別：

```
typedef lover * lover_ptr;
lover_ptr p5, p6[5];
```

　　上面的程式範例中，變數 p5、p6[5] 則是由 lover_ptr 型別所宣告，struct lover 結構的指標變數。型別 lover_ptr 的定義也可以用如下的方式完成：

```
typedef struct lover * lover_ptr;
```

　　但是如果結構本身的分量之中，有使用到本身結構的指標，就只能用後者（或是結構）來定義。

```
typedef struct lover* lover_ptr
typedef struct lover {
    char   country[75];
    char   name[75];
    lover_ptr next_one;
    // 也可以用 struct lover * next_one;
}lover;
```

　　雖然 struct lover 結構的定義是出現在 lover_ptr 定義的後面。C 語言允許這種（先用 struct lover 結構的）方式來定義 lover_ptr。有了 lover_ptr 的定義，就可以在 struct lover 結構中，使用 lover_ptr 來定義分量（當然還是可以用 struct lover * 來定義）。

　　要小心的是，C 語言不允許以下的用法。在定義 lover_ptr 的時候，型別 lover 並沒有被定義，這種語法違反 C 語言的語法。

```
typedef lover * lover_ptr// 錯誤用法
typedef struct lover {
    char   country[75];
    char   name[75];
    lover_ptr next_one;
}lover;
```

定義結構與型別看似複雜，但是若使用標準的建議用法，程式製作會精簡、單純許多。只要多練習幾次，讀者一定能夠掌握 typedef 的用法。

20-1-3 綜合型別定義

C 語言允許一次宣告許多變數，typedef 一次也可以定義許多次型別。原則上只要在宣告變數時候的地方，將變數名稱改成型別名稱就可以了。

```
int a, * b, c[10];
```

上面的指令，會宣告一個 int 變數 a、一個 int * 變數 b 與一個包含 10 個元素的 int 陣列 c。如果需要定義 int、int *、int [10] 型別，就可以替換上面的 a, b, c 變數為型別名稱（如下面指令的 Int, IntPtr, IntArr），就能一次定義許多的型別。

```
typedef int Int, * IntPtr, IntArr[10];
Int a;
IntPtr b;
IntArr c;
```

20-2 列舉

製作程式來解決問題的時候，常常會遇到一種情況：某些資料的「值域」(value domain) 非常小。例如：季節的值域是：春、夏、秋、冬；上市公司的財報可以分成：第 1 季、第 2 季、第 3 季、第 4 季；紅綠燈的亮燈狀態：紅、綠、黃、閃紅、閃黃；又例如月份：January ~ December；星期：Sunday ~ Saturday。

在處理這種資料的時候，為了方便起見，通常會將一個值（例如：春季），給定一個整數代號（例如：1），以代號來表示這個特定的值。有些資料的代號很好對應，例如月份，January 可以對應成 1，December 可以對應成 12。製作程式的時候，看到這些代號也能夠理解它們背後的意義。但是，很多資料的代碼對應就不是那麼直觀。例如：紅綠燈的亮燈狀態。不論用哪個整數來替代「閃黃燈」，都不是那麼直觀。當程式越來越大的時候，記住這些代碼就變成一件非常惱人、繁瑣的工作。一不小心寫錯代碼，例如 2 寫成 3，不但不會有任何編譯錯誤訊息，要在成千上萬行的程式碼中，找出這樣的邏輯錯誤，絕對是一件非常辛苦的工作。

20-2-1 定義、使用列舉

C 語言提供了一個非常有用的機制，來解決這個令人困擾的狀況，這個機制就是「列舉」(enumeration)。它的語法如下：

```
enum enum_name{enumerator-list};
```

- *enum*：定義型別時，所用的保留字。

- *enum_name*：列舉名稱（可有可無）。

- *enumerator-list*：列舉資料的有效「值域」。每一個值都會有一個整數代碼。

簡單的列舉定義範例如下：

```
enum season {Spring=1,Summer=2, Fall=3, Winter=4};
```

這樣就會定義一個名為 seasons 的列舉，並將 Spring ~ Winter 分別設成 1 ~ 4。C 語言也允許將列舉設定成不連續的整數代碼。或是省略不特別設定，下面的定義與上面的定義相同。換句話說，只要設定第一個整數代碼之後，後面的代碼就會自動加 1。如果全部都不自行設定的話，起始值是 0。

```
enum season {Spring=1,Summer, Fall, Winter};
```

如果所處理的問題需要使用 Fall 或是 Autumn 來表示秋天。可以用下面任何一種做法來完成：

```
enum season {Spring,Summer, Fall,Autumn=Fall, Winter};
```

或是，

```
enum season {Spring,Summer, Fall, Winter,Autumn=Fall};
```

這兩種設定，Spring 都會被設成 0，Winter 設成 3，Fall 與 Autumn 都會被設成 2。

20-2-2 使用列舉

定義列舉之後，使用的方式就相當直觀了。假設有如下的列舉：

```
enum traffic_lights
    {Green, Yellow, Red, Flashing_Yellow, Flashing_Red}t1;
```

那麼可以用上面的方式，直接宣告一個變數 t1 來代表某一個十字路口的紅綠燈。這個方式與上一個單元介紹的結構變數宣告非常類似。如果需要另外宣告列舉變數，可以用如下方式，搭配保留字 enum 來宣告：

```
enum traffic_lights t_lights[10], * t_ptr;
```

上面的指令宣告一個包含 10 個元素的列舉一維陣列變數 t_lights，以及一個列舉指標變數 t_ptr。這個宣告與結構變數宣告也是非常類似。都需要搭配一個保留字 enum 或是 struct 才能完成宣告。

宣告完成之後，就可以使用列舉中的「值」來製作程式。例如，可以用這些「值」來設值，來做比較：

```
t1 = Green;        // 等於 t1 = 0;
if ( t1 == Red ) t_lights[3] = Yellow;
t_ptr = &t1;
switch ( t1 ) { // 或是 * t_ptr
  case Red:        // do something
                   break;
  case Green:      // do something
                   break;
  default:         // do something
}
```

上面的程式碼，使用 Green 來設給列舉變數 t1。在 if 指令中，檢查變數 t1 是否是 Red。這兩個指令當然也可以用 0 來替代 Green，用 2 來替代 Red。但是，如果這樣製作指令，就完全失去使用列舉的意義。所以強烈建議讀者，對於列舉變數，一定要用列舉中的「值」來製作程式。

20-2-3　列舉變數的應用

以之前單元討論介紹過的 UVa 118 為例（詳細說明請參考之前的單元）

案例

UVa 118：本題是關於機器人探索正方形區塊的問題。案例會提供機器人的起始位置 (x, y)，以及機器人面向何方 (E, W, S, N)。機器人可以接受的指令有 L, R, F。分別代表左轉，右轉，前進一步。因此，如果目前機器人在 (x, y)，面向 N，接受到指令 F 的話，會移動到 (x, y+1)。如果機器人掉到區域之外，就會永遠失去聯繫。但是會在該位置，留下記號，告訴以後的機器人不能重複一樣的軌跡。那麼下一個機器人在同樣位置，收到一樣會掉到區域之外指令的時候，這個 F 的指令會被忽略不做。

輸入：第一行包含 2 個正整數 X, Y，代表測試區域的大小。座標 (0,0) 在左下方。每個測試案例包含 2 行資料。第 1 行包含機器人起始位置 (x, y) 與目前面向哪個方向。第 2 行包含一連串對機器人下的指令。每個機器人是依序動作。沒有多餘資料時 (EOF)，表示測試結束。你可以假設，機器人的起始位置一定落在有效的區域內，測試區域的大小 <50。而機器人的電池，只能允許它處理 100 個以內的指令。

輸出：對於每個測試案例，輸出機器人的最後位置與目前面向哪個方向。如果失去聯絡了，輸出機器人的最後位置與目前面向哪個方向，最後加 LOST。

```
輸入範例：              輸出範例：
5 3                    1 1 E
1 1 E                  3 3 N LOST
RFRFRFRF               2 3 S
3 2 N
FRRFLLFFRRFLL
0 3 W
LLFFFLFLFL
```

這個問題的程式框架如範例 P20-1：

範例 ‖‾\‾• P20-1

```
1    #include <stdio.h>
2    #include <stdlib.h>
3    #include <string.h>
4    int X, Y;
5    struct robot {
6      int   x, y;
7      char  f;
8    } rbt ;
9    void process_case(){
10     static int case_no = 1;
11     int i;
12     char buf[105]={'\0'};
13     printf("Case %d: [%c]\n",case_no++, rbt.f);
14     scanf("%s", buf);
15     for(i=0;i<strlen(buf);i++)putchar(buf[i]);
16     putchar('\n');
17   }
18   int main() {
19     scanf("%d %d", &X, &Y);
20     while(scanf("%d %d %c",
21       &rbt.x,&rbt.y,&rbt.f)!=EOF) {
22       process_case();
23     }
24     return 0;
25   }
```

　　首先如範例 P20-1 第 4~8 行，宣告全域變數 X, Y 來記錄區域大小。另外針對機器人定義一個結構 struct robot。機器人結構中需要幾個分量：位置 (x, y)，面向。並且宣告一個結構變數 rbt 來代表探索區域的機器人。如果一次可以有多個機器人同時探索該區域，那麼就應該宣告成結構陣列。

```
系統管理員: C:\Windows\system32\cmd.exe

D:\eBookCode\P20_1\bin\Debug> type input.txt
5 3
1 1 E
RFRFRFRF
3 2 N
FRRFLLFFRRFLL
0 3 W
LLFFFLFLFL

D:\eBookCode\P20_1\bin\Debug> P20_1.exe < input.txt
Case 1: [E]
RFRFRFRF
Case 2: [N]
FRRFLLFFRRFLL
Case 3: [W]
LLFFFLFLFL
```

▶▶ 圖 20-1　執行結果

　　範例 P20-1 主程式中第 19~23 行的指令，先將區域大小讀入，然後進入迴圈，讀入機器人的起始位置與起始面向。然後呼叫 process_case() 函數。機器人移動的命令是在 process_case() 函數中讀入（第 14 行）。目前的框架僅將讀入的資料輸出。範例 P20-1 的執行結果如圖 20-1。

　　分析一下這個問題，可以清楚定義兩個列舉。第一個是機器人面向何方：E、W、S、N，另外一個是機器人可以接受的指令有 L、R、F。這些「值」是被當成資料，儲存在檔案中或是由使用者輸入。因此，範例 P20-1 的第 5~18 行，可以依照如下的方式改寫：

```c
enum face   {E=69,W=87,S=83,N=78};
enum cmd    {L=76, R=82, F=70};
struct robot {
  int x, y;
  enum face f;
} rbt ;
void process_case(){
  static int case_no = 1;
  char buf[105]={'\0'};
  int i;
  scanf("%s", buf);
  printf("Case %d: ",case_no++);
  switch(rbt.f){
    case E: printf("East\n"); break;
    case W: printf("West\n"); break;
    case S: printf("South\n"); break;
    case N: printf("North\n"); break;
  }
```

```
    for(i=0;i<strlen(buf);i++)
        switch(buf[i]){
            case L: printf("LF ");    break;
            case R: printf("RT ");    break;
            case F: printf("FWD ");   break;
        }
    printf("\n");
}
```

　　列舉 enum face 與 enum cmd 中「值」的整數代碼，是定義成該字母的 ASCII 碼。之前的單元介紹過，C 語言儲存字元的方式，其實就是儲存整數的 ASCII 碼。所以在範例 P20-1 的第 21、22 行讀入字母之後，整數的 ASCII 碼會被記錄在 strcut robot 中的 enum face 分量 f 中。然後就可以使用 rbt.f 來製作 switch 指令。而 switch 的 case 中，就可以直接使用列舉 enum face 中的「值」。

　　機器人移動指令的處理與 enum face 不大一樣，資料的讀入，還是要儲存在字元陣列 buf[] 中。這樣才能使用函數 strlen() 來計算指令個數。不過字元陣列 buf[] 中的元素，就可以使用 enum cmd 中的「值」來製作 case-switch 指令，這個部分就與上面 enum face 的使用相同了。修改之後的程式執行結果如圖 20-2：

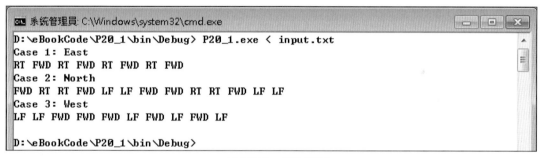

▶▶ 圖 20-2　執行結果

20-3　巨集

20-3-1　簡單的巨集使用

　　之前的章節介紹過簡單的巨集，使用 #define 巨集指令來定義陣列的大小，例如：

```
#define array_size 2048
```

　　那麼製作程式的時候，就可以在指令中使用 array_size。而「前置處理器」則會替換這個 array_size 為 2048。使用範例如下：

```
int a[array_size], i;
for(i=0;i<array_size;i++) a[i]=i;
```

20-3-2　利用巨集製作除錯輸出

巨集的另一個常見的應用是製作除錯輸出。使用 #define 來定義是否需要列印資料，例如：

```
#define _DEBUG_ 1
```

那麼在程式中就可以配合這個巨集使用 print() 函數。

```
if ( _DEBUG_ ) {
    printf("DEBUG: id=%d(%d), status=%s\n",
        7104, data, "cannot process data");
}
```

那麼在我們在製作程式的時候，就可以用類似如上的方式製作除錯輸出。當程式通過測試之後，只要將 _DEBUG_ 設成 0，重新編譯之後，這些提示性質的輸出，就不會被顯示出來。

20-3-3　巨集函數

C 語言還可以定義「參數化的巨集」。這個用法與定義函數非常類似。如果要定義一個三次方的函數，可以用如下的方式完成：

```
long cubed(int i) {
    return i * i * i;
}
```

使用方式也很單純，cubed(2) 會將 2 傳給形式參數 i，並回傳 8；cubed(2+1) 會將 3 傳給形式參數 i，並回傳 27。這樣的工作，可以使用如下的「參數化的巨集」來完成：

```
#define Cubed(i)  i * i * i
```

那麼，指令 x=Cubed(2); 就會被「前置處理器」替換成 x=2*2*2; 請注意在巨集的定義中沒有使用敘述終止符「;」。這是因為在製作程式的時候，還是會使用它，所以在巨集定義的時候，就不用再寫一個。製作「參數化巨集」的時候要非常小心，因為 x=Cubed(2+1); 並不會將 x 設成 27。因為「前置處理器」會將該指令替換成：

```
x=2+1 * 2+1 * 2+1;
```

這樣一來，x 當然會被設成 7，而不是 27。為了避免這種狀況，上面的「參數化的巨集」可以經由小括號，來解決：

```
#define Cubed(i)  (i) * (i) * (i)
```

因為巨集會被「前置處理器」替換，所以執行起來速度會比函數呼叫快。所以當我們在處理一個時間效能很重要的問題時，裡面的一些簡單工作，可以使用巨集函數來完成。常見會使用巨集來完成的工作還有 swap()，交換兩個變數的值：

```
#define swap(x, y, t) { t=x; x=y; y=t; }
```

在程式之中，就可以用如下的方式來使用上面的 swap() 巨集，而它就會被「前置處理器」替換成註解中的指令。

```
int a=10, b=6, buf;
swap(a, b, buf);    // { buf=a; a=b; b=buf; }
```

使用 swap() 巨集來製作程式，當然簡單明瞭，而且執行速度會比呼叫函數更快。如果巨集函數的定義簡單、明瞭，不會發生像原始 Cubed() 問題的話，就應該多用巨集。但是如果提供的巨集會給許多工程師來使用，又想提供彈性，那就有可能出現沒有預期的使用狀況，而導致程式錯誤。這樣一來就得不償失，如果可能發生上述問題就應該要使用一般函數來處理。另外，巨集函數會被「前置處理器」替換，因此沒有辦法用巨集來製作遞迴函數。處理遞迴的問題，還是應該使用一般的遞迴函數來完成。

20-3-4　巨集函數與結構整合應用

巨集函數可以與前面章節介紹的結構 struct 與型別定義 typedef 做整合運用，例如：

```
typedef struct student {
    int age;
    char *name;
} student;
#define New_Std(x) student x = { 0, NULL }
```

有了這樣的定義，就可以使用 New_Std() 巨集來宣告一個結構變數，並將初始直設成 0 與 NULL。使用範例如下：

```
New_Std(s1);
// 等於 student s1 = { 0, NULL };
```

讀者要注意的是，上面的做法不能運用在結構陣列，結構陣列的初始值設定還是需要使用迴圈才能完成。

案例

　　UVa 10409：本題是關於骰子的問題。骰子會放在一個平桌面上，初始狀態是 1 點朝上（6 點與桌面接觸）；2 點朝北方（5 點朝南）；3 點朝西方（4 點朝東）。骰子在桌面上只會滾動，不會跳動。滾動方向只有：north, east, south 或 west。在一連串的滾動之後，朝上的數字會是什麼呢？你的工作是製作一個程式，來完成上述的工作。

　　輸入：輸入包含許多測試案例。每個測試案例的第一行包含 1 個正整數 $n(n \leq 1024)$，接下來是
　　　　 n 行的滾動方向：north, east, south 或 west。輸入以 0 終止。

　　輸出：對於每個測試案例，輸出滾動完畢之後，朝上的數字。

　　輸入範例：　　　　　　 輸出範例：

```
1                        5
north                    1
3
north
east
south
0
```

　　分析這個問題，可以發現輸入的滾動指令其實是字串，不是整數或是字元。因此並不能直接用列舉 enum 來處理。反而是搭配巨集函數一起解決問題會更理想：

```
enum direction {north, east, south, west};
char Direction[4][10] =
   { "north","east","south","west"};
#define Action(c) \
   ( !strcmp(c, Direction[0]) ) ? 0 : \
   ( !strcmp(c, Direction[1]) ) ? 1 : \
   ( !strcmp(c, Direction[2]) ) ? 2 : 3
```

　　這裡宣告列舉 enum direction 來定義滾動指令的字串。有了這個列舉，就可以在後面的指令中直接使用這些字串。由於輸入的滾動指令是字串，所以讀入指令之後，就可以用這些字來製作程式。而巨集函數 Action() 則是將讀入的滾動指令，傳換成對應的列舉整數代碼。程式框架如下：

範例 P20-2

```
1    enum direction {north, east, south, west};
2    char Direction[4][10] =
3       {"north","east","south","west"};
4    #define Action(c) \
5       ( !strcmp(c, Direction[0]) ) ? 0 : \
6       ( !strcmp(c, Direction[1]) ) ? 1 : \
7       ( !strcmp(c, Direction[2]) ) ? 2 : 3
```

```
8    void process_case(int n) {
9      static int i=1;
10     char cmd[10];
11     printf("Case %d: \n", i++);
12     while(n--) {
13       scanf("%s",cmd);
14       switch(Action(cmd)) {
15         case north:printf(" North\n"); break;
16         case east:printf(" East\n");    break;
17         case south:printf(" South\n"); break;
18         case west: printf(" West\n");
19       }
20     }
21   }
22   int main() {
23     int n;
24     scanf("%d", &n);
25     while ( n ) {
26       process_case(n);
27       scanf("%d", &n);
28     }
29     return 0;
30   }
```

　　範例 P20-2 第 1~7 行定義 enum 與 Action() 巨集函數等等工具。第 22~30 行主程式讀入滾動指令個數，將個數傳入 process_case() 函數。而 process_case() 函數，先將處理案例編號輸出（原題目並沒有要求這個輸出），然後在第 13 行的地方，將滾動指令讀入到變數 cmd 中。第 14~19 行的 case-switch 結構，就可以利用 Action(cmd) 巨集，搭配如 case north: 這樣的方式來製作程式。目前的 case-switch 結構，僅僅將一個提示字串輸出。解決問題的邏輯，應該要取代這個提示性的輸出。執行範例 P20-2 的輸出如圖 20-3：

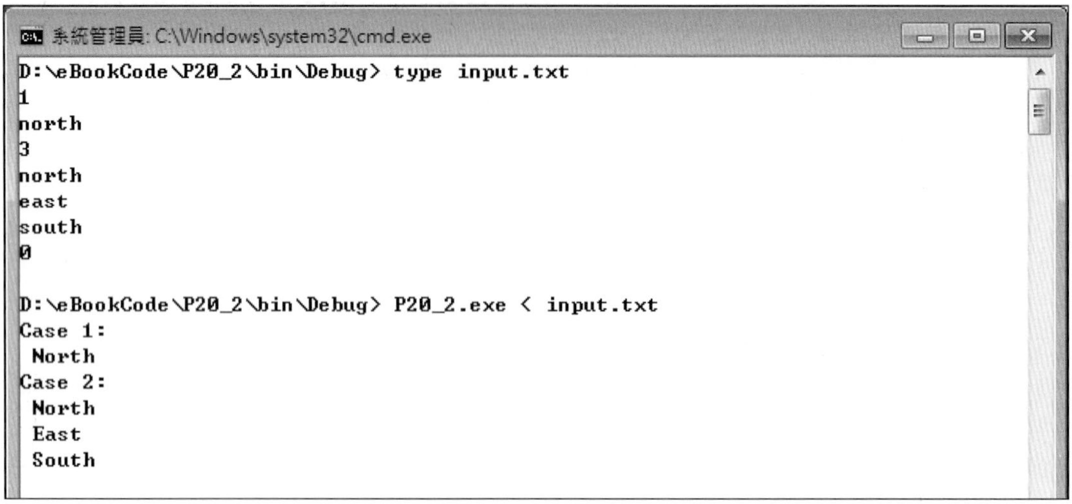

▶▶ 圖 20-3　執行結果

　　本單元最後再一次的把 C 語言的 35 個保留字表列出來，目前介紹了 29 個 (粗體字) 保留字。其餘 6 個保留字的使用方式，留給有興趣的讀者自行學習。

❖ 表 20-1　C 語言保留字

auto	**else**	**long**	**struct**
break	**enum**	**long long**	**switch**
case	**extern**	register	**typedef**
char	**float**	restrict	union
const	**for**	**return**	**unsigned**
continue	goto	**short**	**void**
default	**if**	**signed**	volatile
do	inline	**sizeof**	**while**
double	**int**	**static**	

1. 試定義一個名為 People 的結構型別，包含姓名 (長度小於 20 個字元)、身高 (公分 / 浮點數)、體重 (公斤 / 浮點數)。輸入至少 3 筆紀錄，輸出所有分量以及 BMI。

2. 試定義一個名為 Tri 的型別，包含三角形的三個邊長 (公分 / 浮點數)。輸入至少 3 筆紀錄，輸出所有分量以及它是何種三角形。

   正三角形　　　　直角三角形　　　　等腰直角三角形
   鈍角三角形　　　等腰鈍角三角形
   銳角三角形　　　等腰銳角三角形　　無法形成三角形

3. 以型別完成範例 UVa 118。

4. 完成範例 UVa 10409。

學習心得

Chapter 21

位元運算

本章綱要

　　C 語言提供不少相對低階的操作，其中之一就是直接對位元做運算。使用位元運算的時候，變數本身的型別就不是非常重要，因為操作是針對變數中每個位元單獨來操作。位元運算速度相當快，對於程式執行時間有特別要求的問題，可以適當的運用位元運算來加快執行速度。

◆ 位元移位運算
◆ 位元邏輯運算
◆ 結構中的位元分量

21-1　位元移位運算

移位是個常會用到的算術運算。以 10 進位整數來說，123 向左移一位就會變成 1230，也就是乘以 10，如圖 21-1 所示：

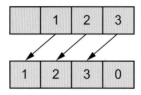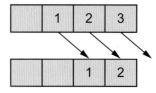

▶▶ 圖 21-1　移位示意圖

另一方面，123 向右移一位就是除以 10。因為整數沒有小數部分，所以 12.3 的小數部分會被捨去移位結果是會是 12。在 C 語言中，對整數做移位可以用乘 *，或是求餘數 % 來完成。

```
int i=123;
printf("%d, %d\n", 123 * 10, 123 /10);
```

例如上面的程式碼，就會輸出 1230, 12。

21-1-1　位元移位運算子

C 語言的位元運算子，對於不同的資料型別移位會有不同的語法規定。基本上，C 語言提供 2 個移位運算子：向左、向右搬移 *n* 位元：

- <<*n*：向左移 *n* 位元
- >>*n*：向右移 *n* 位元

以字元型別為例，下面的指令會輸出 [1, f]：

```
char  c1='b',      c2='3';
char  c3=c1 >> 1,  c4= c2 << 1;
printf("[%c, %c]\n", c3, c4);
```

這是因為 c1 儲存的是 'b'，它的 ASCII 碼如圖 21-2：

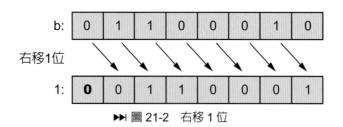

▶▶ 圖 21-2　右移 1 位

右移一位的結果是 00110001，最左邊的位元空間補了一個 0。而 00110001 也就是字元 '1' 的 ASCII 碼，所以自然就輸出字元 '1' 了。同樣的道理，c2 儲存的是字元 '3'，它的 ASCII 碼如圖 21-3：

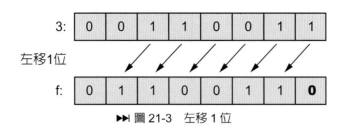

▶▶ 圖 21-3　左移 1 位

　　左移一位的結果是 01100110，最右邊的位元空間補了一個 0。而 01100110 也就是字元 'f' 的 ASCII 碼，所以自然就輸出字元 'f' 了。如果所操作的變數是整數，移位運算子也可以正常工作，例如下面的指令會輸出 [12, 3]：

```
int i=3, j=31;
printf("[%d, %d]\n", i<<2, j>>3);
```

　　是因為 i 儲存的是 3，i 的記憶體內容圖 21-4：

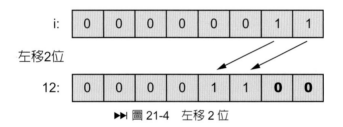

▶▶ 圖 21-4　左移 2 位

　　左移 2 位基本上，就是將 i*2^2，因為在位元的 2 進位系統，左移 1 位，就是乘上 2^1，左移 2 位，當然就是乘上 2^2。而 j 儲存的是 31，j 的記憶體內容圖 21-5：

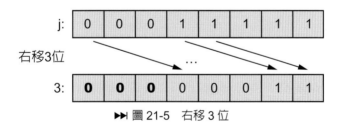

▶▶ 圖 21-5　右移 3 位

　　同樣的道理，右移 3 位就是將 j/2^3，而 31/8 捨去小數部分，得到的結果是 3。當我們在對整數做移位運算的時候，要注意正負號符號問題，因為對於整數的移位，C 語言會保留整數的符號意義。

```
int i=-32;
printf(" %d, %x, %d, %x\n",i,i,i>>2,i>>2);
```

　　上面的程式碼會輸出如圖 21-6：

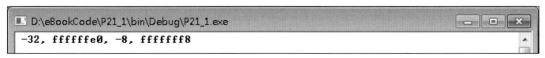

▶▶ 圖 21-6　執行結果

變數 i 的內容是 -32，右移 2 位就是將 -32/2² 得到 -8。也就是說，C 語言對負數向右移位的時候，左邊空出來的位置會補 1，而不是補 0。這個「負數右移左補 1」的機制，在原始資料是 -1 的情況會沒有辦法解釋。

```
int i=-1;
printf(" %d, %x, %d, %x\n",i,i,i>>1,i>>1);
```

上面的程式碼會輸出如圖 21-7：

▶▶ 圖 21-7　執行結果

變數 i 的內容是 -1，以 2 補數表示，所有的位元內容都是 1，右移一位之後，因為 i 是負數，最左邊空出來的位置也會補 1，這樣一來，移位之後的結果跟沒有移位一模一樣。另外一個可能發生問題的程式碼如下：

```
int i=1 << 30, j = i << 1;
printf(" %d, %d, %x, %u\n", i, j, j, j);
```

上面的程式碼會輸出如圖 21-8：

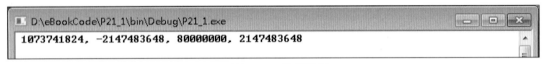

▶▶ 圖 21-8　執行結果

變數 i 的初始值是 1 左移 30 位之後的結果，也就是 107371824，（2³⁰=107371824），j 的初始值是 i 再左移一個位元。可是這個 ×2 會產生「溢位」，因為整數的範圍是 -2147483648~+2147483647，系統沒有辦法表示 +2147483648。由第三個輸出可以看到，事實上這個 1 有被正確的移位到最左邊的位置，可是那個位置是所謂的「符號位元」，所以 +107371824 乘 2 之後，才會變成一個負數。如果用「無符號整數」的格式 %u 來解釋 j 的話，就能看到正確的數字 +2147483648。

也就是說，如果沒有遇到這些邊界問題，整數的算術移位，可以運用在正數、負數之上。32 右移 2 位，32/2² 得到 8；而 8 左移 2 位，8×2² 會得到 32；-32 右移 2 位，-32/2² 得到 -8；而 -8 左移 2 位，-8×2² 會得到 -32。但是，若是資料處理有可能碰到上面描述的例外狀況，製作程式的時候，就應該先檢查資料，避免造成無法解釋的結果。

21-2 位元邏輯運算

　　C 語言的「關係運算式」是由「關係運算子」、「邏輯運算子」與資料所組成。「關係運算式」計算出來的值不是「眞」就是「僞」。C 語言也可以使用整數的邏輯解釋：

　　　　0　　　　僞 False
　　　　非 0　　　眞 True

　　而「關係運算式」中的「邏輯運算子」則包含了：&& (且 ,and)、|| (或 , or)、!(非 ,not) 等 3 個。它們使用起來相當直觀，在之前的單元中，也有列出「邏輯運算子」的完整眞值表。C 語言也可以對資料中的位元做類似的邏輯裡，就稱爲位元邏輯運算。

21-2-1 位元邏輯運算子

　　C 語言提供了 4 個「位元邏輯運算子」：

- A & B：對兩個變數中每個位元做「且」
- A | B：對兩個變數中每個位元做「或」
- ~A：對變數中每個位元做「非」
- A ^ B：對兩個變數中每個位元做「互斥」運算

　　前三個「位元邏輯運算子」基本上與「&&」、「||」、「!」類似。它們可以對不同型別的資料來處理，例如：

```
char c1='U', c2='V', c3= c1 & c2;
printf(" %c, %c\n", c1 | c2 , c3);
```

　　上面的程式碼會輸出如圖 21-9：

▶▶ 圖 21-9　執行結果

　　變數 c1 與 c2 做「|」位元邏輯運算的細節如圖 21-10：

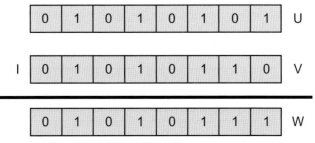

▶▶ 圖 21-10　變數 c1 與 c2 做「|」位元邏輯運算

變數 c1 或 c2 的某個位元位置只要有一個是 1，結果就會是 1，因此運算的結果是 01010111，而它是字元 'W' 的 ASCII 碼。

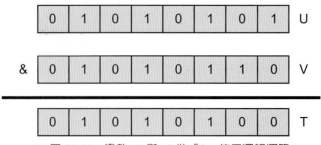

▶▶ 圖 21-11　變數 c1 與 c2 做「&」位元邏輯運算

變數 c1 與 c2 做「&」位元邏輯運算的細節如圖 21-11。c1 或 c2 的某個位元位置要都是 1，結果才會是 1，因此運算的結果是 01010100，而它是字元 'T' 的 ASCII 碼。所以上面的指令，當然會輸出 W, T。「&」位元邏輯運算也可以幫我們迅速的檢查整數是否為奇數。

```
int i1=11, i2=-9, i3=6;
if ( i1 & 1) printf(" odd i1 (%d)\n", i1);
if ( i2 & 1) printf(" odd i2 (%d)\n", i2);
if ( i3 & 1) printf(" odd i3 (%d)\n", i3);
```

上面的程式碼，使用「&」運算子來檢查變數 i1、i2、i3 是否為奇數。因為不論正、負，只要是奇數，「位元圖樣」最右邊的位元一定是 1。所以若是 & 1 之後為 1（為「真」）的變數一定就是奇數。上面的指令，執行結果如圖 21-12：

▶▶ 圖 21-12　執行結果

另外兩個「位元邏輯運算子」：~ 與 ^，可以用下面的指令來說明：

```
int d1=-1, d2=10, d3=12;
printf(" %d, %d\n", ~d1,d2 ^d3);
```

變數 d1 做「~」位元邏輯運算的圖解如圖 21-13，負數是以「2 補表示法」來表示，所以整數 -1 的「2 補位元圖樣」會是全部位元都是 1。而「~」位元邏輯運算子的處理，會將 0 轉成 1，1 轉成 0。變數 d1 經過 ~d1 的運算，當然全部位元都轉成 0。

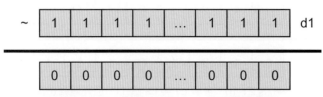

▶▶ 圖 21-13　變數 d1 做「~」位元邏輯運算

21-2-2　位元互斥邏輯運算子

互斥位元邏輯運算子「^」的眞值表如下：

❖ 表 21-1　互斥位元邏輯運算子「^」的真值表

A	B	A^B
0	0	0
0	1	1
1	0	1
1	1	0

也就是說，當 A、B 的值相同的時候，運算結果爲 0，不同的時候，結果爲 1。變數 c2 與 c3 互斥運算的細節如圖 21-14：

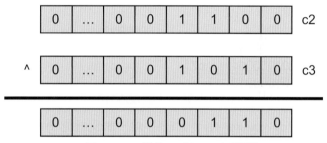

▶▶ 圖 21-14　變數 c2 與 c3 互斥運算

變數 c2 最左邊 4 位元的「位元圖樣」是 1100，c3 則是 1010，依照互斥運算眞值表處理這兩個位元圖樣，會得到 0110 的結果，也就是整數 6。執行上面程式碼的輸出結果如圖 21-15：

▶▶ 圖 21-15　執行結果

21-2-3　位元互斥邏輯運算應用

互斥位元邏輯運算有許多有趣的應用，其中之一是利用互斥來交換兩個變數的內容。假設有兩個字元變數 c1、c2，內容爲 'A'、'B'. 如果要交換這兩個變數內容，可以用如下的指令來完成：

```
c1 = c1 ^ c2        (1)
c2 = c1 ^ c2        (2)
c1 = c1 ^ c2        (3)
```

指令（1）			c1	c2
處理前			01000001	01000010
	01000001	c1		
^	01000010	c2		
	00000011			
處理後			00000011	01000010
指令（2）			c1	c2
處理前			00000011	01000010
	00000011	c1		
^	01000010	c2		
	01000001			
處理後			00000011	01000001
指令（3）			c1	c2
處理前			00000011	01000001
	00000011	c1		
^	01000001	c2		
	01000010			
處理後			01000010	01000001

經過指令（1~3）之後，c1、c2 的內容就會被從 'A'、'B' 交換成 'B'、'A'。而這個過程中，完全沒有用到第 3 個變數。這樣的位元運算，也可以套用在整數之上。因為這是位元運算，即使其中一個是負數也沒有問題。這樣的位元交換變數值，一般可以寫成巨集函數，上一的單元中介紹的 swap() 巨集：

```
#define swap(x, y, t) { t=x; x=y; y=t; }
```

就可以改寫成：

```
#define swap(x, y) { x^=y; y^=x; x^=y; }
```

有一些地方讀者要特別注意，首先是上述的 swap() 巨集不能傳兩個相同的變數，例如：swap(c1,c1); 這樣會將 c1 原本的內容清空。另外，位元操作只能用在系統提供的型別，自己定義的 struct，或是 typedef 的型別都不能直接使用位元運算。

雖然說使用位元運算的效能比較高，但是還是有一些要特別注意的地方。是否能用、要用位元運算來處理問題，其實是由製作程式的讀者來自行判斷、決定。

21-3 結構中的位元分量

C 語言的結構允許定義「位元分量」。這種以位元當作資料空間寬度的機制，很適合做「旗標」(flag) 的定義。之前的單元有介紹過定義結構的語法，如下：

```
struct [tag_name] {
      member_definition;
      member_definition;
          :
} [struct_variables];
```

- *tag_name*：結構的標籤名稱 (可有可無)
- *struct_variables*：結構變數宣告 (可有可無)
- *member_definition*：分量定義

如果 *member_definition* 包含「: *width*」，就會被視為位元欄位。範例如下：

```
struct TL {
    int no;
    unsigned int RED: 1;
    unsigned int GREEN: 1;
    unsigned int YELLOW: 1;
} t1;
```

上面的 struct TL 定義了 4 個分量，第 1 個是大小為 4 個位元組的整數 no。然後定義了 3 個寬度是 1 個位元的分量：RED、GREEN、YELLOW。這 3 個分量的型別是 unsigned int，但是，一個 unsigned int 包含 4 個位元組（32 個位元），這 3 個分量只會用到其中的 3 個位元。如果列印 sizeof(t1)，結果會是 8。

定義位元分量的時候，分量名稱不一定要提供。例如，如果只需要使用一個 unsigned int 最左邊、右邊的位元，中間的不會使用到，那麼中間的位元，就不需要提供名稱。範例如下：

```
struct TL {
    int no;
    unsigned int RED: 1;
    unsigned int GREEN: 1;
    unsigned int : 29;
    unsigned int YELLOW: 1;
} t1;
```

如果這樣定義 struct TL，列印 sizeof(t1)，結果會還是 8。只不過分量 YELLOW 現在會使用 unsigned int 最後 1 個位元，中間空了 29 個位元沒有使用。另外要注意的是，如果將結構用下面的方式定義，那麼列印 sizeof(t1) 就會得到 12，而不是 8。

```
struct TL {
    unsigned int RED: 1;
    int no;
    unsigned int GREEN: 1;
    unsigned int YELLOW: 1;
} t1;
```

這是因為結構在定義的時候，中間第一個位元分量 RED，佔用了 4 個位元組；之後定義的整數 no，也佔用 4 個位元組的；後面的第兩個位元分量 GREEN、YELLOW 共用 4 個位元組。

也就是說，只要位元分量的定義沒有連接在一起的話，就會重新佔用一個新的記憶體空間。因為使用結構位元分量無非是希望能節省一些記憶體空間，如果定義的時候沒有注意，這個目的就無法達成了。

案例

UVa 10931：一個整數 n 的 parity 定義成該整數的 2 進位表示法中 1 的個數。例如 $21=10101_2$，其中有 3 個 1，因此它的 (mod 2)partiy 是 3。你的工作是製作一個程式，計算整數 I 的 parity，$1 \leq I \leq 2^{64}-1$。

輸入：每一行包含 1 個正整數測試案例 I。輸入以 0 終止。

輸出：對於每個測試案例 I，輸出：The parity of B is P (mod 2). 而 P 為 I 的 parity，B 為 I 的 2 進位表示。

輸入範例：

```
1
2
10
21
0
```

輸出範例：

```
The parity of 1 is 1 (mod 2).
The parity of 10 is 1 (mod 2).
The parity of 1010 is 2 (mod 2).
The parity of 10101 is 3 (mod 2).
```

分析一下這個問題，可以發現它基本上在做 10 進位與 2 進位的轉換。以 21 為例，2 進位系統而言每個數位所代表的數字如圖 21-16 所示：

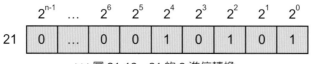

▶▶ 圖 21-16 21 的 2 進位轉換

因此 $21=2^4+2^2+2^0$ 或是 16+4+1。而 31 的 2 進位如圖 21-17：

▶▶ 圖 21-17 31 的 2 進位轉換

它會等於 $2^4+2^3+2^2+2^1+2^0$ 或是 16+8+4+2+1 或是 2^5-1。題目中說明,輸入整數 I 的上限是 2^{64}-$1=2^{63}+\cdots+2^1+2^0$,表示處理資料的型別必須有 64 個位元,才能夠表示輸入資料。整數型別 long long 雖然有 64 個位元,但是它因為保留了一個位元給正、負號做「符號位元」,真正能用的位元只有 63 個。為了充分利用這個「符號位元」,變數的型別必須宣告成 unsigned long long。

主程式框架如範例 P21-1 所示,第 9~13 行讀入資料到 unsigned long long 變數 I,並呼叫 process_case() 函數。函數目前單純的列印出「形式參數」的內容。

範例 ├┤\/\•── P21-1

```
1    #include <stdio.h>
2    #include <stdlib.h>
3    void process_case(unsigned long long I) {
4       static int i=1;
5       printf("Case %d: %llu\n",i++, I);
6    }
7    int main() {
8      unsigned long long I;
9      scanf("%llu",&I);
10     while(I) {
11        process_case(I);
12        scanf("%llu",&I);
13     }
14     return 0;
15   }
```

範例 P21-1 執行結果如圖 21-18,測試資料,甚至最大值也可以正確的列印出來。

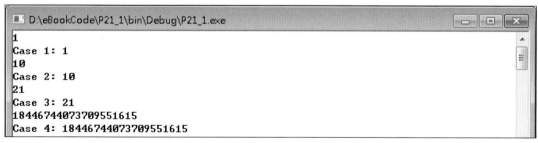

▶▶ 圖 21-18　執行結果

第 9~13 行讀入資料到 unsigned long long 變數 I,並呼叫 process_case() 函數。函數目前單純的列印出「形式參數」的內容。

從上面的分析,可以知道 $21=2^4+2^2+2^0$ 或是 16+4+1。如何正確的列印 21 的 2 進位表示,可以先做一個 2^i 的表格,$0 \leq i \leq 63$,

再從 i=63 開始，檢查某數是否大於 2^i，若是，就將 I 減去 2^i，parity 的個數加 1，直到 I 為 0 為止。以 21 為例，第一個減去的數字是 2^4，I 為 5，第二個減去的數字是 2^2，I 為 1，第三個減去的數字是 2^0，I 為 0；處理就可以結束。這個表格可以宣告成大小為 64 的 unsigned long long 全域變數陣列：

```
#define M 64
unsigned long long PT[M]={1}, base=1;
```

至於變數 PT 的內容，可以使用如下的迴圈，搭配位元運算來完成：

```
int i;
for ( i=1; i<M; i++) PT[i] = base << i;
```

變數 PT[63] 的內容為 9223372036854775808(2^{63})；PT[1] 的內容為 2；PT[0] 的內容為 1。修改後的程式碼如範例 P21-2：

範例 P21-2

```
1    #define M 64
2    unsigned long long PT[M]={1};
3    void process_case(unsigned long long I) {
4      int i, p=0;
5      printf("The parity of ");
6      for(i=M-1;i>=0;i--) {
7        if ( I >= PT[i] ) {
8            p++;
9            I -= PT[i];
10           putchar('1');
11       } else if ( p ) putchar('0');
12      }
13      printf(" is %d (mod 2).\n", p);
14   }
15   int main() {
16     unsigned long long I, base=1;
17     int i;
18     for ( i=1; i<M; i++) PT[i] = base << i;
19     scanf("%llu",&I);
20     while(I) {
21       process_case(I);
22       scanf("%llu",&I);
23     }
24     return 0;
25   }
```

範例 P21-2 第 1、2、17、18 行宣告，設定變數 PT 陣列。函數 process_case() 僅宣告兩個整數區域變數：i、p。變數 i 做爲迴圈控制變數；p 記錄 I 的 2 進位表示中有多少個 1。

第 6~12 行的迴圈依照前面說明的邏輯，控制變數 i 從 63 遞減到 0，分別檢查 I 是否大於 PT[i]，如果是，p 的個數要加 1，I 減去 PT[i]`，並且輸出 '1'。如果 I 沒有大於 PT[i]，也有可能要輸出，因爲如果曾經輸出過 '1' 之後，就算 I 沒有大於 PT[i]，也要輸出 '0'。這個判斷再第 11 行完成。而第 5、11 行則是列印題目需要的額外字串。程式執行結果如圖 21-19：

▶▶| 圖 21-19　執行結果

測試檔案中除了有 1、2、10、21 以外，最後兩筆資料是：2^{63} 與 $2^{64}-1$。2^{63} 的 2 進位表示法當然是 1 後面接了 63 個 0，它的 parity 當然是 1。而 $2^{64}-1$ 的 2 進位表示法則是 64 個 1，它的 parity 當然會是 64。

處理這個問題其實還有更精簡的做法。變數 PT 純粹是個表格，記錄 2^i 的值，$0 \le i \le 63$。事實上，只用適當的使用「位元運算子」搭配一個 unsigned long long 的變數也一樣可以解決這個問題。這樣不只可以節省記憶體，執行速度也不會比較慢，如範例 P21-3：

範例 ──●P21-3

```
1    #define M 64
2    void process_case(unsigned long long I) {
3      unsigned long long base=1, PM=base<<(M-1);
4      int i, p=0;
5      printf("The parity of ");
6      for(i=M-1;i>=0;i--, PM >>= 1)
7        if ( I & PM ) {
8            p++;
9            putchar('1');
10       } else if ( p ) putchar('0');
```

```
11        printf(" is %d (mod 2).\n", p);
12    }
13    int main() {
14      unsigned long long I;
15      scanf("%llu",&I);
16      while(I) {
17        process_case(I);
18        scanf("%llu",&I);
19      }
20      return 0;
21    }
```

範例 P21-3 第 14~22 行的主程式事實上與範例 P21-1 的主程式完全相同，單純的輸入測試案例，並傳給函數 process_case() 來處理。程式第 3 行在函數中宣告了一個 unsigned long long 區域變數 PM，初始值用「<< 位元運算子」設成 2^{63}，其實也就是範例 P21-2 中 PM[63] 的值。

範例 P21-3 的第 7 行就不再判斷 I 與 PM 的大小，直接用「& 位元運算子」來檢查是否為眞，若為眞，就表示 I 在那個位置的位元是 1，parity 個數加 1 並輸出 '1'。如果不是，一樣要檢查 p 的值，如果大於 0，表示曾經印出一個 1，那麼之後的 0 也要輸出。因爲不是使用比大小的邏輯，所以範例 P21-2 中第 9 行的相減指令，在範例 P21-3 也就不需要做了。

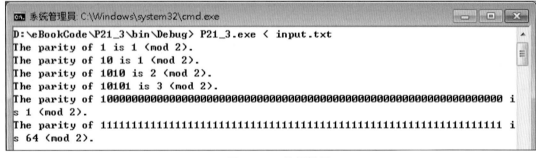

▶▶ 圖 21-20　執行結果

Chapter **22**

問題討論 — VI

本章綱要

　　本單元詳細介紹 3 個應用問題：「河內塔」、「數獨遊戲」與「機器人走迷宮」。這三個問題使用許多本書介紹的 C 語言機制，而不需要應用艱深的資料結構或是演算法就能解決。同時奔單元中還列出許多基於這些問題的延伸挑戰題目。讀者可以試著去解那些問題。

◆ 河內塔
◆ 數獨遊戲
◆ 機器人走迷宮

案例

UVa 10017：在 1883 年的時候，Edward Lucas 發明了（或是再次發明了）非常受歡迎的遊戲：河內塔 (The Tower of Hanoi)。目前是解上許多計算機相關的書籍、文獻，仍然常使用這個例子來解釋遞迴的觀念。它的規則相當簡單：

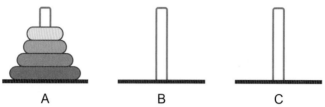

- 有三個柱子 (peg)：A、B、C。
- 有 n 張大小不一樣的碟子。
- 碟子依照大小順序編號，最小的是 1 號。
- 遊戲開始的時候，碟子會依照大小放在 A 柱，如上圖。
- 遊戲的目的是將所有的碟子從 A 柱移動到 C 柱。
- 一次只能移動一張碟子，大碟子不能壓在小碟子上面。

你的工作是製作一個有效率的程式來移動這些碟子，並顯示移動的過程。

輸入：每行資料代表一個測試案例。每個測試案例包含兩個數字：n、m。n 表示碟子的張數，$1 \le n \le 250$。m 表示需要顯示的碟子移動過程，$0 \le m \le 2^n-1$ 且 $m < 2^{16}$。輸入以 0 0 終止。

輸出：每測試案例包含 $m+1$ 組的輸出。每組輸出包含 3 列資料，分別是 A、B、C 柱上目前的碟子編號，由底部輸出。第一個輸出必須列印柱字的啟示狀態。因此，列印的組數會比 m 多一組。

- 第 i 個測試案例輸出前，先列印：Problem #i
- 每柱列印前，需要輸出柱子名稱，"=>"，並空 3 個空白，然後才開始輸出碟子標號。例如："A=>   "
- 每個測試案例之間，需要空一行。

輸入範例：

```
60 1
8 4
0 0
```

輸出範例：
```
Problem #1
A=>60 59 58 57 56 55 54 53 52 51 50 49 48 47 46 45 44 43 42 41 40 39
    38 37 36 35 34 33 32 31 30 29 28 27 26 25 24 23 22 21 20 19 18 17
    16 15 14 13 12 11 10 9 8 7 6 5 4 3 2 1
B=>
C=>

A=>60 59 58 57 56 55 54 53 52 51 50 49 48 47 46 45 44 43 42 41 40 39
    38 37 36 35 34 33 32 31 30 29 28 27 26 25 24 23 22 21 20 19 18 17
    16 15 14 13 12 11 10 9 8 7 6 5 4 3 2
B=>1
C=>

Problem #2

A=>8 7 6 5 4 3 2 1
B=>
C=>

A=>8 7 6 5 4 3 2
B=>1
C=>

A=>8 7 6 5 4 3
B=>1
C=>2

A=>8 7 6 5 4 3
B=>
C=>2 1

A=>8 7 6 5 4
B=>3
C=>2 1
```

　　處理這個問題有幾個關鍵，第一就是要用什麼結構來表示柱子。依照題意，最多只有 250 個碟子，而且碟子是用整數編號來表示，因此宣告一個大小為 300 的整數陣列來表示柱子，空間上就絕對不會有問題了。另外，題目規定只能由柱子上方移出、放入碟子，所以使用一個變數，紀錄目前這個柱子上有多少碟子，事實上就是陣列索引，記錄目前柱子最上方的碟子在哪裡。例如題目範例圖中，A 柱上面有 4 張碟子，就可以用下圖的資料來表示：

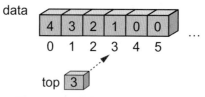

▶▶│ 圖 22-1　A 柱上面有 4 張碟子示意圖

　　陣列 data 與 top 變數息息相關，必須考慮成一組結構中的分量。因為描述 A 柱的 top，對於 B 柱是完全沒有意義的。所以整個結構可以定義如下：

```
struct peg {
char name;
    int data[300];
    int top;
} pegs[3];
```

　　結構中額外定義一個 name 變數，因為這 3 根柱子有名字，所以用這個字元記錄它的名字。定義結構的同時，順便宣告一個陣列 pg，分別代表 A、B、C 柱。另外，對於每個測試案例的 n、m，與 pg 變數一樣，都宣告成全域變數。程式框架如範例 P22-1。結構的定義與全域變數的宣告在第 3~10 行。

　　主程式中將每個案例的 n、m 讀入，呼叫 process_case() 函數。在 process_case() 函數中，呼叫函數 init() 來對資料設定初始值，也就是將碟子放到 A 柱上，然後在第 35 行將這些柱子的資料列印出來。

範例 ╴╱╲╴• P22-1

```
1      #include <stdio.h>
2      #include <stdlib.h>
3      #define MAX 300
4      struct peg {
5        char name;
6        int data[MAX];
7        int top;
8      } pg[3];
9      typedef struct peg * pptr;
10     int n, m, counter;
11     void init() {
12       int i=0;
13       counter=0;
14       pg[0].top=n-1;  pg [1].top= pg [2].top=-1;
15       pg[0].name='A'; pg[1].name='B'; pg[2].name='C';
16       for(i=0;i<MAX;i++) {
17         pg[0].data[i]=pg[1].data[i]=pg[2].data[i]=0;
18         if (i < n) pg[0].data[i]=n-i;
```

```
19        }
20     }
21     void print_pegs() {
22        int i, j;
23        for(i=0;i<3;i++) {
24           printf("%c=>   ",pg[i].name);
25           for(j=0;j<=pg[i].top;j++)
26                printf(" %d",pg[i].data[j]);
27           printf("\n");
28        }
29        printf("\n");
30     }
31     void process_case(){
32        static int i=1;
33        printf("Problem #%d\n\n", i++);
34        init();
35        print_pegs();
36     }
37     int main() {
38        scanf("%d %d",&n,&m);
39        while( n ) {
40           process_case();
41              scanf("%d %d",&n,&m);
42        };
43        return 0;
44     }
```

範例 P22-1 的執行輸出如下：

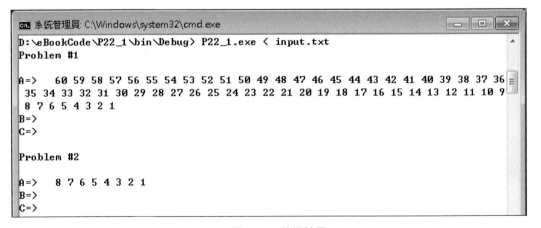

▶▶| 圖 22-2　執行結果

　　分析河內塔該如何搬移柱子上的碟子，可以從簡單的案例開始分析。當 n 為 1 的時候：只有一張
碟子，當然是直接從 A 柱將它移到 C 柱，工作就完成了。

當 n=1 時：

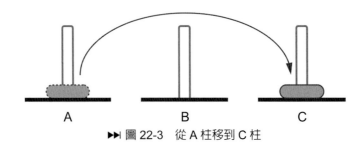

►►│圖 22-3　從 A 柱移到 C 柱

當 n=2 時：

(Step 1) 先將 A 柱上的 1 號碟子移到 B 柱。

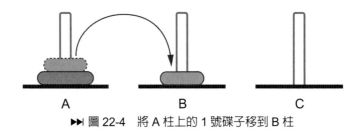

►►│圖 22-4　將 A 柱上的 1 號碟子移到 B 柱

(Step 2) 將 A 柱上的 2 號碟子移到 C 柱。

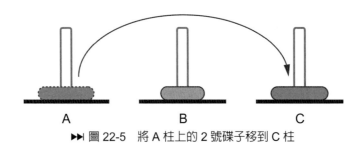

►►│圖 22-5　將 A 柱上的 2 號碟子移到 C 柱

(Step 3) 將 B 柱上的 1 號碟子移到 C 柱。

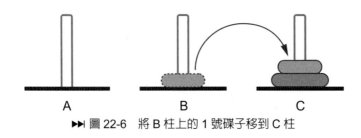

►►│圖 22-6　將 B 柱上的 1 號碟子移到 C 柱

　　當有 2 張碟子的時候，是將 1 號碟移開，將「最大的碟子」直接從 A 柱將它移到 C 柱，然後再將其他碟子 (1 號碟) 移到 C 柱。如果分析下圖當 n=3 的狀況：

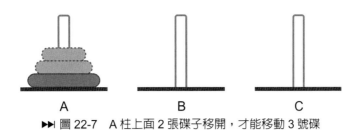

▶▶ 圖 22-7　A 柱上面 2 張碟子移開，才能移動 3 號碟

如果要能移動「最大的碟子」(3 號)，上面的 2 張碟子一定已經被移開了，才能移動 3 號碟。當我們拿起 3 號碟子往柱子上放的時候，當然希望這張最大的碟子能去「目的柱」，也就是 C 柱。而此時 C 柱上不能有其他的碟子，不然就違反題意了。也就是說，當在移動 A 柱上的「最大碟子」(3 號) 到「目的柱」的時候，1 號碟、2 號碟一定在 B 柱上，如圖 22-8 所示：

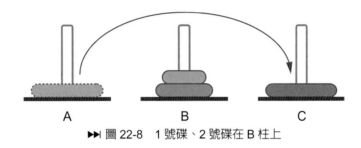

▶▶ 圖 22-8　1 號碟、2 號碟在 B 柱上

換言之，要移動某柱上最大的碟子到「目的柱」之前，必須先將壓在它上面的所有碟子，移到那個「非目的柱」才行。當最大的碟子移動完成之後，只要把目前在「非目的柱」上的其餘碟子，移到「目的柱」就可以了。

將移動碟子的觀念，對應到 struct peg 變數的操作，可以分成兩個部分：取出、放入，分別用函數 pop() 與 push() 來實作：

```
int pop(pptr s){
  (s->top)--;
  return s->data[(s->top)+1];
}
void push(pptr s, int e){
  (s->top)++;
  s->data[s->top] = e;
}
```

取出函數 pop() 的形式參數 s 是 struct peg 的指標，指向 pg[] 中的某一個元素。取出碟子之後，柱子上碟子的數目要減 1，用 (s->top)-- 來完成。因為個數已經先被減 1 了，當我們回傳碟子編號時，要記得 +1，如上面 return 指令所示。

函數 push() 的第 1 個形式參數 s 是 struct peg 的指標，第 2 個參數 e 是所要放入的碟子編號。可以先將柱上碟子的數目加 1，用 (s->top)++ 來完成，在將碟子編號 e 複製到 data[] 分量之中。

有了函數 pop() 與 push() 之後，實作剛剛描述的方法就變得非常容易了，因為整個過程是一個遞迴處理，可以用如下的函數 hanoi() 來完成：

```
void hanoi(int k,pptr src,pptr buf,pptr tar){
  if ( k && counter++ < m) {
    hanoi(k-1, src, tar, buf);
    push(tar, pop(src));
    print_pegs();
    hanoi(k-1, buf, src, tar);
  }
}
```

函數 hanoi() 的工作是：將 k 張在 src 柱上的碟子，搬移到 tar 柱上。第 1 個參數 k 是碟子的數量，第 2 個參數 src 是碟子所在的柱子，第 3 個參數 buf 是「非目的柱」，第 4 個參數 tar 則是碟子的「目的柱」。

函數 hanoi() 中最重要的工作，當然是將「最大的碟子」，從 src 柱移到 tar 柱去，可用指令 push(tar, pop(src)) 來完成。可是怎麼知道這次的 pop(src) 會移動到「最大的碟子」？因為在移動之前，要先將壓在 src 柱中「最大碟子」上面的 k-1 張碟子，搬移到「非目的柱」buf 柱去。這個工作，當然可以用如下的遞迴呼叫來完成：

```
hanoi(k-1, src, tar, buf);
```

只要將原本的 buf 柱，當作新的「目的柱」(第 4 個參數)，原本的 tar 柱，當作新的「非目的柱」(第 3 個參數)，來做遞迴函數呼叫，就可以了。移動「最大的碟子」之後，可以用如下的遞迴呼叫來將現在位於「非目的柱」buf 柱上的 k-1 張碟子，搬移到「目的柱」tar 柱去：

```
hanoi(k-1, buf, tar,src);
```

因為題目只需要列印 m 次的搬移，所以整個搬移的指令是被包在下面的 if 指令之中：

```
if ( k && counter++ < m) { }
```

如果 k 是 0，表示碟子個數是 0，當然不需要搬移。如果計數器 counter 已經達到題目所需的列印資料，那也不用繼續處理下去。完整的程式如範例 P22-2：

範例 P22-2

```
1    #include <stdio.h>
2    #include <stdlib.h>
3    #define MAX 300
4    struct peg {
5      char name;
6      int data[MAX];
7      int top;
```

```
8      } pg[3];
9      typedef struct peg * pptr;
10     int n, m, counter;
11     void init( ) {
12       int i=0;
13       counter=0;
14       pg[0].top=n-1;  pg[1].top=pg[2].top=-1;
15       pg[0].name='A';pg[1].name='B';pg[2].name='C';
16       for(i=0;i<MAX;i++) {
17         pg[0].data[i]=pg[1].data[i]=pg[2].data[i]=0;
18         if (i < n) pg[0].data[i]=n-i;
19       }
20     }
21     void print_pegs() {
22       int i, j;
23       for(i=0;i<3;i++) {
24         printf("%c=>  ",pg[i].name);
25         for(j=0;j<=pg[i].top;j++)
26           printf(" %d",pg[i].data[j]);
27         printf("\n");
28       }
29       printf("\n");
30     }
31     int pop(pptr s){
32       (s->top)--;
33       return s->data[(s->top)+1];
34     }
35     void push(pptr s, int e){
36       (s->top)++;
37       s->data[s->top] = e;
38     }
39     void hanoi(int k, pptr src, pptr buf, pptr tar) {
40       if ( k && counter++ < m) {
41         hanoi(k-1, src, tar, buf);
42         push(tar, pop(src));
43         print_pegs();
44         hanoi(k-1, buf, src, tar);
45       }
46     }
47     void process_case(){
48       static int i=1;
49       printf("Problem #%d\n\n", i++);
50       init();
```

```
51        print_pegs();
52      hanoi(n,&pg[0],&pg[1],&pg[2]);
53      }
54      int main() {
55        scanf("%d %d",&n,&m);
56        while( n ) {
57          process_case();
58            scanf("%d %d",&n,&m);
59        };
60        return 0;
61      }
```

在程式範例 P22-2 第 52 行的地方，對個別測試案例，呼叫 hanoi() 函數來做處理。程式執行結果如下：

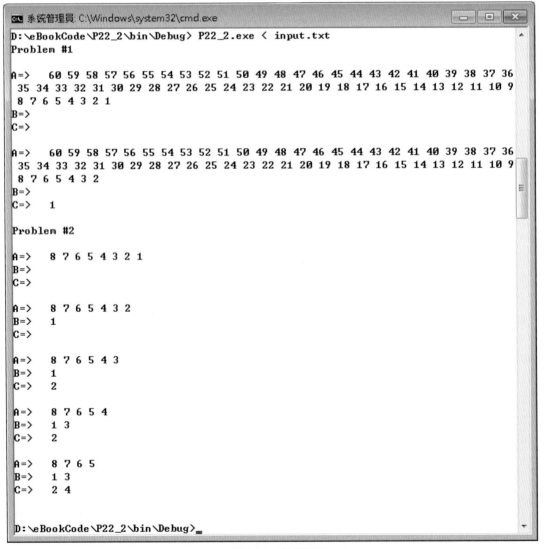

▶▶ 圖 22-9 執行結果

案例

數獨 sudoku：是一個近年來非常受到歡迎的遊戲。在許多雜誌、報紙上，都有數獨遊戲的問題。它的規則相當簡單，在一個 9×9 的盤面上，分成 9 個 3×3 的九宮格。在這 81 個格子中的部分格子裡有提供數字，例如：

2			6	3		8	9	
	4				7			5
			9					7
							4	
4			1		2			6
	6					1		
7					3			
8			7				6	
		5		9	4		2	1

玩家則需要依照遊戲規則，將數字填入空格中。而數獨的規則也相當簡單，就是各列、各行中數字 1~9 只能出現 1 次。而 9 個 3×3 的九宮格中，也要滿足這個規定。例如第一列已經填入了 2,3,6,8,9，剩下來的格子，只能使用 1,4,5,7。

2			6	3		8	9	

例如第一行 (下左) 已經填入了 2,4,7,8，剩下來的格子，只能使用 1,3,4,5,9。下右 3×3 的九宮格中，已經填入了 5,7,8,9，剩下來的格子，只能使用 1,2,3,4,6。

2
4
7
8

8	9	
		5
		7

你的工作是輸入一個數獨遊戲題目，輸出一個正確的結果。

輸入：第一個正數代表測試案例的個數。每個測試包含 9 列，每列包含 9 個以空格分開的整數。空格的地方輸入為 0。

輸出：輸出測試案例的一個數獨結果。

```
輸入範例：
1
2 0 0 6 3 0 8 9 0
0 4 0 0 0 7 0 0 5
0 0 0 9 0 0 0 0 7
0 0 0 0 0 0 0 4 0
4 0 0 1 0 2 0 0 6
0 6 0 0 0 0 1 0 0
7 0 0 0 0 3 0 0 0
8 0 0 7 0 0 0 6 0
0 0 5 0 9 4 0 2 1
輸出範例：
Case 1:
2 1 7 6 3 5 8 9 4
9 4 8 2 1 7 6 3 5
3 5 6 9 4 8 2 1 7
1 7 2 3 5 6 9 4 8
4 8 9 1 7 2 3 5 6
5 6 3 4 8 9 1 7 2
7 2 1 5 6 3 4 8 9
8 9 4 7 2 1 5 6 3
6 3 5 8 9 4 7 2 1
```

分析一下這個問題，總共只有 9×9=81 個格子，這 81 個格子中，也只有部分需要填寫數字，題目只需要讀者找出一個解答，而不是所有解答。因此就算不使用進階的資料結構、演算法，還是能解決這個問題。

紀錄盤面的變數 Sudoku 宣告成 9×9 的整數二維陣列；填寫了多少個數字，則紀錄在變數 K 中。而為了簡單起見，變數宣告 Sudoku 與 K，都宣告成全域變數。程式框架如範例 P22-3，因為可以輸入多個案例，所以主程式中，必須針對不同的案例，分別以函數 read_in() 與 process_case() 來處理。第 5~12 行的函數 read_in() 將遊戲題目數入到陣列 Sudoku 中，輸入的值若不是 0，則需要將 K 值加 1。函數 process_case() 目前不做任何處理，單純地將題目輸出在螢幕上。

範例 ～•P22-3

```c
1    #include <stdio.h>
2    #include <stdlib.h>
3    int Sudoku[9][9];
4    int K;
5    void read_in () {
6      int i, j;
```

```
7        for(K=0, i=0;i<9;i++)
8          for(j=0;j<9;j++){
9            scanf("%d ",&Sudoku[i][j]);
10           if ( Sudoku[i][j] ) K++;
11         }
12     }
13   void print_board() {
14     int i, j;
15     for(i=0;i<9;i++, putchar('\n'))
16       for(j=0;j<9;j++) printf("%d ",Sudoku[i][j]);
17   }
18   void process_case() {
19       static int no=1;
20       printf("\nCase %d:\n", no++);
21       print_board();
22   }
23   int main() {
24     int n;
25     scanf("%d ", &n);
26     while( n-- ) {
27           read_in();
28           process_case();
29     }
30     return 0;
31   }
```

範例 P22-3 的執行結果如圖 22-10 所示：

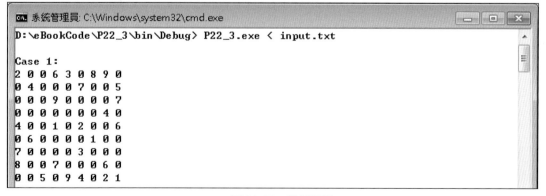

▶▶ 圖 22-10　執行結果

　　一般人在玩數獨遊戲時，都是找一個最確定、可能性最少的空格，填寫一個有效的數字。然後再次尋找一個最確定、可能性最少的空格，填寫一個有效的數字。不斷重複這個過程，直到所有的格子都被填滿，就是 K 等於 81 的時候。因此，函數 process_case() 可以修改成：

```
void find_xy(int *x, int*y) {
  int i, j;
  for(i=0;i<9;i++)
    for(j=0;j<9;j++)
     if(!Sudoku[i][j]) {*x=i; *y=j; return;}
}
void process_case() {
    static int no=1;
    int i, j;
    find_xy(&i, &j);
    fill_xy(i, j);
    printf("\nCase %d:\n", no++);
    print_board();
}
```

　　函數 find_xy() 找出一個空格來處理，程式碼如上；而函數 fill_xy() 則將能填入這個位置的數字，選擇一個來填入。函數 find_xy() 因為需要修改 process_case 中的變數，所以必須使用「傳址呼叫」來完成。此處單純的由上到下，由左到右掃描，遇到第一個空格的時候，就選擇該空格來填數字。因此，以上面的範例來說，第一個遇到的空格會是位在 2 右邊，索引值為 (0,1) 的空格。

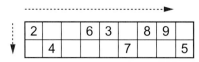

▶▶ 圖 22-11　第一個遇到的空格會是位在 2 右邊

　　選定要填寫的空格之後，就要選擇一個有效的數字填入，如果找不到任何數字可以填寫，那就是之前在選數字填寫的時候，選錯數字了。此時就要回到上一次填寫的位置，選用另一個數字來填寫。例如，索引值為 (0,1) 的空格，由題意可以知道，目前可以選用 1、5、7 來填寫。如果選 1 來填寫，一路填寫下去，發生無法繼續的情況，就應該往回找，試著使用其他如 5、7 的數字來填入空格。

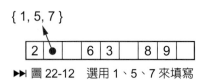

▶▶ 圖 22-12　選用 1、5、7 來填寫

上面對函數 fill_xy() 的描述可以用如下的程式碼來實現：

```
void update_allmove(int x,int y,int allmove[]){
  int i, j;
  for(i=1;i<10;i++) allmove[i]=1;
  for(i=0;i<9;i++)
    if(Sudoku[x][i])allmove[Sudoku[x][i]]=0;
  for(i=0;i<9;i++)
    if(Sudoku[i][y])allmove[Sudoku[i][y]]=0;
  for(i=(x/3)*3;i<(x/3)*3+3;i++)
    for(j=(y/3)*3;j<(y/3)*3+3;j++)
    if(Sudoku[i][j])allmove[Sudoku[i][j]]=0;
}
void fill_xy(int x, int y) {
  int i, t, nx, ny;
  int allmove[10];
  update_allmove(x, y, allmove);
  for(i=1;i<10;i++)
   if(allmove[i]) {
     Sudoku[x][y]=i;
     K++; if(K==81) return 1;
     find_xy(&nx, &ny);
     t = fill_xy(nx,ny);
     if (t) return t; else K--;
   }
  Sudoku[x][y]=0;
  return 0;
}
```

　　首先在 fill_xy() 中，宣告一個大小為 10 的整數陣列 allmove[]，用它來記錄該位置可以選用的數字，allmove[0] 不會被使用到，而索引 allmove[i] 的值，表示 i 可否被選用；0 表示不能用，1 表示能用。這個工作由函數 update_allmove() 來完成。它使用排除法來記錄可選用數字。也就是說，先假設每個數字都可以選用（設成 1）。然後再看列、行、3×3 的 9 宮格中，已經出現過那些數字，將他們設成 0。位址 (0,1) 的空格，完成呼叫函數 update_allmove() 之後，陣列 allmove[] 的內容如下：

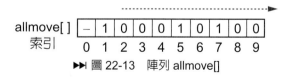

allmove[] ｜ – ｜ 1 ｜ 0 ｜ 0 ｜ 0 ｜ 1 ｜ 0 ｜ 1 ｜ 0 ｜ 0
索引　　　 0　1　2　3　4　5　6　7　8　9

▶▶ 圖 22-13　陣列 allmove[]

　　而可選用數字的選取，也如上圖，是由左到右取掃描，遇到 1，就選取填入，指令為：Sudoku[x][y]=i。以上圖為例，第一個 1 在索引 1 的位置。所以指令其實是位址 (0,1)，填入 1：Sudoku[0][1]=1。

　　選定了數字填入之後，計數器 K 的值當然要加 1。而且如果 K 加 1 之後是 81，表示填寫工作完成了，可以 return 1。如果不是 81，表示需要繼續填寫，所以再一次呼叫函數 find_xy()。因為還沒填完，

所以一定找得出還要填寫的空格。針對這個空格，遞迴呼叫 fill_xy()。如果它回傳的值是 1，表示已經做完了，將這個 1 回傳。

如果它回傳的值不是 1，表示這次的數字選取錯誤，必須嘗試下一個有效數字。以位址 (0,1) 為例，下一個有效數字當然是 5。而在嘗試下一個有效數字，必須先將計數器 K 的值減 1，因為選取錯誤，必須重新來過一次。如果掃描完畢，遞迴呼叫 fill_xy() 都沒有回傳 1，表示之前的選擇有問題。當然要把這個位置剛剛填入的數字，清理乾淨：Sudoku[x][y]=0，並且回傳 0。由上一次的遞迴呼叫來檢查下一個有效數字。

完整的程式碼就不再重複列出。針對下圖左的兩個輸入案例，執行這個程式的結果，顯示在圖 22-14 右半。範例 P22-3 可以正確、迅速的找出數獨遊戲的解答。

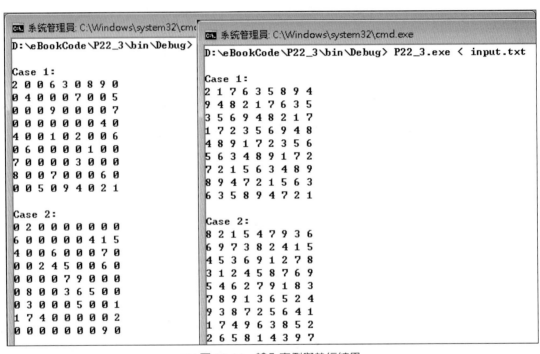

▶▶│圖 22-14　輸入案例與執行結果

延伸問題

上面介紹的函數 find_xy() 使用線性掃描來選取下一個空格。這個方法顯然跟一般人的作法不同。一般來說，會選那個從題目上就能導出該空格一定是某個數字的地方開始處理。或是從某個特定空格，它的有效選擇最少的地方開始處理。讀者是否能改寫這個程式的 find_xy() 函數，以比較接近一般人的作法來選取。

延伸問題

讀者是否能改寫程式，讓它能輸出測試案例的所有解，而不是找出一個解答就停止。

案例

　　機器人走迷宮：在介紹二維陣列的單元中，曾經練習過一個「機器人走迷宮」的問題。機器人在迷宮中以投骰子，隨機的方式在迷宮中任意走動。對一個如下 5×7 的迷宮來說，機器人的起始位置在左上方 (0,0) 的地方。它的目標永遠在右下方星星 (4,6) 的地方。

你的工作是製作一個程式，控制機器人走到右下方的目標。

輸入：第一行包含 2 個正整數 X, Y，代表迷宮的大小。接下來有 X 列的資料，每列資料包含 Y 個數字，若為 0 表示是通路，若是 1 則表示是石頭。測試案例可能包含許多條可以到達目標的通路，不可能沒有路徑到達目標。

輸出：對於測試案例，輸出機器人的移動路徑，起始位置 (0,0) 輸出 1，第 1 步輸出 2，依此類推。石頭的地方輸出 '#'，死路輸出 '0'，對於沒有走訪的位置，因為機器人不知道那裏是通路或是石頭，所以輸出 '?'。

輸入範例：

```
5 7
0 0 0 0 0 0 1
0 1 0 1 0 1 0
0 1 0 0 0 1 0
0 1 1 1 1 0 0
0 0 0 0 0 0 0
```

輸出範例：

```
1  0  0  0  0  0   #
2  #  0  #  0  #   ?
3  #  0  0  0  #   ?
4  #  #  #  #  ?   ?
5  6  7  8  9  10  11
```

　　處理這個問題之前，讀者可以先想像自己就是這個小機器人，身上帶著一張地圖，位在位置 (0,0) 的地方，並在這裡紀錄 1，表示一開始的位置，走過的每一步都會記錄在這張地圖上，下一步就用 2 來描述。如果如圖 22-15 走到 (1,4) 的位置，那一共走了 4 步，地圖上可以記錄遇到的障礙物。

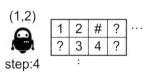

(1,2)

step:4

▶▶ 圖 22-15　機器人行進示意圖

　　因此，可以定義一個機器人結構 struct robot 包含這三個分量：目前位置、步數、探索的地圖。剛開始探索的時候，地圖上只有位置 (0,0) 紀錄為 1，其他都記為 0，表示這是尚未探索的區域。

程式框架如範例 P22-4，地圖的大小以及輸入的地圖，記錄在全域變數 X、Y 與二維陣列 Maze 中。第 3~12 行程式碼，不僅定義這些變數，也定義了 struct robot 與另一個有用的結構 struct point，它包含了 x、y 兩個座標分量。另外也定義了兩個巨集：Stone 與 DeadEnd。它們用來描述「障礙物」與「死路」。本題只有一個機器人在迷宮中探索，所以宣告一個 struct robot 變數 r1（第 12 行指令）來代表這個機器人。變數 r1 在宣告的時候，順便設定初始值：x,y 分量設成 0,0；step 分量設成 1；map 分量在 (0,0) 的元素設為 1，其他自動清為 0。

在機器人探索的過程中，就可以把走過的步數記錄在 map 分量上；若遇到「障礙物」不能通過，就標記為 Stone；若是發現是「死路」，則標記為 DeadEnd。第 26~28 行讀入地圖大小，「障礙物」到變數 X、Y 與二維陣列 Maze 中。第 29 行呼叫函數 move() 來探索地圖，第 30 行則將探索結果藉由 print_map() 函數將探索的地圖與走出迷宮的方式列印出來。

範例 P22-4

```
1    #include <stdio.h>
2    #include <stdlib.h>
3    #define Stone -9999
4    #define DeadEnd -1
5    int X, Y, Maze[1024][1024];
6    struct point {
7      int x, y;
8    };
9    struct robot {
10     int x, y, step;
11     int map[1024][1024];
12   } r1 = {0, 0, 1, {1}};
13   void print_map() {
14     int i, j;
15     for (i=0;i<X;i++,printf("\n"))
16       for(j=0;j<Y;j++)
17         if(r1.map[i][j]==Stone) printf("  #");
18         else if(r1.map[i][j]>0)
19                 printf("%3d",r1.map[i][j]);
20         else if(r1.map[i][j]==0) printf("  ?");
21         else printf("  O");
22   }
23   int move() { return 0; }
24   int main() {
25     int i, j;
26     scanf("%d %d", &X, &Y);
27     for(i=0;i<X;i++)
```

```
28            for(j=0;j<Y;j++)scanf("%d ",&Maze[i][j]);
29        move();
30        print_map();
31        return 0;
32    }
```

函數 print_map() 中的第 17~21 行檢查 r1 的 map 分量中是否標記為 Stone，若是則依照題意輸出 "#"，如果是大於 0 的數字，表示這是機器人走過的路徑，可以直接將它列印出來。如果是 0（除了第一步以外的初始值），表示這個位置機器人從沒有走過，所以不知道上面的狀況，因此輸出 "?"。其他的狀況，就是既不是 Stone，也沒有大於等於 0，這表示 map 上記錄著一個其他的負數（也就是 DeadEnd，-1）的狀況，第 21 行的地方，輸出 0。表示機器人探索過該區域，但不是走出迷宮的路徑。範例 P22-4 第 29 行呼叫一個目前是空的函數 move()，未來會把控制機器人移動的指令填入該函數中。範例 P22-4 執行結果如圖 22-16，因為目前機器人沒有移動，所以除了 (0,0) 的位置以外，其他地方都會輸出 "?"。

```
CH. 系統管理員: C:\Windows\system32\cmd.exe                    □ ×

D:\eBookCode\P22_4\bin\Debug> P22_4.exe < input.txt
 1  ?  ?  ?  ?  ?  ?
 ?  ?  ?  ?  ?  ?  ?
 ?  ?  ?  ?  ?  ?  ?
 ?  ?  ?  ?  ?  ?  ?
 ?  ?  ?  ?  ?  ?  ?
```

▶▶ 圖 22-16　執行結果

　　而當機器人站在 (0,0) 的位置上，接下來到底要往東、西、南、北那個方向前進，則需要由我們自行定義。方向的選擇並沒有特別的偏好，所以可以依照：東，南，西，北的順序來檢查。函數 move() 在嘗試移動之前，則先要檢查是否已經到達目的地了。若是，則根本不需要移動了；若否才需要依序探索四個方向是否能前進。

　　依照題目的輸入資料來分析的話，機器人可以一路向「東」走到 (0,6) 的位置都不會遇到障礙，如圖 22-17 所示：

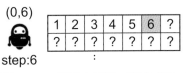

(0,6)

1	2	3	4	5	6	?
?	?	?	?	?	?	?

step:6
⋮

▶▶ 圖 22-17　機器人可以一路向「東」走

　　當機器人嘗試再向「東」走的時候，會發現 Maze[1][6] 上有「障礙物」，嘗試向「南」走也遇到「障礙物」，所以可以在 r1.map 上紀錄 Stone(-9999)，表示該位置上是「障礙物」。但是機器人是從「西」方過來 (0,6) 這個位置，「北」方會出界。如圖 22-18 所示：

(1,6)

1	2	3	4	5	6	#
?	?	?	?	?	#	?

step:6
⋮

▶▶ 圖 22-18　機器人遭遇障礙物

此時機器人已經沒有路可以走了，自然要退回去上一步 (0,5) 的位置，嘗試下一個不是「東」方的其他方向來探索。當機器人從 (0,6) 退回 (0,5) 之前，必須在自己的地圖 r1.map 上記錄成 DeadEnd(-1)，表示這個位置已經探索過，但是不是通路，如圖 22-19 所示：

(0,5)

1	2	3	4	5	-1	#
?	?	?	?	?	#	?

step:5

▶▶ 圖 22-19　退回 (0,5) 並記錄成 DeadEnd(-1)

依照同樣的探索順序，接下來會嘗試「南」方的路徑，一路照這個規則向下探索，直到 (1,2) 的位置，如圖 22-20 所示：

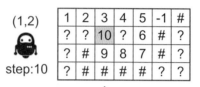

(1,2)

1	2	3	4	5	-1	#
?	?	10	?	6	#	?
?	#	9	8	7	#	?
?	#	#	#	#	?	?

step:10

▶▶ 圖 22-20　嘗試「南」方路徑

同樣的，機器人從 Maze 中發現，「東」方「西」方都是「障礙物」；而「北」方，在 r1.map 地圖上已經標註為 3，表示已經造訪過這個位置了，換句話說，這次的嘗試還是一樣是「死路」，必須一路往後退回 (0,5)，再一路退回 (0,0)，如圖 22-21 所示，再去嘗試其他方向的路徑。

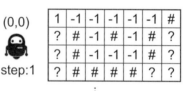

(0,0)

1	-1	-1	-1	-1	-1	#
?	#	-1	#	-1	#	?
?	#	-1	-1	-1	#	?
?	#	#	#	#	?	?

step:1

▶▶ 圖 22-21　一路退回 (0,0)，嘗試其他方向

歸納上面描述的作法，函數 move() 可以用遞迴的方式來製作，遞迴函數的終止條件是檢查是否到達目的地，若目前位置不是目的地，則依序檢查四個前進方向，可以整理成如下的敘述：

函數 move() 的工作：

(1) 是否已經抵達目的地，若是，則回傳 1。

(2) 檢查是否能向「東」走，若能，移到東邊的位置，遞迴呼叫 move()。若 move() 回傳真，表示這個走法會到達目的地，回傳真；若 move() 回傳偽，則退回原位置。

(3) 檢查是否能向「南」走，若能，移到南邊的位置，遞迴呼叫 move()。若 move() 回傳真，表示這個走法會到達目的地，回傳真；若 move() 回傳偽，則退回原位置。

(4) 檢查是否能向「西」走，若能，移到西邊的位置，遞迴呼叫 move()。若 move() 回傳真，表示這個走法會到達目的地，回傳真；若 move() 回傳偽，則退回原位置。

(5) 檢查是否能向「北」走，若能，移到北邊的位置，遞迴呼叫 move()。若 move() 回傳真，表示這個走法會到達目的地，回傳真；若 move() 回傳偽，則退回原位置。

(6) 若四個方向都不能繼續，表示這個位置不會到達目的地，回傳偽；讓上一次的 move() 繼續下一個方向的探索。

在上面描述的 move() 工作中,步驟 (2) 到 (5) 除了探索的方向不同以外,工作的內容是完全一樣的。都需要記錄「目前位置」,「下一個要探索的位置」,然後針對「下一個要探索的位置」來處理。而處理的工作則可以歸納成三個函數:can_go()、forward()、backward()。

函數 can_go() 檢查「下一個要探索的位置」是否:超出邊界、曾經探索過、有「障礙物」在位置上。若有,則在 r1.map 上做適當記錄,然後回傳 0,表示不能繼續。若都沒有,則可以呼叫 forward() 函數,從目前位置,移到下一個位置。函數 backward() 則是在 move() 以失敗回頭(沒有到達目的地)的情況下,回到之前的位置。

函數 forward() 的實作如下,形式參數 next 表示「下一個要探索位置」,將 r1.x 與 r1.y 設成 next 的位置,將 step 加 1,並記錄在 r1.map 上。

```
void forward(struct point next) {
  r1.step++;
  r1.x=next.x; r1.y=next.y;
  r1.map[r1.x][r1.y]=r1.step;
}
```

函數 backward() 要退回原位置,它的實作如下,形式參數 prev 表示「之前的位置」,需要先在 r1.map 上記錄這個位置是 DeadEnd,然後將 r1.x 與 r1.y 設成 prev 的位置,再將 step 減 1。

```
void backward(struct point prev) {
  r1.map[r1.x][r1.y]=DeadEnd;
  r1.x=prev.x; r1.y=prev.y;
  r1.step--;
}
```

函數 can_go() 的形式參數 next 一樣是表示「下一個要探索的位置」。函數 (1) 先檢查 next 是否超出邊界、(2) 是否曾經探索過 next、(3) 有沒有「障礙物」在 next 上,若有,則在 r1.map 上記錄 Stone,回傳 0。若都沒有,就呼叫 forward() 函數,並傳入 next。

```
int can_go(struct point next) {
  if( next.x<0 || next.y<0 ||
      next.x==X || next.y==Y) return 0;
  if(r1.map[next.x][next.y]) return 0;
  if(Maze[next.x][next.y]) {
        r1.map[next.x][next.y]=Stone;
        return 0;
  }
  forward(next);
  return 1;
}
```

一旦確定真的能往這個 next 位置繼續探索下去，函數 can_go() 就回傳真。繼續遞迴呼叫下去 move()。函數 move() 的實作如下。在 move() 函數中需要先宣告兩個區域變數 prev 與 next，分別代表「目前位置」，「下一個要探索的位置」。而「目前位置」也就是當下次的 move() 探索失敗的時候，所需要回到的「之前位置」。

```c
int move(){
   struct point prev, next;
   if( r1.x==X-1 && r1.y==Y-1 ) return 1;
   prev.x=r1.x;   prev.y=r1.y;
   next.x=prev.x;   next.y=prev.y+1; // East
   if( can_go(next) )
     if ( move() ) return 1; else backward(prev);
   next.x=prev.x+1;next.y=prev.y;    // South
   if( can_go(next) )
      if ( move() ) return 1; else backward(prev);
   next.x=prev.x;   next.y=prev.y-1; // West
   if( can_go(next) )
      if ( move() ) return 1; else backward(prev);
   next.x=prev.x-1;next.y=prev.y;    // North
   if( can_go(next) )
      if ( move() ) return 1; else backward(prev);
   return 0;   // dead end
 }
```

　　上面的實作，基本上只是將剛剛描述的函數 move() 步驟 (1)~(6)，以 C 語言的指令完成而已。程式執行結果如圖 22-22：

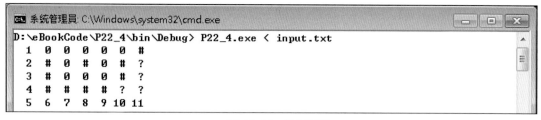

▶▶ 圖 22-22　執行結果

延伸問題

如果輸入的地圖不保證一定有至少一條的路徑可以到達目的地，該如何改寫程式來處理這個狀況。

提示：觀察主程式中函數 move() 回傳值的意義。

以不同的地圖（圖 22-23 左），執行結果如圖 22-23 右：

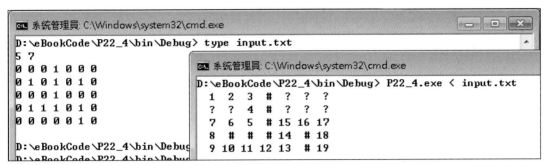

▶▶ 圖 22-23 執行結果

　　觀察這個輸出，機器人雖然成功的找出一條到達目的地的路徑，但是這一條 19 步的路徑顯然不是最好的路徑，因為若是機器人能從 1 向「南」走 2 步，就可以到目前標註 7 的位置 (2,1)。

延伸問題

改寫程式讓機器人能找出最短路徑。

延伸問題

改寫程式允許機器人的起始位置不在左上方 (0,0)，目的地不在最右下方位置，而是由資料輸入。
例如下圖範例中機器人的起始位置在 (1,6)，目的地在 (0,2)。

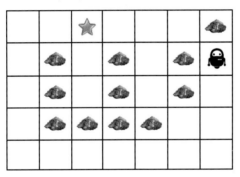

上圖可以用如下的輸入資料來表示：

```
5 7
1 6 0 2
0 0 0 0 0 0 1
0 1 0 1 0 1 0
0 1 0 0 0 1 0
0 1 1 1 1 0 0
0 0 0 0 0 0 0
```

案例

　　UVa 12797：邏輯市公園的形狀全部都是 *N* × *N* 的正方形 (2 ≤ N ≤ 100)，每個公園都包含 N^2 個區塊，每個區塊有個字元編號 a~j 或是 A~J。邏輯市的市民在經過公園的時候會嚴格的遵守一個規則，就是：不會穿過相同字母的大小寫區塊。例如：當市民站在 c 區塊的公園，下一步就絕對不會走標記為 C 的區塊。而且市民們只會走東、南、西、北四個方向。例如：

```
DdaAaA        D.....
CBAcca        C.....
eEaeeE        e.....
bBbabB        b.bab.
DbDdDc        DbD.D.
fFaAaC        ....aC
```

　　市民們會從左上方 (0,0) 的區塊，走到最右下方的區塊。你的工作是製作一個程式，找出最短的路徑，並列印這個路徑的長度。

　　輸入：輸入包含許多測試案例，每個案例的第一行包含 1 個正整數 *N* 代表公園的大小 (2 ≤ N ≤ 100)。接下來有 *N* 列的資料，每列資料包含 *N* 個字元。輸入以 EOF 結束。

　　輸出：對於測試案例，輸出最短的路徑的長度。如果沒有辦法到達目的地的話，輸出 -1。

輸入範例：

```
6
DdaAaA
CBAcca
eEaeeE
bBbabB
DbDdDc
fFaAaC
7
aAaaaaa
aAaaaAa
aAaaaAA
aaAaAaa
AaAaaAa
aaAAaAa
aaaaaAa
```

輸出範例：

```
11
-1
```

這個問題與「機器人走迷宮」幾乎一樣。以題目說明的第一個輸入來分析，可以用圖 22-24 來描述：

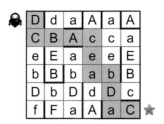

▶▶ 圖 22-24　以題目說明的第一個輸入來分析

起點在左上方 (0,0) 的位置，目的地在右下角。只是位置與位置之間，有些地方不能通過。圖 22-24 中，粗線分隔的地方就是依照題意說明不能通過的路徑。而最右上角的 A 事實上完全沒有辦法到達。由出發點走到目的地需要 11 步，因此最短路徑是 11 步。而題目說明的第二個輸入來，可以用圖 22-25 來描述：

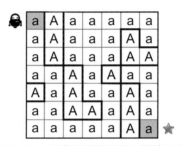

▶▶ 圖 22-25　以題目說明的第二個輸入來分析

不論是從出發點來看，或是從目的地到推回出發點，都可以很清楚的發現，這個測試案例沒有辦法由出發點到達目的地，所以以輸出 -1。

此題與「機器人走迷宮」不一樣的地方在於「障礙物」並不是在區塊中，而是在區塊與區塊的邊界上。以題目說明的第一個輸入的前 3 列來分析來說明。

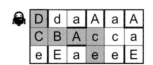

▶▶ 圖 22-26　障礙物在區塊間的邊界

上面這 3 列資料中共有 9 個「障礙物」，6 個左、右的「障礙物」，3 個上、下的「障礙物」。這樣的地圖可以擴展成如圖 22-27 的地圖，然後將「障礙物」放入其中：

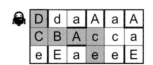

▶▶ 圖 22-27　將障礙物放入其中

在圖 22-27 中「奇數、陰影」區塊是原始的資料，「偶數」的行、列是新增的擴展空間，也就是「障礙物」所存在的空間。只要做了如上的轉換，其實原始資料上的標號就不需要存在了，因為標號的存在目的，只是用來描述兩個區塊之間到底有沒有通路，而輸出只需要「總步數」而不需要輸出最短路徑上的標號。

有了上面資料結構，就可以運用上面的解決方案來處理這個問題。應用函數 move() 步驟 (1)~(6) 來解決這個探索路徑的問題。而 move() 函數的處理工作包含的三個函數 can_go()、forward()、backward() 中，有一些地方需要做些微的修正。因為函數 can_go() 檢查的「障礙物」是在「偶數」的行、列之中，但是機器人要移動的時候，卻不能停留在「偶數」的行、列中，必須停留在「奇數」的原始資料裡面。所以函數 forward() 與 backward() 不能只前進 (後退到)can_go() 所檢查的位置，必須繼續往同一個方向，向下多走一格才行。

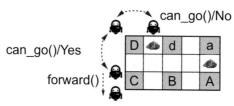

▶▶ 圖 22-28　機器不能停留在檢查的位置

只要將這個問題做如上的轉換，就可以用之前完成的方法解決問題。這種技巧其實有個正式的名字叫做：「轉形克服法」(transform and conquer)。將待處理的問題，轉型成已經處理好的問題來解決。

當然在後續如「資料結構」與「演算法」的課程中，讀者可以學習到更多的解題的方法、機制與資料結構。只要充分掌握本書介紹的 C 語言的語法與應用，一定能夠非常輕鬆地繼續後續課程的學習。

本章綱要

附錄一　美國資訊交換標準碼，ASCII (American Standard Code for Information Interchange)

ASCII	Hex	Symbol	ASCII	Hex	Symbol	ASCII	Hex	Symbol	ASCII	Hex	Symbol
0	0	NUL	16	10	DLE	32	20	(space)	48	30	0
1	1	SOH	17	11	DC1	33	21	!	49	31	1
2	2	STX	18	12	DC2	34	22	"	50	32	2
3	3	ETX	19	13	DC3	35	23	#	51	33	3
4	4	ECT	20	14	DC4	36	24	$	52	34	4
5	5	ENQ	21	15	NAK	37	25	%	53	35	5
6	6	ACK	22	16	SYN	38	26	&	54	36	6
7	7	BEL	23	17	ETB	39	27	'	55	37	7
8	8	BS	24	18	CAN	40	28	(	56	38	8
9	9	TAB	25	19	EM	41	29	)	57	39	9
10	A	LF	26	1A	SUB	42	2A	"	58	3A	:
11	B	VT	27	1B	ESC	43	2B	+	59	3B	;
12	C	FF	28	1C	FS	44	2C	,	60	3C	<
13	D	CR	29	1D	GS	45	2D	-	61	3D	=
14	E	SO	30	1E	RS	46	2E	.	62	3E	>
15	F	SI	31	1F	US	47	2F	/	63	3F	?

ASCII	Hex	Symbol	ASCII	Hex	Symbol	ASCII	Hex	Symbol	ASCII	Hex	Symbol
64	40	@	80	50	P	96	60	`	112	70	p
65	41	A	81	51	Q	97	61	a	113	71	q
66	42	B	82	52	R	98	62	b	114	72	r
67	43	C	83	53	S	99	63	c	115	73	s
68	44	D	84	54	T	100	64	d	116	74	t
69	45	E	85	55	U	101	65	e	117	75	u
70	46	F	86	56	V	102	66	f	118	76	v
71	47	G	87	57	W	103	67	g	119	77	w
72	48	H	88	58	X	104	68	h	120	78	x
73	49	I	89	59	Y	105	69	i	121	79	y
74	4A	J	90	5A	Z	106	6A	j	122	7A	z
75	4B	K	91	5B	[	107	6B	k	123	7B	{
76	4C	L	92	5C	\	108	6C	l	124	7C		
77	4D	M	93	5D	]	109	6D	m	125	7D	}
78	4E	N	94	5E	^	110	6E	n	126	7E	~
79	4F	O	95	5F	_	111	6F	o	127	7F	

附錄二　運算子優先順序 (operator precedence)

等級	運算子	說明	結合規則
1	()	小括號可以用來覆蓋域設優先順序	左到右
	[]	中括號描述陣列索引	
	.	參考結構分量	
	->	指標參考結構分量	
	++ --	前置遞增，前置遞減	
2	++ --	後置遞增，後置遞減	右到左
	+ -	單元運算子：正號，負號	
	! ~	邏輯「非」運算，位元「補數」運算	
	(type)	強制轉型	
	*	指標運算子	
	&	位址運算子	
	sizeof	記憶體大小計算	

等級	運算子	說明	結合規則
3	* / %	算術運算：乘，除，求餘數	左到右
4	+ -	算術運算：加，減	左到右
5	<< >>	位元運算：左移，右移	左到右
6	< <= > >=	關係運算子：小於，小於等於 關係運算子：大於，大於等於	左到右
7	== !=	關係運算子：等於，不等於	左到右
8	&	位元「且」運算	左到右
9	^	位元「互斥」運算	左到右
10	|	位元「或」運算	左到右
11	&&	邏輯「且」運算	左到右
12	||	邏輯「或」運算	左到右
13	? :	三元運算子	右到左
14	= += -= *= /= %= &= ^= |= <<= >>=	設值運算子 加，減設值運算子 乘，除設值運算子 求餘數，位元「且」設值運算子 位元「互斥」，位元「或」設值運算子 位元左移設值運算子 位元右移加值運算子	右到左
15	,	分隔運算式	左到右

依照 C 語言運算子優先順序表來看，下面程式碼的 ++p->data; 指令會先解析 ->，等於 ++(p->data); 指令。所以更動到的是 a[0] 的內容，而不是指標變數 p 的內容。

```
struct s {
  int data;
} a[2]={{10}, {11}}, *p=a;
++p->data;
printf("*p=%d,\ta[0]=%d, a[1]=%d\n",
             *p, a[0], a[1]);
printf("%d,\ta[0]=%d, a[1]=%d\n",
             ++p->data, a[0], a[1]);
printf("*p=%d,\ta[0]=%d, a[1]=%d\n",
             *p, a[0], a[1]);
```

上面的指令執行輸出如下。在第 1 行輸出中可以看到 a[0] 被正確的更改為 11。第 2 個指令在函數 printf() 中使用了 ++p->data，要特別留意的是雖然 ++p->data 會將 a[0] 的內容加 1，在第 2 行輸出中的第 1 個值也是 12，但是同一行的輸出中 a[0] 還是列印出 a[0]=11。

第 3 行輸出中可以看到 a[0] 事實上是被更改為 12。只是在第 2 行的指令中因為解析與執行順序的

原因，a[0] 還是列印出尚未遞增的值 11。讀者在製作程式的時候，應該避免製作這樣的指令。如非必要，指令應該分開來寫，不宜將指標算術運算與列印混用。這樣不僅會降低程式的可讀性，也很容易誤解輸出。

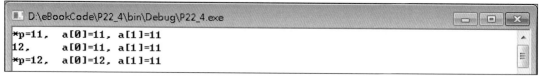

▶▶ 圖 A-1

附錄三　常用的標準函式庫

stdio.h

函數名稱	簡單說明	章節
int printf(const char * format, ...)	格式化輸出	3
int scanf(const char * format, ...)	格式化輸入	3
int putchar(int c)	輸出字元	6
int getchar(void)	輸入字元	6
FILE* fopen(const char *fname, const char *mode)	開啟檔案	7,15
int fclose(FILE *stream)	關閉檔案	7,15
int fprintf(FILE *stream, const char *format, ...)	資料流輸出	7,15
int fscanf(FILE *stream, const char *format, ...)	資料流輸入	7,15
int puts(const char * s)	輸出字串	17
int gets(const char * s)	輸入字串	17
int sprintf(char* s,const char* format,...)	字串格式化輸出	17
int sscanf(const char* s, const char* format,...)	字串格式化輸入	17
int fputs(const char *str, FILE *stream)	資料流字串輸出	
int fgets(char* s, int n, FILE *stream)	資料流字串輸入	

math.h

函數名稱	簡單說明	章節
double pow(double base, double exponent)	指數函數	1
double sqrt (double x)	計算平方根	1
double sin(double x)	正弦函數	3
double cos(double x)	餘弦函數	3
double tan(double x)	正切函數	3
double asin(double x)	反正弦函數	3
double acos(double x)	反餘弦函數	3
double atan(double x)	反正切函數	3
double sinh(double x)	雙曲正弦函數	3
double cosh(double x)	雙曲餘弦函數	3
double tanh(double x)	雙曲正切函數	3
double fabs(double x)	浮點數絕對值	
double log(double x)	自然對數	
double log10(double x)	常用對數	
double exp(double x)	自然指數	

stdlib.h

函數名稱	簡單說明	章節
int abs (int n);	取絕對值	1
int rand (void);	亂數函數	1
int srand (unsigned int seed)	設定亂數種子	1
int system(const char* command);	呼叫作業系統指令	1
void* malloc (size_t size);	動態配置記憶體	15
void free(void * ptr);	釋放動態配置記憶體	15
void qsort(void* base, size_t num, size_t size, int (*comp)(const void*, const void*));	系統排序函數	15
void* bsearch (const void* key, const void* base,size_t num, size_t size, int (*compar)(const void*,const void*));	二分搜尋函數	
int atoi(const char* str)	將字串轉換為整數	17
long atol(const char* str)	將字串轉換為長整數	
double atof(const char* str)	將字串轉換為浮點數	
voidexit(int status)	正常結束程式	

string.h

函數名稱	簡單說明	章節
size_t strlen(const char * str)	計算字串長度	17
int strcmp(const char* str1, const char* str2)	比較字串	17
int strncmp(const char* s1, const char* s2, size_t n)	比較部分字串	17
char* strcpy(char* dest, const char* src)	拷貝字串	17
char* strncpy(char* d,const char* s, size_t n)	拷貝字串部分字元	17
char* strdup(const char* src)	複製字串	17
void * memset(void * p, int value, size_t n)	將字元填滿記憶體	17
char * strtok(char * s, const char * d)	以分隔符切分字串	17
char * strcat(char* s1, const char* s2)	將兩字串連接	
char * strstr(const char* s1, const char* s2)	子字串比較部分	
char * strchr(const char* s, int c)	子字元比較部分	

ctype.h

函數名稱	簡單說明	章節
int isdigit (int c);	檢查字元是否為數字	17
int isalpha (int c);	檢查字元是否為英文字母	17
int isalnum (int c);	檢查字元是否為字母或數字	17

國家圖書館出版品預行編目資料

簡明C程式設計：使用 Code::Blocks / 劉立民
　編著. -- 初版. -- 新北市：全華圖書,
　2017.12　　面；　公分
　ISBN 978-986-463-715-7(平裝附光碟片)
　1.C(電腦程式語言)
312.32C　　　　　　　　　　106022976

簡明 C 程式設計 - 使用 Code::Blocks
(附範例光碟)

作者 / 劉立民

執行編輯 / 林聖凱

發行人 / 陳本源

出版者 / 全華圖書股份有限公司

郵政帳號 / 0100836-1 號

印刷者 / 宏懋打字印刷股份有限公司

圖書編號 / 06356007

初版一刷 / 2017 年 12 月

定價 / 新台幣 450 元

ISBN / 978-986-463-715-7(平裝附光碟片)

全華圖書 / www.chwa.com.tw

全華網路書店 Open Tech / www.opentech.com.tw

若您對書籍內容、排版印刷有任何問題，歡迎來信指導 book@chwa.com.tw

臺北總公司(北區營業處)
地址：23671 新北市土城區忠義路 21 號
電話：(02) 2262-5666
傳真：(02) 6637-3695、6637-3696

中區營業處
地址：40256 臺中市南區樹義一巷 26 號
電話：(04) 2261-8485
傳真：(04) 3600-9806

南區營業處
地址：80769 高雄市三民區應安街 12 號
電話：(07) 381-1377
傳真：(07) 862-5562

23671 新北市土城區忠義路 21 號

全華圖書股份有限公司

行銷企劃部 收

廣告回信
板橋郵局登記證
板橋廣字第540號

歡迎加入 全華會員

● 會員獨享

會員享購書折扣、紅利積點、生日禮金、不定期優惠活動…等。

● 如何加入會員

填妥讀者回函卡直接傳真 (02) 2262-0900 或寄回,將由專人協助登入會員資料,待收到 E-MAIL 通知後即可成為會員。

如何購買 全華書籍

1. 網路購書

全華網路書店「http://www.opentech.com.tw」,加入會員購書更便利,並享有紅利積點回饋等各式優惠。

2. 全華門市、全省書局

歡迎至全華門市(新北市土城區忠義路 21 號)或全省各大書局、連鎖書店選購。

3. 來電訂購

(1) 訂購專線:(02) 2262-5666 轉 321-324
(2) 傳真專線:(02) 6637-3696
(3) 郵局劃撥 (帳號:0100836-1 戶名:全華圖書股份有限公司)
※ 購書未滿一千元者,酌收運費 70 元。

OpenTech 全華網路書店.com.tw

全華網路書店 www.opentech.com.tw
E-mail: service@chwa.com.tw

※ 本會員制如有變更則以最新修訂制度為準,造成不便請見諒。

書 回 函 卡

填寫日期： ／ ／

姓名： 生日：西元 年 月 日 性別：□男 □女

電話：（ ） 傳真：（ ） 手機：

通訊處：□□□□□

e-mail： (必填)

註：數字零，請用 Φ 表示，數字1與英文L請另註明並書寫端正，謝謝。

學歷：□博士 □碩士 □大學 □專科 □高中·職

職業：□工程師 □教師 □學生 □軍·公 □其他

學校/公司： 科系/部門：

· 需求書類：

□A. 電子 □B. 電機 □C. 計算機工程 □D. 資訊 □E. 機械 □F. 汽車 □I. 工管 □J. 土木
□K. 化工 □L. 設計 □M. 商管 □N. 日文 □O. 美容 □P. 休閒 □Q. 餐飲 □B. 其他

· 本次購買圖書為： 書號：

· 您對本書的評價：

封面設計：□非常滿意 □滿意 □尚可 □需改善，請說明
內容表達：□非常滿意 □滿意 □尚可 □需改善，請說明
版面編排：□非常滿意 □滿意 □尚可 □需改善，請說明
印刷品質：□非常滿意 □滿意 □尚可 □需改善，請說明
書籍定價：□非常滿意 □滿意 □尚可 □需改善，請說明
整體評價：請說明

· 您在何處購買本書？

□書局 □網路書店 □書展 □團購 □其他

· 您購買本書的原因？ (可複選)

□個人需要 □幫公司採購 □親友推薦 □老師指定之課本 □其他

· 您希望全華以何種方式提供出版訊息及特惠活動？

□電子報 □DM □廣告 (媒體名稱)

· 您是否上過全華網路書店？ (www.opentech.com.tw)

□是 □否 您的建議

· 您希望全華出版那方面書籍？

· 您希望全華加強那些服務？

~感謝您提供寶貴意見，全華將秉持服務的熱忱，出版更多好書，以饗讀者。

全華網路書店 http://www.opentech.com.tw 客服信箱 service@chwa.com.tw

2011.03 修訂

親愛的讀者：

感謝您對全華圖書的支持與愛護，雖然我們很慎重的處理每一本書，但恐仍有疏漏之處，若您發現本書有任何錯誤，請填寫於勘誤表內寄回，我們將於再版時修正，您的批評與指教是我們進步的原動力，謝謝！

全華圖書 敬上

勘 誤 表

頁 數	行 數	書 名	作 者
		錯誤或不當之詞句	建議修改之詞句

我有話要說： (其它之批評與建議，如封面、編排、內容、印刷品質等⋯⋯)